"十三五"国家重点出版物出版规划项目

增材制造技术丛书

# 组织工程支架微结构设计与增材制造技术

Design and Additive Manufacturing of Tissue-Engineering Scaffolds with Biomimetic Microstructures

贺健康　李涤尘　著

国防工业出版社

·北京·

## 内 容 简 介

本书介绍了可降解组织工程支架微结构仿生设计与增材制造技术,重点围绕仿生微观结构促进生物组织再生,针对人体典型组织类型如骨组织、韧带/软骨/骨界面组织及肝脏的再生需求,阐述了不同组织微结构系统与其体内生物活性及功能的作用关系,分类介绍了组织工程支架血管微流道结构及梯度结构的仿生设计方法、增材制造技术、生物性能评价及组织再生动物实验等方面的整体研究思路与进展,为实现人工活性组织与器官制造提供理论与方法基础。

本书可供从事生物增材制造、生物打印、组织工程与再生医学等多学科交叉领域的研究人员参考,也可供高等院校从事医工多学科交叉教学科研的师生参考。

### 图书在版编目(CIP)数据

组织工程支架微结构设计与增材制造技术 / 贺健康,李涤尘著. —北京:国防工业出版社,2021.11
(增材制造技术丛书)
"十三五"国家重点出版项目
ISBN 978-7-118-12433-0

Ⅰ.①组⋯ Ⅱ.①贺⋯ ②李⋯ Ⅲ.①人体器官-快速成型技术-研究 Ⅳ.①R322

中国版本图书馆 CIP 数据核字(2021)第 238163 号

※

*国防工业出版社*出版发行
(北京市海淀区紫竹院南路 23 号 邮政编码 100048)
雅迪云印(天津)科技有限公司印刷
新华书店经售

\*

开本 710×1000 1/16 印张 23¾ 字数 421 千字
2021 年 11 月第 1 版第 1 次印刷 印数 1—3000 册 定价 168.00 元

(本书如有印装错误,我社负责调换)
国防书店:(010)88540777   书店传真:(010)88540776
发行业务:(010)88540717   发行传真:(010)88540762

## 丛书编审委员会

**主任委员**
卢秉恒　李涤尘　许西安

**副主任委员**（按照姓氏笔画顺序）
史亦韦　巩水利　朱锟鹏
杜宇雷　李　祥　杨永强
林　峰　董世运　魏青松

**委　员**（按照姓氏笔画顺序）
王　迪　田小永　邢剑飞
朱伟军　闫世兴　闫春泽
严春阳　连　芩　宋长辉
郝敬宾　贺健康　鲁中良

# 总 序

Foreword

增材制造(additive manufacturing，AM)技术，又称为3D打印技术，是采用材料逐层累加的方法，直接将数字化模型制造为实体零件的一种新型制造技术。当前，随着新科技革命的兴起，世界各国都将增材制造作为未来产业发展的新动力进行培育，增材制造技术将引领制造技术的创新发展，加快转变经济发展方式，为产业升级提质增效。

推动增材制造技术进步，在各领域广泛应用，带动制造业发展，是我国实现强国梦的必由之路。当前，推动制造业高质量发展，实现传统制造业转型升级等，成为我国制造业发展的重中之重。在政府支持下，我国增材制造技术得到了迅速的发展，增材制造技术与世界先进水平基本同步，高性能复杂大型金属承力构件增材制造等部分技术领域已达到国际先进水平，已成功研制出光固化成形、激光选区烧结成形、激光选区熔化成形、激光净成形、熔融沉积成形、电子束选区熔化成形等工艺装备。增材制造技术及产品已经在航空航天、汽车、生物医疗等领域得到初步应用。随着我国增材制造技术蓬勃发展，增材制造技术在各领域方向的研究取得了重大突破。

增材制造技术发展日新月异，方兴未艾。为此，我国科技工作者应该注重原创工作，在运用增材制造技术促进产品创新设计、开发和应用方面做出更多的努力。

在此时代背景下，我们深刻感受到组织出版一套具有鲜明时代特色的增材制造领域学术著作的必要性。因此，我们邀请了领域内有突出成就的专家学者和科研团队共同打造了这套能够系统反映当前我国增材制造技术发展水平和应用水平的科技丛书。

"增材制造技术丛书"从工艺、材料、装备、应用等方面进行阐述，系统梳理行业技术发展脉络。丛书对增材制造理论、技术的创新发展和推动这些技术的转化应用具有重要意义，同时也将提升我国增材制造理论与技术的学术研究水平，引领增材制造技术应用的新方向。相信丛书的出版，将为我国增材制造技术的科学研究和工程应用提供有价值的参考。

卢秉恒，中国工程院院士，西安交通大学教授。

# 前言

Preface

从古至今,人们一直梦想通过更换病变或受损组织和器官来提高生命质量。传统的非活性组织与器官替代物(如金属假体)虽然能满足部分结构支撑和运动功能修复的需求,但由于其弹性模量、生物学性能难以与自体组织相适配,更无法适应人体周围环境的变化,长期在人体服役必将造成应力屏蔽、免疫排斥、假体松动、失效等临床问题。活体组织与器官移植是理想的治疗手段,但受供体资源严重匮乏的制约(如我国每年有150万器官移植需求患者,但只有不到1%能够获得器官供体而得到治疗)。活性组织与器官替代物的工程化制造是未来的发展方向,也是先进制造技术的前沿热点。

新兴的组织工程学科为活性组织与器官的工程化制造提供了新的理论与方法。可降解支架作为组织工程研究的核心要素,是细胞生长的模板和载体,因此支架的结构与性能很大程度决定了组织和器官的再生和功能。虽然生物、医学、材料等领域对活性组织与器官支架的制造及组织构建进行了前期基础探索,初步实现了皮肤等薄膜类活性组织的工程化再造和临床应用,但是对于人体复杂组织器官,其内部具有复杂的微结构系统,这些微结构是其实现活性和功能的重要基础,如何认清这些微结构与其特定生物功能的依赖作用关系,并通过工程手段进行支架的仿生设计和制造,是阻碍人体复杂组织与器官再造的关键难题。例如,人体组织如重要实质器官制造面临血管化难题,由于缺乏供给营养的血管系统,所制造的人工器官厚度均小于$500\,\mu m$,无法满足临床器官移植的功能需求,国际组织工程先驱、美国科学院医学部院士 J. P. Vacanti 教授将其描述为"Holy grail of tissue engineering"。如何可控地设计制造适合营养传递与血管化的微流道支架是急需解决的难题。传统的组织工程支架多采用单一材料结构,植入体内后与周围的宿主组织进行机械固定,由于无法与宿主组织融合生长,长期易疲劳失效。发展多材料结构梯度支架制造技术,通过实现多组织及连接界面再生有望实现移植物与机体的生物固定,但是,如何设计制造仿生的梯度支架是主要挑战。这些挑战已超越了传统机械、材料、生物、医学的研究范畴,需要用多学科交叉发展新的设计理念与先进制造技术策略来支撑。

增材制造,也称为3D打印,能够根据三维设计模型快速而精确地制造宏微一体化结构,为实现复杂活性组织与器官支架的可控制造提供了新思路。西安交通大学是国内最早开展组织工程支架复杂微结构系统仿生设计与增材制造的研究单位之一。长期立足"仿生微观结构促进生物组织再生"的观念,围绕硬质骨组织、软质器官及软硬组织界面等典型人体组织类型,开展组织工程支架微结构仿生设计、增材制造方法、生物评价及组织再生动物实验的系统研究工作,为加快人工活性组织与器官从理论研究走向临床应用奠定了基础。

本书是西安交通大学卢秉恒院士、李涤尘教授带领的增材制造与生物制造研究团队近20年来在组织工程支架设计与增材制造领域研究探索工作的系统总结与集成。全书共分9章,各章节内容均来自团队培养的研究生毕业论文及公开发表的期刊论文,团队成员主要包括:陈中中博士、李祥博士、徐尚龙博士、连芩博士、贺健康博士、边卫国博士、毛茅博士、张维杰博士,以及赵金娜硕士、张文友硕士、朱林重硕士、王烨硕士、刘利华硕士、李政硕士、赵倩硕士等。第1~2章重点讲述人工骨组织支架微结构仿生设计方法及增材制造与性能评价;第3~6章重点讲述人体关节软骨-骨支架、韧带梯度结构的仿生设计及增材制造与性能评价;第7~9章重点讲述人体肝组织支架微结构的仿生设计、增材制造与性能评价。本书在撰写过程中得到了毛茅博士、李骁博士、朱卉博士、姜楠博士,以及孟子捷、雷奇、张兵、曾翔斌、郝冠哲等人员的帮助。

本书可供从事增材制造、生物制造、生物医学工程、组织工程与再生医学等多学科交叉领域的研究人员参考,也可供高等院校从事医工多学科交叉教学科研的师生参考。

# 目 录
Contents

## 第 1 章 人工骨组织支架微结构仿生设计方法

1.1 自然骨微管系统的研究及三维重构 ... 001
    1.1.1 自然骨微管系统的研究 ... 001
    1.1.2 自然骨微管系统的三维重构 ... 005

1.2 人工骨支架微结构的仿生设计 ... 008
    1.2.1 微管分支结构的流体分析 ... 009
    1.2.2 四种微管道结构的设计 ... 013
    1.2.3 四种微管道结构的特点 ... 016

1.3 人工骨支架微结构仿生设计的合理性评价 ... 016
    1.3.1 微结构系统内细胞浓度分布 ... 017
    1.3.2 微结构系统内液体流速及剪切应力分布 ... 021

参考文献 ... 023

## 第 2 章 人工骨组织支架增材制造与性能评价

2.1 人工骨支架增材制造方法 ... 025
    2.1.1 支架制造技术路线 ... 025
    2.1.2 人工骨支架负型立体光固化制造 ... 028
    2.1.3 生物活性人工骨支架成形工艺 ... 031

2.2 人工骨支架性能评价 ... 040
    2.2.1 人工骨支架表面粗糙度测量 ... 040
    2.2.2 人工骨支架显微结构观测 ... 041
    2.2.3 人工骨支架孔隙率测定 ... 044
    2.2.4 人工骨支架 X 射线衍射分析 ... 046
    2.2.5 人工骨支架力学性能测试 ... 047
    2.2.6 人工骨支架体外降解特性 ... 048

2.3 组织工程骨的体外构建与动物实验 ... 050
2.3.1 组织工程骨的体外动态培养 ... 050
2.3.2 修复兔长骨干大段骨缺损的实验 ... 062

参考文献 ... 075

## 第 3 章 软骨−骨支架梯度结构仿生设计方法

3.1 自然关节软骨−骨界面微结构表征 ... 077
3.1.1 实验材料 ... 077
3.1.2 关节软骨−骨组织整体结构 ... 081
3.1.3 软骨微结构 ... 082
3.1.4 软骨下骨板微结构 ... 085
3.1.5 钙化软骨微结构和软骨下骨板微结构对比 ... 089
3.1.6 关节面附近松质骨微结构 ... 091

3.2 软骨−骨支架界面结构的优化设计 ... 096
3.2.1 软骨下骨板表面孔隙结构的简化模型假设 ... 097
3.2.2 界面模型的参数设计 ... 101

3.3 水凝胶/陶瓷界面的力学有限元分析模型构建 ... 103
3.3.1 单元与材料属性 ... 104
3.3.2 网格密度测试 ... 106
3.3.3 边界约束与加载条件 ... 106
3.3.4 水凝胶/陶瓷剪切力分析 ... 107
3.3.5 水凝胶/陶瓷拉伸力分析 ... 111
3.3.6 水凝胶/陶瓷扭转力分析 ... 112
3.3.7 陶瓷界面铸型的热应力分析 ... 113
3.3.8 界面结构的多目标优化选择 ... 116

参考文献 ... 118

## 第 4 章 软骨−骨梯度支架增材制造与性能评价

4.1 软骨−骨支架的快速成形工艺 ... 120
4.1.1 陶瓷骨支架的制造 ... 120
4.1.2 PEGDA 水凝胶支架的光固化成形工艺 ... 138
4.1.3 PEGDA 水凝胶/β-磷酸三钙复合支架的制作工艺 ... 152

4.2　软骨-骨支架的性能评价 … 154
4.2.1　陶瓷骨支架的性能评价 … 155
4.2.2　PEGDA 水凝胶软骨支架的性能评价 … 169
4.2.3　水凝胶/陶瓷复合支架的性能评价 … 175

4.3　基于增材制造的 PEG/β-TCP 支架修复兔膝关节骨软骨缺损的实验 … 178
4.3.1　材料与方法 … 178
4.3.2　评价手段 … 179
4.3.3　实验结果 … 184

参考文献 … 199

# 第 5 章　韧带-骨支架梯度结构设计与优化

5.1　自然韧带-骨界面微观结构分析 … 201
5.2　韧带-骨支架结构设计与优化 … 203
5.2.1　韧带-骨界面设计 … 205
5.2.2　骨支架与韧带-骨界面连接处的结构设计与优化 … 205
5.2.3　与宿主骨固定钉的结构设计 … 210
5.2.4　与宿主骨固定钉的结构优化 … 211
5.2.5　韧带-骨支架的优化设计 … 215

参考文献 … 216

# 第 6 章　韧带-骨梯度支架增材制造与性能评价

6.1　韧带-骨支架的制造工艺与方法 … 218
6.1.1　韧带-骨支架的制造工艺路线 … 218
6.1.2　韧带-骨支架中韧带支架的制造方法 … 219
6.1.3　韧带-骨支架中骨支架的制造方法 … 221
6.1.4　韧带-骨支架与宿主骨固定钉的制造方法 … 223
6.1.5　韧带-骨支架中韧带-骨界面的制造方法 … 226

6.2　韧带-骨支架的性能评价 … 227
6.2.1　韧带-骨支架与宿主骨固定钉的结构工艺评价 … 227
6.2.2　韧带-骨支架与宿主骨固定钉的

　　　　　　　　　　　力学强度评价 ... 228
　　　6.2.3　韧带-骨支架中韧带-骨界面的成分、
　　　　　　　结构及力学性能评价 ... 231
　　　6.2.4　韧带-骨支架的细胞相容性评价 ... 235
　6.3　韧带-骨支架诱导腱骨愈合及韧带再生 ... 237
　　　6.3.1　韧带-骨支架体外模拟体内支架植入效果 ... 238
　　　6.3.2　韧带-骨支架体外模拟体内力学性能测试 ... 242
　　　6.3.3　韧带-骨支架动物体内植入实验 ... 247
　　　6.3.4　韧带-骨支架体内诱导韧带再生 ... 249
　　　6.3.5　韧带-骨支架体内诱导腱骨愈合 ... 253
　参考文献 ... 256

# 第 7 章
## 肝组织支架微结构仿生设计方法

　7.1　自然肝组织微结构形态学 ... 259
　　　7.1.1　自然肝组织微结构形态 ... 259
　　　7.1.2　自然肝组织微结构三维重建 ... 260
　　　7.1.3　自然肝组织形态学参数获取 ... 261
　7.2　肝组织支架微结构仿生设计 ... 264
　　　7.2.1　肝组织血管系统仿生建模 ... 264
　　　7.2.2　组装型肝组织支架仿生设计 ... 271
　　　7.2.3　卷裹型肝组织支架仿生设计 ... 275
　7.3　肝组织支架流体力学分析 ... 277
　　　7.3.1　组装型肝组织支架流体力学分析 ... 277
　　　7.3.2　卷裹型肝组织支架流体力学分析 ... 281
　参考文献 ... 289

# 第 8 章
## 叠加组装型肝组织支架增材制造

　8.1　叠加组装型肝组织三维分层压印自动化成形机的搭建 ... 291
　　　8.1.1　叠加组装型肝组织三维分层压印的成形原理与工艺流程 ... 291
　　　8.1.2　硬件系统设计 ... 293
　　　8.1.3　软件系统设计 ... 298

## 8.2 叠加组装型肝组织三维成形工艺及参数优化 ... 300
### 8.2.1 叠加组装型肝组织支架的制作 ... 300
### 8.2.2 叠加组装型肝组织支架三维分层压印成形工艺 ... 302

## 8.3 叠加组装型肝组织支架的微流道结构及生物学评价 ... 318
### 8.3.1 叠加组装型肝组织支架的制造 ... 318
### 8.3.2 三维肝组织支架的微流道结构评价 ... 319
### 8.3.3 三维肝组织支架的生物学评价 ... 326

**参考文献** ... 333

# 第9章 卷裹型肝组织支架增材制造与性能评价

## 9.1 卷裹型肝组织支架的制造工艺 ... 335
### 9.1.1 总体制造工艺流程 ... 335
### 9.1.2 肝组织支架模具制造 ... 336
### 9.1.3 生物材料的配置及灌注 ... 338
### 9.1.4 真空冷冻干燥及后处理 ... 339

## 9.2 卷裹型肝组织支架微结构与性能保证 ... 340
### 9.2.1 肝组织支架微结构形态学观察 ... 340
### 9.2.2 孔隙率 ... 343
### 9.2.3 预冻温度对孔径的影响 ... 343
### 9.2.4 肝组织支架微结构导通性评价实验 ... 343
### 9.2.5 肝组织支架制造精度评价 ... 345

## 9.3 卷裹型肝组织支架生物学效果评价 ... 347
### 9.3.1 肝组织支架微结构对细胞种植和培养的影响 ... 347
### 9.3.2 肝细胞/支架卷裹型复合物动态培养 ... 356
### 9.3.3 肝组织支架微结构对组织长入的影响 ... 362

**参考文献** ... 364

# 第 1 章
# 人工骨组织支架微结构仿生设计方法

自然骨组织内存在复杂的微结构,为骨内部血液循环及细胞生长提供所需的微环境,同时能够调控骨组织内的细胞行为。设计合适的骨组织微结构是体外构建人工骨组织的必要条件。通过表征自然骨组织内部微结构,可以认知自然骨组织的微结构特点,进而仿生设计出人工骨组织微结构。通过流体力学分析等手段,分析人工骨组织微管内的液体流速及剪切应力分布等。

## 1.1 自然骨微管系统的研究及三维重构

### 1.1.1 自然骨微管系统的研究

骨组织内存在复杂的、相互连通的哈佛氏系统的微管结构,保证了骨内血液循环及营养物质的代谢,维持了骨的生长与重建。对于人工骨支架,合适的内部微管道结构是细胞/组织长入和新骨生成的必备条件。缺少微管道结构,或者微管道结构设计不合理,细胞/组织就难以长入,新骨就无法生成。人工骨支架设计可以通过仿生自然骨微观结构,包括微管分布、走向、转角、尺寸比例等规律,要了解这些规律,有必要开展自然骨二维显微组织研究。选择人股骨中段密质骨为研究对象,密质骨显微结构研究分为显微图像获取与图像分析两部分。分析骨内部哈佛氏管、福克曼管的二维结构,得出哈佛氏管和福克曼管的直径、孔隙率、微管分支等二维形态数据。进一步对结果进行统计分析,最终归纳出对人工骨设计有指导意义的微管分布规律。

首先,对标本进行组织学实验,主要为染色实验,以方便组织观察;其次,结合现有医学图像处理软件,以 MATLAB 软件为基础,开发一套图像处理程序,用以分析骨显微组织图像,并且得出统计学数据。进行骨显微组织三维重构的关键问题在于显微图像的配准。采用软硬结合的配准方法,即在骨标本上制作定位面,得到显微图像后再利用软件根据定位面配准图像。在得到位置准确的二维图像后,利用第一部分中的二维图像处理程序及 Mimics 等软件进行三维重构。

取不同物种的长骨,按照要求制作骨试样,经过组织学处理制作成横向和纵向切片。用光学显微镜观察并逐帧摄取图像,将所得图像进行滤波、去噪、分割、二值化等处理。测量哈佛氏管、福克曼管的二维形态数据,将所得数据进行统计分析,得出统计规律。自然骨显微结构主要分为预处理、图像处理、数据测量统计三部分,如图 1-1 所示。其研究方法是取人股骨中段,经过固定、脱脂、染色等一系列组织学处理后,用硬组织切片机(LEICA SP 1600)进行连续切片,将人股骨中段切成厚度为 30 μm 的薄片,在光学显微镜(KEYENCE VH-Z450)下进行观察,获取骨二维显微组织图像,并测量哈佛氏管和福克曼管的二维尺寸,利用切片前制作的定位基准及 MATLAB 软件的图形处理工具箱提供的图像配准函数,通过选择控制点(定位点)完成图像配准,将配准后的图像按顺序输入 Mimics 软件,进行三维显微组织重构,获取三维显微组织的点云数据,并以初始图形交换规范 IGES 文件存储,然后导入软件 I-DEAS 中,重构密质骨内哈佛氏系统的三维实体模型,并测量这些骨微管的三维尺寸,获取它们的拓扑结构。

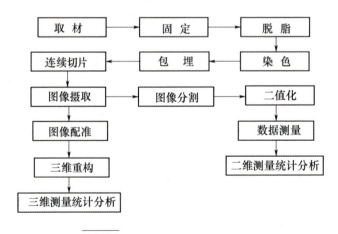

图 1-1　自然骨显微结构研究方法

研究得到的骨组织微观图,如图 1-2 所示。哈佛氏管径向分布规律,如图 1-3 所示。人股骨中段、人桡骨远侧哈佛氏管平均直径为 50～55 μm,骨单位平均直径约为 170 μm；狗桡骨中段哈佛氏管平均直径为 22 μm，骨单位平均直径为 110 μm。3 个截面哈佛氏管直径均为正态分布或者接近正态分布。在福克曼管相连处，哈佛氏管互相接近。哈佛氏管数目由骨外表面至内表面呈减小的趋势。

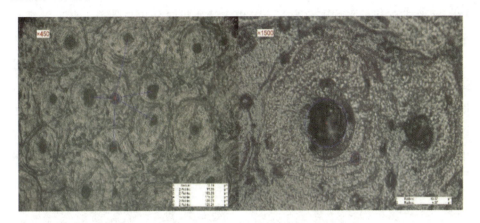

图 1-2　骨组织微观图

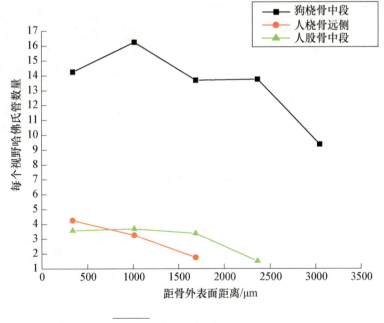

图 1-3　哈佛氏管径向分布规律

根据体视学原理,由骨二维形态数据得出三维形态特征。福克曼管的直径与哈佛氏管的直径相当;微管表面积密度为 $1.8\sim3.5\text{mm}^{-1}$。连续切片所用标本孔隙率为 4.86%,表面积密度为 $4.73\text{mm}^{-1}$。标本福克曼管分布间距为 0.762mm;微管连接密度为 $14\text{mm}^{-3}$;哈佛氏管在连接处附近平均夹角为 12°,而在非连接处平均夹角为 6°。哈佛氏管的径向分布与骨受力状况关系明显。骨应力大的位置,哈佛氏管密度高,反之亦然。

研究发现了关于哈佛氏管和福克曼管系统的统计学规律。其中,对于组织工程骨支架设计有重要意义的是,相交微管系统中存在的两种典型结构,即"H"形和"Y"形,如图 1-4 所示。两种结构的哈佛氏管和福克曼管参数如表 1-1 和表 1-2 所示。通过组织切片的进一步观察还可以发现,"H"形结构中微管道之间夹角大多在 70°~85°,"Y"形结构中两分支夹角大多在 45°~55°。前者数量约占 71%,后者约占 29%。

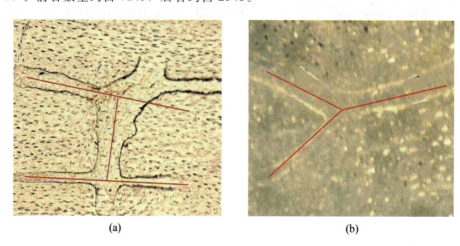

(a) (b)

图 1-4 自然骨内两种典型的微管连通结构

(a) "H"形连通结构;(b) "Y"形连通结构。

表 1-1 "H"形连通结构

| 参数 | 人股骨中段(20 岁) |
| --- | --- |
| 哈佛氏管平均直径/μm | 57.36 |
| 福克曼管平均直径/μm | 47.80 |
| 哈佛氏管与福克曼管直径比范围 | 1.0~1.47 |
| 哈佛氏管-哈佛氏管之间夹角范围/(°) | 0~9.19 |

续表

| 参数 | 人股骨中段(20岁) |
| --- | --- |
| 哈佛氏管-哈佛氏管之间平均夹角/(°) | 5.40 |
| 哈佛氏管-福克曼管之间夹角范围/(°) | 69 |
| 哈佛氏管-福克曼管之间平均夹角/(°) | 77.50 |

表1-2 "Y"形连通结构

| 参数 | 人股骨中段(20岁) |
| --- | --- |
| 主管与分支1的平均夹角($\gamma$)/(°) | 23.2 |
| 主管与分支2的平均夹角($\theta$)/(°) | 25.4 |
| 主管直径平均值/$\mu m$ | 54.27 |
| 支管直径平均值/$\mu m$ | 37.17 |
| 主管与分支直径比范围 | 1.1~2.50 |

## 1.1.2 自然骨微管系统的三维重构

获得骨组织的二维图像并进行三维重构,利用切片前制作的定位基准及MATLAB软件图形处理工具箱提供的图像配准函数,通过选择控制点(定位点)完成图像配准,将配准后的图像按顺序输入Mimics软件,重构哈佛氏系统的三维模型。然而由于Mimics软件所重构的三维模型是点云数据模型,并非实体模型,一些实体特征(如体积和表面积无法测量)无法进一步进行辅助微管道的设计,因此,需要将哈佛氏系统的点云数据模型,转换成三维实体模型。首先将点云数据存储为IGES文件,而IGES文件中模型是用逐层等高线来表示的,也非真正的实体模型,还需要对等高线模型重新构面、构实体。但是IGES是目前绝大多数CAD软件所默认的文件,可以被其直接读取和操作,利用I-DEAS将IGES文件的模型构建为三维实体模型,如图1-5所示。

利用I-DEAS软件自带的测量工具对重构所得的三维实体模型进行测量,获取哈佛氏管与福克曼管的体积、表面积、哈佛氏管之间的夹角,以及哈佛氏管与福克曼管之间的夹角。所有测量值的统计分析结果如表1-3所示。

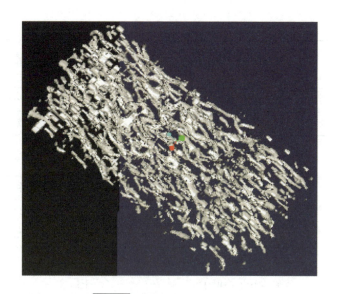

图 1-5　构建的三维实体模型

表 1-3　哈佛氏管系统三维测量统计分析结果

| | |
|---|---|
| 哈佛氏管的体积/mm³ | 0.79 |
| 哈佛氏管的表面积/mm² | 117.08 |
| 哈佛氏管的最大长度/mm | 3.67 |
| 哈佛氏管非连接处平均夹角/(°) | 5.7 |
| 哈佛氏管连接处平均夹角/(°) | 12.2 |
| 孔隙率/% | 3.2 |

注：所取骨组织块的体积为 24.74 mm³。

人工生物活性骨骼的 CAD 模型与通常所说的三维 CAD 模型不同，它不但包括骨骼外形的三维 CAD 模型，而且包括模拟骨组织微细结构特点的内部 CAD 模型。骨骼外形的三维 CAD 建模用来保证人工骨能与周围组织很好匹配；而骨组织微细结构建模是保证人工骨生物活性的关键。只有这样，人工骨才能更好地与人体生物环境相容，完成骨伤修复。

### 1. 人工骨骼外形的 CAD 建模

CT 扫描图像通过 CT 图像噪声滤波、CT 图像分割及轮廓提取得到被测骨骼表面上的外轮廓数据点列。通过接口模块将 CT 图像处理软件与后续的反求软件复合为一个整体。用外轮廓数据点列重构骨骼外形的三维 CAD，并将其以 STL 文件表达，以便分层和加支撑处理。同时，可以根据手术方案的要求，利用反求软件和三维 CAD 造型软件对骨骼外形的 CAD 模型进行修改。对骨骼内部骨髓腔进行三维 CAD 重建，输出骨骼外形 CAD 模型的数控加工数据文件。

2. 人工骨内部结构建模

通过研究骨组织的微细结构，根据建立模型的要求及骨组织微细结构的特点，对骨组织结构进行抽象，建立骨组织微结构数学模型。使该模型既充分体现骨组织由骨细胞、骨小管、骨板层及福克曼管构成的空间导通的网状结构，又易于描述和实现。其主要过程包括：首先，构造内部孔洞结构的三维 CAD 模型，保证微孔空间完全导通，并且有合适的孔隙率、孔径大小和分布；其次，人工骨骼外形的 CAD 与内部结构 CAD 的复合，将外形 CAD 与内部 CAD 复合起来，构造出完整的骨骼 CAD（包括外表面与内部微结构），为进行骨骼的制造准备数据；最后，完成人工骨骼外形的 CAD 与内部结构 CAD 的复合，由分层软件读入骨骼外形 CAD 的 STL 文件，对该模型进行分层，在骨骼外形轮廓内按一定加工路径构造骨骼微孔模型。加工文件将骨骼外形 SLB 的数据文件与内部结构的数据文件复合起来。通过所有层面的"堆积"实现完整三维骨骼的快速成形（包括外表面与内部微结构）。后续支撑设计和外形三角形模型的分层软件可以应用已有的通用软件（西安交通大学先进制造技术研究所开发的 LPS 数据准备系统）。使用该方法实现的长骨微细结构建模如图 1-6 所示；长骨的一层微细结构如图 1-7 所示。活性人工骨植入体微观管道的仿生设计如图 1-8 所示。

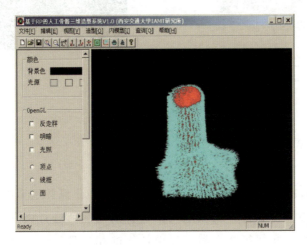

图 1-6
长骨微细结构建模

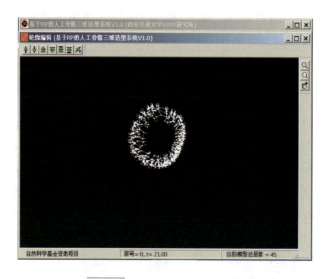

图 1-7　长骨的一层微细结构

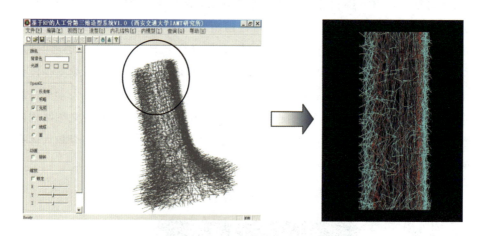

图 1-8　活性人工骨植入体微观管道的仿生设计

## 1.2　人工骨支架微结构的仿生设计

　　支架内管道系统的作用在于体外构建组织工程骨中强化流体的微循环，保证细胞长入支架中心部位和营养物质顺利供给各处细胞。进行微管系统设计要运用自然仿生学、几何拓扑学和工程设计等的相关理论，最终保证微管系统为细胞生长提供理想的微流体环境。根据骨组织显微结构的测量和统计分析结果可以看出，所观测到的骨组织内部微管尺寸很小，孔隙率很低，如果按照这样的孔径和孔隙率进行人工骨的仿生设计，则无法为细胞和组织的长入提供足够的空间，而且这些骨组织都是发育成熟了的骨组织，而人工骨植入体内正是要经过成活、生长、改建和成熟等阶段，因此，人工骨的设计不能完全按照成熟骨组织的结构特征，在设计仿生结构人工骨支架时，将其内部微管道的尺寸设计为实际骨微管尺寸的10倍，即微管直径约为300～600 μm。因为有研究表明在这个尺寸范围内有利于细胞/组织的长入，形状设计成长圆柱形，长圆柱形微管道有利于骨传导作用的发挥和促进新骨的形成。

### 1.2.1 微管分支结构的流体分析

研究自然骨微管系统中的分支规律的流体力学机理对设计人工骨微管道夹角有重要的作用。详细描述自然骨微管内流体力学不能简单地用宏观流道内的流体力学理论处理，人工骨微管尺寸是在自然骨微管管径的基础上做了一定放大，仿生的内容是自然骨微管结构规律，如夹角、比例等。此外，流体分析的目的在于评价各种夹角的分支结构内部流体流动的顺畅性，即流动阻力最小的结构，因此各种流体分析模型的边界条件均为理想边界条件。

#### 1. 流体分析模型的建立

根据骨微管系统研究发现了典型分支夹角的一些规律，这里建立"H"形和"Y"形的分支结构流体分析模型，如图1-9所示。采用计算流体力学方法研究管道之间的交角为多大时支管中的流动最顺畅，该结构对流体产生的阻力最小。

1)"H"形分支结构

模型一：主管道直径与支管直径之比为1.4∶1，该比例在自然骨哈佛氏管与福克曼管直径比范围内。

模型二：主管道直径与支管直径之比为3.5∶1，该比例为人工骨主管道直径与支管比例。

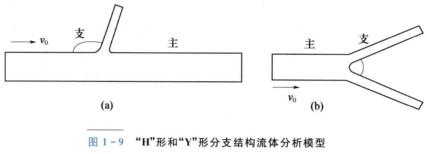

图 1-9 "H"形和"Y"形分支结构流体分析模型
(a)"H"形；(b)"Y"形。

两种模型其余参数相同：夹角 $\theta$ 分别为 30°、45°、60°、90°、105°、120°、150°，支管位于距离主管道 11.2mm 处，夹角大于 90°的一侧过渡圆角 $R_2 = 1$mm，夹角小于 90°的一侧过渡圆角 $R_1 = 0.3$ mm。

使用软件 ANSYS/FLOTRAN，由于培养液流速低、黏度高，按照雷诺数公式 $Re = \rho v L_c / \eta$，其中 $L_c$ 为水力直径，圆管的水力直径为圆管直径，可以确定分析类型为不可压缩层流流动，同时满足牛顿流体特征，计算时无须激活紊流模型。

液体密度 $\rho = 1.0 \times 10^3$ kg/m$^3$，采用旋转黏度计测定液体黏度，测得培养液动力黏度为 0.0018Pa·s。

采用四面体结构化网格剖分，假定出口处的流动是充分发展的，即出口压力为 0，壁面满足无滑移边界条件，进口速度 $V_0 = 10$mm/s。

2)"Y"形分支结构

进口端主管道直径与两支管直径之比为 2.4:1，该比例在自然骨微管"Y"形分支结构主管与支管直径比范围内。所研究的两分支之间夹角分别为 30°、50°、70°、90°。流动类型和边界条件等均与上述相同。

## 2. 结果与分析

1)"H"形分支结构

求解分支结构内流速场，图 1-10 所示为转角为 105°时"H"形分支结构内部速度分布，从速度场分析结果中提取支管内流速最大值，得到各种转角分支结构支管出口流速，如表 1-4 和表 1-5 所示。

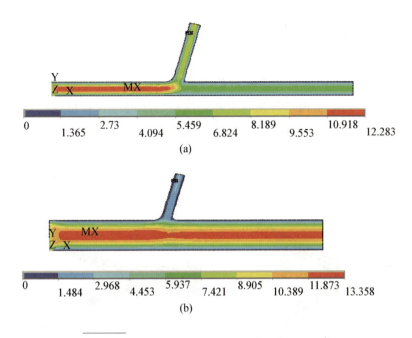

图 1-10 "H"形分支结构($\theta=105°$)内部流速分布

(a)模型一内部流速分布;(b)模型二内部流速分布。

表 1-4 "H"形结构模型一出口流速

| 转角($\theta$)/(°) | 30 | 45 | 60 | 75 | 90 | 105 | 120 | 150 |
| --- | --- | --- | --- | --- | --- | --- | --- | --- |
| 流速/(mm/s) | 6.99 | 7.75 | 8.40 | 8.65 | 8.76 | 8.94 | 8.78 | 7.06 |

表 1-5 "H"形结构模型二出口流速

| 转角($\theta$)/(°) | 30 | 45 | 60 | 75 | 90 | 105 | 120 | 150 |
| --- | --- | --- | --- | --- | --- | --- | --- | --- |
| 流速/(mm/s) | 2.16 | 2.78 | 2.92 | 3.06 | 3.27 | 3.40 | 2.99 | 2.19 |

从分析结果可以看出,角度 $\theta$ 为 105°时支管出口流速最大,而不是在 90°时(转角为 105°时分支结构模型一和模型二支管出口流速分别为 8.94mm/s 和 3.40mm/s,而转角为 90°时分支结构出口流速分别为 8.76mm/s 和 3.27mm/s),且转角为 30°时支管出口速度最小,$\theta$ 过大或过小,支管内液体流动均受较大的阻碍,流速较低。分析表明,两种管径比例的分支结构支管内流速随角度的变化均表现同一趋势,自然骨微管分支夹角对流场的影响可用于指导人工骨管道的设计。保证流动支管与主管道相交部位流动阻力最小时转角 $\theta$ 为 105°,即夹角为 75°,这与自然骨解剖研究发现的"H"形微管结构中微管之间夹角值基本一

致。设计时保证支管中心线与主管道夹角为 70°~80°。

2)"Y"形分支结构

对"Y"形结构中的流体力学解析方法与上述相同,对分支角度为 30°、50°、70°、90°的管道内进行流体分析,结构内部流速和剪切应力等值线如图 1-11 所示。其中,分流部位剪切应力等值线如图 1-12 所示。结果表明,支管出口流速均无明显差异,分别约为 17.86mm/s、17.42 mm/s、17.23mm/s、17.25mm/s,剪切应力最大值分别为 0.134Pa、0.129Pa、0.127Pa、0.117Pa,且壁面分布情况有所差别。

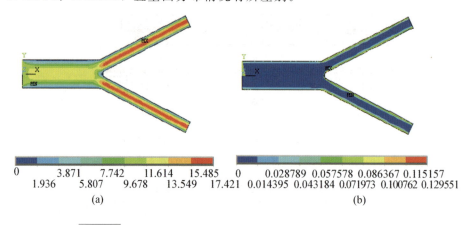

图 1-11 "Y"形分支结构($\theta=50°$)内部流速和剪切应力等值线

(a)流速/(mm/s);(b)剪切应力/Pa。

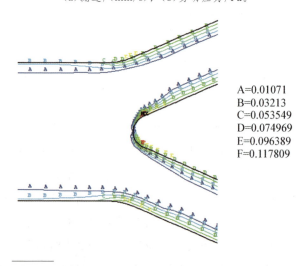

图 1-12 分流部位($\theta=50°$)剪切应力等值线(单位为 Pa)

为了表达剪切应力分布的均匀性，四种结构均沿着管壁典型部位分别取 30 个节点，获取这些节点位置的剪切应力值，求所有 120 个节点的平均值，剪切应力靠近该平均值的节点越多的结构认为是更优的结构，四种结构剪切应力值分布均匀程度比较如图 1-13 所示。统计各结构剪切应力数据点，发现靠近平均值 0.099Pa 最多的是分支角为 50°的结构。分支角为 50°的结构过渡处壁面剪切应力主要分布在 0.053～0.117Pa，而其他分支角度结构剪切应力范围更大，一般在 0.030～0.125Pa 范围内。分支角为 50°的结构剪切应力分布更均匀，整个结构流动阻力更小，有利于细胞均匀生长。

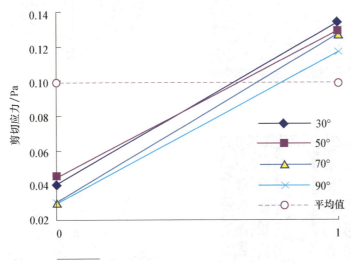

图 1-13 壁面剪切应力主要分布范围及平均值

## 1.2.2 四种微管道结构的设计

选用商业化三维 CAD 设计软件 Pro/E 作为设计工具，设计了以下四种人工骨微管结构。

(1)结构 a：如图 1-14 所示，微管结构由相互正交的微管构成，所有微管直径为 0.6mm，上下层微管之间间距为 3mm，径向层微管之间间距均等，整个微管系统直径为 14mm。

(2)结构 b：图 1-15 所示为设计的人工骨管道结构，微管直径均为 0.6mm，主管道直径为 3.5mm，管之间相互连通。结构总长均为 28mm，整个结构直径为 14mm，圆柱形微管道从支架顶端一直贯串到底部，每层正交的矩形微管道之间相距 3mm，纵向管道与主管道中心相距 5mm。

 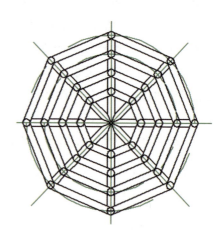

图 1-14　结构 a

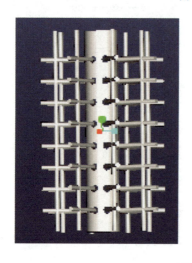 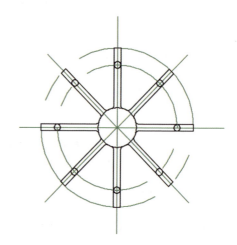

图 1-15　结构 b

(3)结构 c：如图 1-16 所示，结构 c 是在结构 b 的基础上做了一定的改进，具体设计结构如下。

① 靠近入口端的支管和主管道的过渡圆角半径较后面的小，分别由 $R=0.2$mm 增大到 0.6mm。

② 主管道设计成锥形，入口端直径 $D=4.0$mm，出口端直径 $D'=3.0$mm。

③支管与主管道中心线夹角约为 75°，以减小局部阻力，保证流动顺畅。

④横向和纵向微管直径是变化的，连接处较别处管径大，连接处设计尺寸为 700μm，而出口处为 600μm。

设计的三维管道结构总长为 28mm，层与层之间相距 3mm，整个结构直径为 14mm，纵向管道与主管道中心相距 5mm。

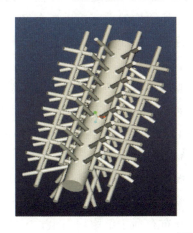
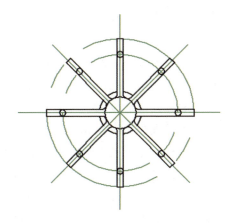

图 1-16　结构 c

(4)结构 d：如图 1-17 所示，主管道直径为 3.5mm，微管道直径为 0.6mm，横向的微管呈圆弧形，圆弧半径为 3.5mm，其总长为 28mm，层与层之间相距 3mm，纵向管道与主管道中心相距 5mm，整个结构直径为 14mm。

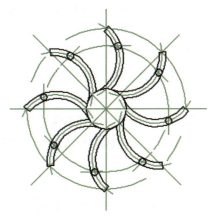

图 1-17　结构 d

### 1.2.3 四种微管道结构的特点

骨组织的微管结构是个复杂的立体形态,其微管道的空间走向和转角对骨细胞的生长和血管的爬行有重要作用。从组织工程学的角度来讲,人工制造的仿骨多孔结构必须有利于细胞的沉积和均匀黏附才能更好地促使人工骨活化和工程化骨组织的形成,因此制作的人工骨结构的内部通道要求保持相互之间的导通性,其空间走向应具备解剖学特征,保证骨内的血液循环和营养物质的代谢和交换,支持骨的生长和再生。

以往的研究出现过和结构 a 与结构 b 类似的结构,其按照保证内部微管相互连通和养分输送原则设计的管道规则排列结构,不具有仿生意义,也没利用流体力学理论指导管道的设计,显然与自然骨微管结构有较大的偏离,无法较好地模拟与人工骨结构相类似的孔隙结构特征。

结构 c 是建立在流体力学理论和自然骨微管分支结构特征仿生的基础上设计的。在组织工程骨体外构建的研究中,影响组织生长的一个重要的因素是内部流场的分布,一般认为,流场的均匀分布有利于细胞均匀生长,即保证组织分布更合理。因此,利用流体力学理论的能量和流量守恒原理设计支架管道结构,结构设计目标为:①支管内流速场分布尽可能均匀;②结构尽可能使流动顺畅,减小局部阻力;③具有仿生意义;④流场环境有利于细胞沉积和营养物质供给。

当进口流量一定时,要提高支管内流速,可以设计相应的管道结构使整个管道系统沿程阻力系数和局部阻力系数尽可能小,即在支管与主管道之间设计合适的过渡圆角,并设计合理的微管之间夹角,这里夹角约为 75°,对自然骨微管结构的规律做了一定的仿生。另外,将主管道设计成渐缩形,可以弥补一定的压力损失,离主管道入口远的支管内流速得到一定增加,同样可以使所有支管内流速分布更均匀。

结构 d 在自然骨三维重构结构的基础上进行了一定的简化处理,与其他三种结构相比,该结构有更大的比表面积,且微管道排列更均匀。

## 1.3 人工骨支架微结构仿生设计的合理性评价

评价支架管道结构合理性的标准采用:①起始阶段的细胞接种过程中细

胞浓度分布均匀程度；②随后的细胞培养过程中流速和剪切应力分布的均匀程度。体外组织工程骨构建过程：首先是灌注细胞悬液，使细胞均匀分布在支架微管内部；其次是细胞的分化生长等。

体外灌注细胞悬液之前，先进行该实验过程的数值模拟。采用两相流分析软件 CFX 程序进行支架结构内细胞及细胞悬液两相流分析，研究细胞浓度分布，细胞可能沉积的部位，以及流速与剪切应力分布。根据细胞浓度、流速和剪切应力分布的均匀程度判断结构的优劣。同时，实验前的两相流分析能为细胞体外灌注培养提供参数设计，如流量、灌注工艺等，并为人工骨支架微管道优化设计提供理论基础。

## 1.3.1 微结构系统内细胞浓度分布

采用直接往支架管道系统内部灌注细胞悬液的方式种植细胞，根据细胞沉积的均匀程度判别支架设计的合理程度。采用两相流分析软件 CFX 进行细胞及细胞悬液两相流分析，研究支架各个位置的细胞浓度。一般而言，细胞浓度高的地方细胞沉积数量多，细胞浓度分布均匀的支架内细胞沉积后数量相对较均匀。

### 1. 两相流分析的结构及灌注参数

进行两相流分析的四种结构，其计算流体特征与选用参数如下。

(1) 四种结构内液体流速方向均沿图 1-14～图 1-16 中放置位置主管道垂直向上，分析类型为层流，计重力作用。

(2) 由蠕动泵泵入的细胞悬液进口流速为 10mm/s。

(3) 细胞体积分数约为 2%。

(4) 黏度 $\mu = 0.0018\text{Pa}\cdot\text{s}$。

(5) 液体密度 $\rho = 1.0 \times 10^3 \text{kg/m}^3$，细胞密度与液体密度之比为 1.05～1.20，计算中取细胞密度 $\rho' = 1.1 \times 10^3 \text{kg/m}^3$。

### 2. 两相流数值分析方法

假设细胞为离散相，细胞悬液为连续相，细胞为均匀球形，在运动过程中无破碎、变形和凝聚现象，相间无质量交换，流动稳定，细胞主要受黏性拖曳力、浮力和相间压力作用。对细胞和细胞悬液两相采用欧拉多相流模型，细胞悬液流态为层流，控制方程采用有限体积方法离散。

计算中细胞直径取 5 μm，体积份额约为 0.02，扩散系数取 0.4。主要考虑细胞受到的相间拖曳力、浮力、重力、相间压力及扩散作用。

按照雷诺数公式 $Re = \rho v D_c / \eta$，其中 $D_c$ 为水力直径，圆管的水力直径为圆管直径，计算得雷诺数为 33.3，可以确定分析类型为不可压缩层流流动，计算时无须激活紊流模型。

由于模型关于 $x$、$y$ 轴对称，可以利用对称边界条件，建立整个结构的 1/4 模型作为分析对象。求解速度场和细胞浓度分布的迭代步骤如下：

(1) 给定进口处两相速度和细胞相体积分数的初始值。

(2) 由细胞相浓度方程计算细胞各处的体积分数，然后由总的守恒方程计算液相体积分数。

(3) 由液相压力方程计算液相压力场，根据场间关系计算细胞相压力。

(4) 根据压力场求解液相和细胞相动力方程，得出速度场。

(5) 计算所有需要求解的方程。

(6) 返回步骤(2)，重新计算，直至结果收敛。

### 3. 计算网格与边界条件

通过 Pro/E 建立管道系统 CAD 模型，导入 ANSYSWORK BENCH 8.1 软件进行网格剖分，然后将模型输入 CFX5.7 软件进行三维流场分析。CFX5.7 采用了基于有限元的有限体积法，在保证有限体积法的守恒特性的基础上，吸收有限元法的数值精确性，该方法对六面体网格单元采用 24 点插值。

分析中涉及的边界条件有进出口边界条件、壁面条件和对称边界条件。进口边界条件为给定细胞和细胞悬液相的进口速度分布及相应的体积浓度分布。

假定进口流速均匀分布，即 $v = v_m$，且流场充分发展，出口边界条件满足出口压力为零，即 $p = 0$。壁面条件为细胞悬液相满足无滑移边界条件，即 $u = v = w = 0$，细胞相速度满足自由滑移边界条件。

对称边界条件同时满足：

$$\frac{\partial \varphi}{\partial n} = 0$$

式中：$\varphi$ 为 $u$、$v$、$w$、$p$ 的函数；无穿透条件：$v \cdot n = 0$。

## 4. 细胞相体积浓度分布结果与分析

进行支架管道系统设计的最终目的是要找到一种或一类有利于成骨的微管道结构。支架复合细胞构建组织工程骨过程中某些微管由于细胞堆积而被堵塞,阻止了成骨的继续进行,以保证细胞均匀沉积于管壁。因此,进一步研究细胞在不同管道结构内的浓度分布规律。

图 1-18 所示为四种管道结构内细胞浓度(体积分数)分布图。从图 1-18 中可以看出,四种结构最大浓度均出现在该微管系统的纵横支管交叉处附近并靠近管底,主要由于该处分流作用和细胞与管壁的频繁碰撞,距管口近的附近由于出口效应也容易使细胞沉积于管壁。沿支管径向截面细胞体积分数分布近似单调递增,靠近壁面约 $0.3r$ 处最大,分别为 5.56%、2.23%、2.06%、2.131%。入口处细胞体积分数平均为 2%,整个管道系统内细胞体积分数分布范围分别集中在 0.42%~5.56%、0.36%~2.23%、1.94%~2.06%、1.64%~2.13%。此外,从图 1-18 中还可以直观看出,结构 c 中绝大部分区域细胞体积分数集中在 1.98%~2.05%。液相的体积分数与细胞相体积分数互补,在任何位置两者之和都为 1。

由于生成的细胞体积分数分布图上下限数值不统一,很难比较 4 种管道结构系统内整体细胞分布的均匀程度,为了直观地看出细胞分布的均匀程度,取横坐标为单位长度,纵坐标为四种管道结构中细胞浓度上下限值,直线斜率反映细胞分布的均匀程度,如图 1-19 所示。其中,结构 c 中整体细胞浓度分布最均匀。

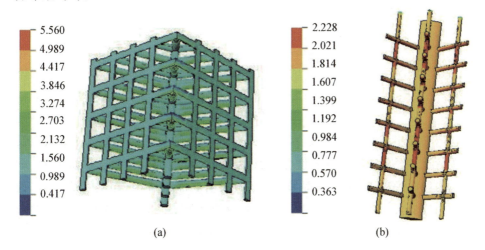

(a)　　　　　　　　　　(b)

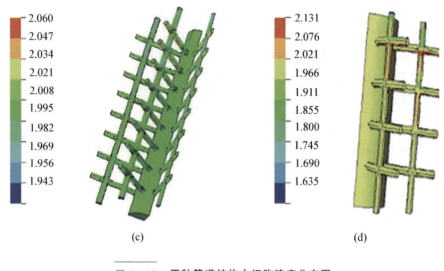

图1-18　四种管道结构内细胞浓度分布图

(a)结构 a；(b)结构 b；(c)结构 c；(d)结构 d。

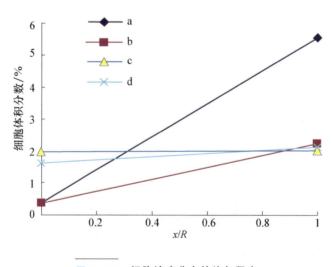

图1-19　细胞浓度分布的均匀程度

取支管中细胞浓度最大位置处一截面，从中心处沿径向取 6 个数值点反映沿管道半径方向的细胞浓度分布及管壁细胞可能的沉积情况，如图 1-20 所示为四种管道结构沿径向浓度分布。距支管底部约 $0.7r$（距支管壁 $0.3r$）处细胞浓度最大，该处细胞浓度大于主管道管底处。可见，浓度的具体分布形式不仅由垂向受力情况决定，而且取决于管道结构和细胞扩散情况。

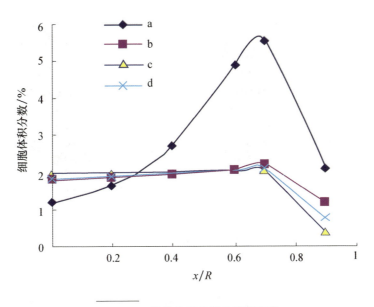

图 1-20 细胞体积分数沿管径变化

## 1.3.2 微结构系统内液体流速及剪切应力分布

液体流速及流体剪切应力也是体外灌注中的重要参数，通过速度场研究可以得到一个合适的细胞悬液进口速度，该进口速度保证细胞和养分能输运到支架的各部位并得以黏附。结合细胞悬液输送管直径便能得到需要蠕动泵提供的流量。通过两相流分析软件 CFX 得出各管道结构系统内细胞及细胞悬液速度分布，如图 1-21 和图 1-22 所示。

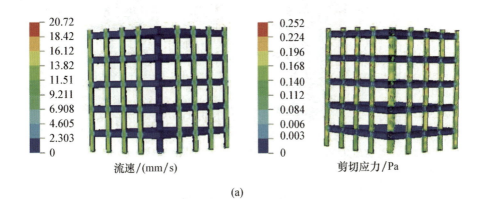

(a)

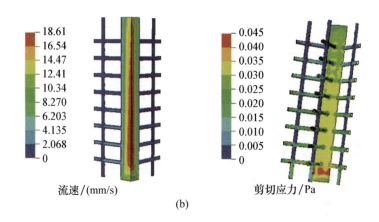

(b)

**图 1-21 结构 a、b 的流速与剪切应力分布**

(a)结构 a 的流速与剪切应力分布；(b)结构 b 的流速与剪切应力分布。

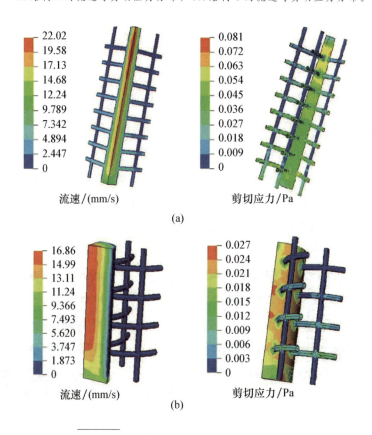

**图 1-22 结构 c、d 的流速与剪切应力分布**

(a)结构 c 的流速与剪切应力分布；(b)结构 d 的流速与剪切应力分布。

由分析结果可知，四种管道结构(a、b、c、d)中细胞相最大流速分别为 0.0208 m/s、0.0186 m/s、0.0220m/s、0.0169m/s。结构 a 中最大速度出现在与输入细胞悬液管道垂直的支管；结构 b、c 中均出现在主管道出口附近的主流区。结构 a 中纵向支管两相速度均很小，出现滞留区，结构 b 中与主管道垂直的支管内流速也很小，而结构 c 中流速分布较结构 a、结构 b、结构 d 三种结构均匀。通过调整扩散系数计算还发现，管壁一定距离处存在细胞相速度大于液相的过渡区域，该过渡区域内由于细胞扩散作用和亲壁生物特性将部分沉积于管壁，过渡区域外的主流区细胞相速度小于液相速度，但大部分细胞被液相带走。

流体剪切应力的分布与流速分布特征相似，四种管道结构剪切应力最大值分别为 0.252Pa、0.045Pa、0.081Pa、0.027Pa。如果以骨细胞所受剪切应力极限界定，那么剪切应力分布均在维持细胞功能许可的范围。

组织工程支架微管道设计是否合理关系到细胞在支架内部生长及组织形成的合理性。通过对自然骨微管系统的研究，发现自然骨微管分支结构通常有"H"形和"Y"形两种，使用三维建模手段重建了自然骨组织微结构。通过研究"H"形结构中管道之间不同转角对流速的影响，得出当主管道与支管转角为 105°时支管中的流速最大。研究了"Y"形结构的管道不同分支夹角对流速和剪切应力的影响，几种结构的出口流速无明显差异，分支夹角为 50°的结构中流速与剪切应力分布更均匀。设计了四种微管系统仿生结构，对结构 a～d 四种结构中的细胞及细胞悬液进行两相流数值的研究表明：对于相同细胞动态接种方法，结构 c 更有利于细胞均匀沉积于管道各部位。四种结构剪切应力最大值分别为 0.252Pa、0.045Pa、0.081Pa、0.027Pa，以骨细胞所受剪切应力极限界定，剪切应力分布均在维持细胞功能许可的范围。

## 参考文献

[1] 徐尚龙. 组织工程骨支架微结构设计及其流体力学特性研究[D]. 西安：西安交通大学，2007.

[2] 李祥. 可控微结构支架 SL 间接制造及组织工程骨的构建[D]. 西安：西安交通大学，2006.

[3] DALY A C, PITACCO P, NULTY J, et al. 3D printed microchannel networks to direct vascularisation during endochondral bone repair[J]. Biomaterials,

2018,162:34-46.

[4] ZHANG N,WANG Y,XU W,et al. Poly (lactide - co - glycolide)/hydroxyapatite porous scaffold with microchannels for bone regeneration[J]. Polymers,2016,8(6):218.

[5] SHUAI C,CHENG Y,YANG Y,et al. Laser additive manufacturing of Zn - 2Al part for bone repair:Formability,microstructure and properties[J]. Journal of Alloys and Compounds,2019,798:606-615.

[6] 徐尚龙,李涤尘,张彦东. 自然骨微管的三维仿生重建及两相流分析[J]. 西安交通大学学报,2006,40(3):265-269.

[7] 乌日开西·艾依提. 钛合金-生物活性陶瓷复合人工骨的微结构仿生设计与快速制造[C]. 电加工与模具,2016.

[8] ZHANG M,LIN R,WANG X,et al. 3D printing of Haversian bone - mimicking scaffolds for multicellular delivery in bone regeneration[J]. Science advances,2020,6(12):6725.

[9] MA S,TANG Q,FENG Q,et al. Mechanical behaviours and mass transport properties of bone - mimicking scaffolds consisted of gyroid structures manufactured using selective laser melting[J]. Journal of the mechanical behavior of biomedical materials,2019,93:158-169.

[10] 张涛,王臻,徐尚龙. 人工骨三维模型的建立及其生物力学特征[J]. 中国临床康复,2004,8(23):4726-4727.

# 第 2 章
# 人工骨组织支架增材制造与性能评价

骨骼是人体的支撑结构体，其病变和损伤严重影响患者的健康和生活质量。对于小范围和轻微的骨损伤，骨组织具有自我修复能力，但在大多数情况下，骨骼的病变和创伤是无法自我修复的。骨组织工程学是在组织工程研究领域中专门从事组织工程化新生骨组织研究的一个分支，其目的就是修复创伤、肿瘤和感染等造成的骨缺损，特别是大段(块)骨缺损，以恢复肢体功能。制造具有合理三维空间结构的骨组织工程支架是构建理想组织工程骨的前提，支架不仅要与所替代部位骨骼外形相匹配，而且要具备有利于细胞/组织长入的内部微结构。本书作者利用快速成形制造技术开展了骨组织工程支架的仿形和仿生制造的深入研究，提出一种快速成形间接制造技术结合凝胶注模成形的方法，设计制造了具有开放式、相互连通、仿生的微结构人工骨支架，分析了该支架的表面粗糙度、孔隙率、抗压强度等特性，研究了生物反应器系统体外构建组织工程骨，开展了动物实验检验具有不同内部微结构的人工骨支架修复大段骨缺损的成骨效果。

## 2.1 人工骨支架增材制造方法

### 2.1.1 支架制造技术路线

人工骨支架的基本制造方法是，与实际临床相结合，采用计算机辅助组织工程方法，获取骨骼内部微管的实际尺寸与结构特征，指导人工骨支架仿生结构的设计制造。首先取人股骨中段，经过固定、脱脂、染色等一系列组织学处理后，再用硬组织切片机进行连续切片，将人股骨中段切成厚度为 30 μm 的薄片，在光学显微镜下进行观察，获取骨二维显微组织图像，观察和测量骨组织内部的哈佛氏管和伏克曼管的二维尺寸，并进行统计分析，寻找其中的基本规律。获取骨组织内部微孔结构三维特性的方法是，利用切片前制作的定位基准及 MATLAB 的图形处理工具箱提供的图像配准函数，通过选择控制点（定位点）完成图像配准，将配准后的图像按顺序输入到 Mimics 软件，进行三维显微组织重构，获取三维显微组织的点云数据，并以初始图形交换规范（initial graphics exchange specification，IGES）数据格式存储，将以 IGES 格式存储的数据导入 CAD 软件，进行骨微管的三维实体重构，观察和测量重构后的三维骨微管实体模型，获取其实际尺寸与拓扑结构，并进行统计分析，提取其中具有代表性的信息特征，如微管的分布、夹角、空间走向等，以此来指导人工骨支架内部微管道结构的仿生设计。同时依照有利于细胞贴附生长和新骨生成的原则，设计多种规则结构的支架内部微管道，主要包括内部微管道的尺寸、形状、走向、分支及相互连通性等。根据所设计的具有仿生结构微管道及规则结构微管道的人工骨支架，构造相应的支架负型 CAD 模型，并以三角面片（STL）数据格式存储，输入到增材制造设备计算机系统中进行分层切片处理，得到增材制造所默认的数据格式，进行光固化增材制造，制造支架负型树脂原型，然后将准备好的生物材料调制成浆体填充到支架负型树脂原型中，烘干后，置入高温箱式电阻炉进行烧结，去除树脂材料，得到与设计相符合的生物活性人工骨支架。

应用计算机断层扫描技术（computerized tomography，CT）对骨骼进行扫描，获取其外形轮廓特征，并输入到 Mimics 软件，由 Mimics 软件从 CT 图片中获取骨骼外形的点云数据，经过 Surface 软件进行曲面重构之后，再利用三维 CAD 软件对骨骼外形进行三维重构，建立复杂的骨骼外形三维 CAD 模型，对重构之后的骨骼三维实体 CAD 模型进行抽壳处理，得到一个具有复杂骨骼外形的空腔，然后将设计好的支架内部微管道结构添加进来，形成外形与骨骼外形轮廓相匹配、内部拥有相互连通微管道结构的一体化支架负型 CAD 模型。利用光固化增材制造技术制造支架负型树脂原型，并填充生物材料，经过烧结工艺处理，得到相应的与骨骼外形相匹配的、具有相互连通微管道的生物活性人工骨支架。

通过利用上述方法对骨骼外形及其内部微管道的设计制造，充分展示出增材制造技术在人工骨支架构造方面的优势，包括仿形即提取患者骨骼外形几何特征、进行替代物结构个性化设计制造，以及仿生即模拟骨骼内部微管特征，为生物活性因子和细胞生长制造支架，使新生骨组织能够在微管道内实现三维并行生长,促进骨组织的活化。相应的制造技术路线如图 2-1 所示。

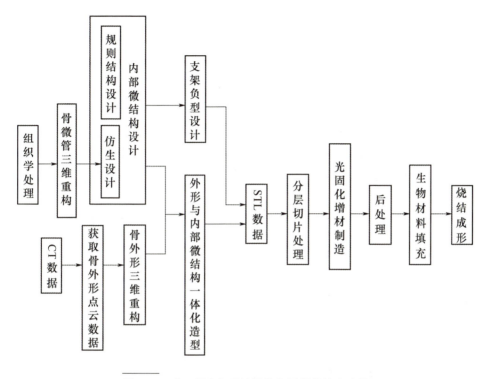

图 2-1 人工骨支架设计及其负型制造技术路线

立体光固化(stereo lithography)增材制造工艺也称为光造型或立体光刻,立体光固化技术是基于液态光敏树脂的光聚合原理工作的。这种液态材料在一定波长和强度的紫外光(如 $\lambda=355nm$)的照射下能迅速发生光聚合反应,分子量急剧增大,材料也就从液态转变成固态。液槽中盛满液态光固化树脂,激光束在偏转镜作用下,能在液态表面上扫描,扫描的轨迹及光线的有无均由计算机控制,光点照射到的地方,液体就固化。成形开始时,工作平台在液面下一个确定的深度,聚焦后的光斑在液面上按计算机的指令逐点扫描,即逐点固化。当一层扫描完成后,未被照射的地方仍是液态树脂。然后升降台带动工作平台下降一层高度,已成形的层面上又布满一层树脂,刮平器将黏度较大的树脂液面刮平,再进行下二层的扫描,新固化的一层牢固地粘在前一层上,如此重复,直到整个零件制造完毕,得到一个三维实体模型。立体光固化工艺方法是目前快速成形技术领域中研究最多的方法,也是技术上最为成熟的方法。这一方法的优点是成形精度高、成形零件表面质量好、原材料利用率接近100%，而且不产生环境污染，特别适用于制作含有复杂精细结构的零件。

### 2.1.2 人工骨支架负型立体光固化制造

#### 1. 立体光固化制造工艺参数

光固化增材制造过程的工艺参数会对支架负型树脂原型中的细微结构造成影响，由于支架负型中的最小尺寸仅有 200 μm，因此需要进行反复调试以确定最合适的相关控制参数，如表 2-1 所示。

表 2-1 制造过程的相关控制参数

| 激光光源 | 固体激光器（355nm 波长） |
| --- | --- |
| 光斑直径/mm | 0.2 |
| 激光功率/kW | 6 |
| 分层厚度/mm | 0.10 |
| 填充扫描速度/(mm/s) | 5000 |
| 支撑扫描速度/(mm/s) | 2000 |
| 轮廓扫描速度/(mm/s) | 3000 |
| 补偿直径/mm | 0.12 |
| 工作台升降速度/(mm/s) | 4.00 |

#### 2. 支架负型树脂原型结构特征

待所设计的支架负型经过立体光固化成形后，就得到了各种结构的支架负型树脂原型，将其从树脂槽中取出，此时需对刚刚固化成形的支架负型树脂原型进行后处理，首先去除掉制造时添加的辅助支撑，再用浓度为95%的工业酒精清洗每个支架负型，去除掉残留在支架负型中尚未固化的液态树脂，吹干后使用紫外线灯对支架负型进行二次固化，4h 后取出。制造所得各种结构的支架负型树脂原型如图 2-2 所示。其中，图 2-2(a)所示为规则结构支架负型树脂原型；图 2-2(b)所示为仿生结构支架负型树脂原型；图2-2(c)所示为骨骼外形与内部微管道结构一体化设计的支架负型树脂原型。经过这一系列后处理之后的支架负型树脂原型即可应用于生物材料的填充烧结。

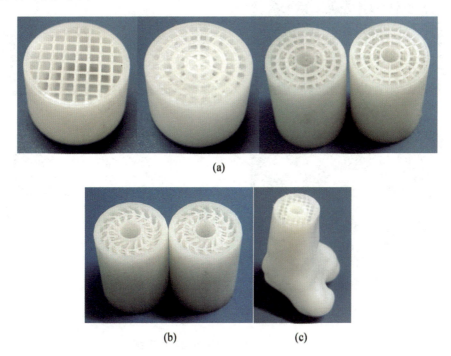

图 2-2　光固化成形的支架负型树脂原型

支架负型树脂原型的制造精度由成形设备自身保证，光学显微镜下观察和测量树脂负型中的细微尺寸，即用于构造微管道结构的树脂网格尺寸，树脂网格的显微照片如图2-3所示。经过统计分析发现，实际测量值与设计值的最大误差为±80μm，如设计值为200μm×200μm、测量值为277.02μm×235.12μm，如图2-3(b)和图2-3(d)所示，详细测量结果如表2-2和表2-3所示。

从显微系统图像可以看出，支架负型树脂原型的结构特征与设计结构完全相符合，负型中用于形成微管道的树脂丝架的形状、空间走向、连接位置等与所设计的CAD模型完全一致。从测量结果可以看出，立体光固化成形的支架负型树脂原型件中用于构造微管道的树脂丝架尺寸与设计尺寸基本一致。

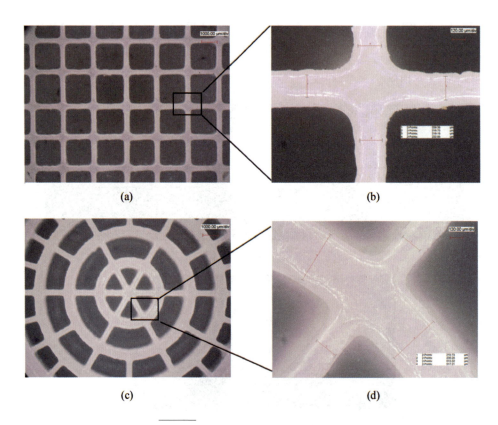

图 2-3 支架负型树脂原型显微图像

表 2-2 正交结构树脂负型显微系统测量结果[对应于图 2-3(a)]

| 编号 | $X$ 方向<br>(宽×高)/μm | $Y$ 方向<br>(宽×高)/μm | $Z$ 方向<br>(直径)/μm |
|---|---|---|---|
| 1 | 209.38 × 186.36 | 254.68 × 226.51 | 548.92 |
| 2 | 216.73 × 226.17 | 228.72 × 257.14 | 543.66 |
| 3 | 219.18 × 253.73 | 276.33 × 213.77 | 508.23 |
| 4 | 222.85 × 188.81 | 220.06 × 188.65 | 481.47 |
| 5 | 251.16 × 228.57 | 270.66 × 254.38 | 487.65 |
| 6 | 229.31 × 266.48 | 211.40 × 182.24 | 523.12 |
| 7 | 277.02 × 235.12 | 193.28 × 205.23 | 512.87 |
| 8 | 236.65 × 238.76 | 228.69 × 237.57 | 536.65 |
| 9 | 181.92 × 216.43 | 241.69 × 224.91 | 542.73 |
| 10 | 256.23 × 248.85 | 263.36 × 258.32 | 522.27 |

表2-3 轮辐形结构树脂负型显微系统测量结果[对应于图2-3(c)]

| 编号 | 径向树脂丝架<br>(宽×高)/μm | 周向树脂丝架<br>(宽×高)/μm | Z方向<br>(直径)/μm |
|---|---|---|---|
| 1 | 247.13 × 221.39 | 214.32 × 521.64 | 537.47 |
| 2 | 203.44 × 217.52 | 234.53 × 551.04 | 526.43 |
| 3 | 238.37 × 225.72 | 217.35 × 515.82 | 521.33 |
| 4 | 184.76 × 183.59 | 241.16 × 558.34 | 556.61 |
| 5 | 247.62 × 231.26 | 244.82 × 534.07 | 525.41 |
| 6 | 233.21 × 218.29 | 226.67 × 522.54 | 484.58 |
| 7 | 235.45 × 216.67 | 206.37 × 512.72 | 520.16 |
| 8 | 264.68 × 252.39 | 231.49 × 546.17 | 488.32 |
| 9 | 201.85 × 179.73 | 227.72 × 538.39 | 549.75 |
| 10 | 237.44 × 254.78 | 268.77 × 552.06 | 530.18 |

## 2.1.3 生物活性人工骨支架成形工艺

### 1. 生物材料选择

目前在骨组织工程支架构造中应用比较广泛的生物材料主要为有机高分子材料、无机材料和有机-无机复合材料。其中,有机高分子材料主要包括:聚乳酸(PLA)及其三种异构体(PDLA、PLLA、PDLLA),以及聚羟基乙酸(PGA)、聚原酸酯(POE)、聚己内酯(PCL)、聚羟基丁酸酯(PHB)及它们的共聚物。这些材料虽然具有良好的骨传导特性、生物相容性和可降解性。但在应用过程中发现不少缺点:①亲水性差,细胞吸附力弱;②引起无菌性炎症反应;③机械强度不足。更严重的是这些有机高分子材料都具有热不稳定性,不适合所采用的支架构造方法。无机材料中钙、磷类材料由于其主要组成元素与自然骨的主要组成元素相同,且具有良好的生物相容性和可降解特性,已被广泛使用,主要包括羟基磷灰石(hydroxyapatite,HA)、自固化磷酸钙(calcium phosphate cement,CPC)骨水泥和β-磷酸三钙(tricalcium phosphate,TCP),这三者中,虽然HA支架的机械强度最高,但是它的降解速度最慢,几乎不降解,因此,在临床上的使用很少,β-TCP支架的机械强度适中,且降解速度很快,是应用最广泛、被认为最适合作为骨组织工程支架的材料。

TCP 存在 β 型(低温型)和 α 型(高温型)两个变体,β-TCP 为六方晶系的晶体,α-TCP 为单斜晶系的晶体,其结晶度和机械强度比较高,但其生物学活性不及 β-TCP,所以骨替代物材料研究领域以 β-TCP 为主。β-TCP 是生物降解和生物吸收型磷酸钙生物活性陶瓷材料,具有良好的生物相容性和骨诱导能力,当其植入人体后,能在体内降解,降解下来的 Ca、P 进入活体循环系统形成新生骨,因此它是理想的生物硬组织替代材料,是研制新一代具有高诱导成骨能力的复合人工骨或杂化人工骨的基础,是目前生物医学工程和材料科学工作者研究的重点领域之一。

从 20 世纪 70 年代 β-TCP 开始作为生物材料以来,随着研究的深入,各种形式的 β-TCP 材料已在临床医学中展现了优良的性能,并得到了广泛应用,如用作骨移植、骨填充和药物载体等。目前,多孔 β-TCP 主要用作组织工程支架材料,与种子细胞、生物活性因子复合植入体内,取得了良好的效果。

自固化磷酸钙骨水泥是 20 世纪 80 年代中期由 Brown 和 Chow 研制出来的自固化型(self-setting)、非陶瓷型羟基磷灰石(hydroxyapatite,HA)类人工骨材料。CPC 由固相与液相组成,其中固相包括磷酸四钙(tetracalcium phosphate,TECP:$Ca_4(PO_4)_2O$)、无水磷酸氢钙(dicalcium phosphate anhydrous,DCPA:$CaHPO_4$)、二水磷酸氢钙(dicalcium phosphate dihydrous,DCPD:$CaHPO_4 \cdot 2H_2O$)等磷酸钙盐,液相可以是蒸馏水、稀磷酸、生理盐水及手术部位的血液等。两者调和后,在室温或体内环境下自行固化转变成含微孔的 HA 晶体。与烧结型 HA 陶瓷相比,它除具有引导成骨和骨性结合的特点之外,更具有制备简便、塑形容易和缓慢降解等优点。

因此,综合考虑 β-TCP 和 CPC 这两种材料的生物学特点和所采用的制备方法,确定选用 β-TCP 作为制造骨组织工程支架的生物材料,部分实验与分析中采用 CPC 支架作为参照。

### 2. 凝胶注模成形

陶瓷制品的成形方法有很多种,如等静压工艺成形,属于干法成形,即用粉料、固体颗粒和空气的混合物为原料进行成形,不能成形出复杂形状的制品；湿法成形，主要有流延成形、注浆成形、蜡浇铸成形、注射成形等，其基本原理是先在粉料中加入液体（最常用的是水）制成浆料，把浆料注入模具内，再使其固化，形成坯体。该方法虽然解决了成形复杂形状的问题，但是它不能保证坯体密度的均匀性，或者干燥收缩比较大，从而引起变形、开裂或尺寸精度无法保证。20世纪90年代初由美国橡树岭国家重点实验室发明的一种陶瓷材料湿法成形技术——凝胶注模成形（gelcasting），该技术由于其工艺简单、含脂量低、制备的坯体均匀、坯体强度高，具有可机械加工、且加工量小等诸多优点，因此受到广泛注意。陶瓷的凝胶注模成形是继注浆成形、注射成形之后发展起来的又一种近净尺寸成形工艺，其特点是陶瓷粉末分散在有机单体溶液中，有机单体在催化剂、引发剂或热作用下，发生原位聚合反应形成网状结构将陶瓷粉末包裹其中，成为硬实的坯体。

凝胶注模成形技术是传统注浆成形工艺与有机化学高聚合理论的完美结合，它通过引入一种新的定型机制，发展了传统的注浆成形工艺。其基本原理是：在高固相（体积分数一般不低于50%）、低黏度（小于1 Pa·s）的陶瓷浆料中，掺入低浓度（质量分数为15%）的有机单体。当加入引发剂并浇注后，浆料中的有机单体在一定的实验条件下发生原位聚合反应，形成坚固的交联网状结构，使浆料原位凝固，实现陶瓷坯体的原位定型。该工艺包括以下几个过程：首先将陶瓷粉体分散在含有有机单体和交联剂的水溶液中，注入模具之前加入引发剂和催化剂，充分搅拌均匀并脱气后，将浆料注入模具中；然后在一定的温度条件下引发有机单体聚合，使浆料黏度骤增，从而导致浆料原位凝固，形成湿坯，湿坯脱模后，在一定的温度和湿度条件下干燥，得到高强度坯体，最后将干坯排胶并烧结，得到致密部件。其工艺流程如图2-4所示。

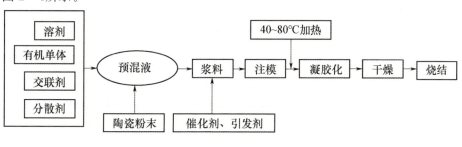

图2-4　凝胶注模成形的工艺流程

凝胶注模成形的显著特点有：①适用于各种陶瓷材料，可成形各种复杂形状和尺寸的陶瓷制品；②由于定型过程和注模操作是完全分离的，定型是靠浆料中有机单体原位聚合形成交链网状结构的凝胶体来实现的，因此成形坯体组分均匀缺陷少；③浆料的凝固时间比较短且可控，根据聚合温度和催化剂的加入量的不同，凝固时间一般可以控制在5～60min；④坯体中有机物含量较小，其质量分数一般为3%～5%；⑤干燥后的坯体强度很高，可以进行机加工；⑥它是一种净尺寸成形技术，干燥和烧结过程中变形很小，甚至不会变形，烧结体可保持成形时的形状和尺寸；⑦浆料体系为高固相（体积分数一般不低于50%）、低黏度（小于1 Pa·s）。

凝胶注模成形最早开发的是非水基凝胶成形工艺，随后开发成功水基凝胶成形工艺。与非水基凝胶体系相比，水基凝胶体系在批量生产时优势较为明显：使用水作为溶剂使得凝胶注模成形工艺与传统的陶瓷制作相似，降低了浆料的黏度，干燥过程更容易控制，避免了有机溶剂挥发造成的空气污染。因此，目前一般选用水基凝胶成形工艺，水基凝胶注模成形工艺使用较多的体系有两种：丙烯酸酯体系和丙烯酰胺体系。丙烯酸酯体系并非纯水溶液体系，需要共溶剂（如N-甲基-2-吡咯烷酮），且有相分离现象。由于该体系引发后的预混液凝胶化不彻底，并且分散效果不佳，难以制备出高固相体积含量的浆料。因此，目前实际普遍使用的是丙烯酰胺体系，主要包括：有机单体——丙烯酰胺（$C_2H_3CONH_2$，AM）；交联剂——N，N-二甲基二丙烯酰胺（$C_7H_{10}N_2O_2$，MBAM）；引发剂——过硫酸铵（$(NH_4)_2S_2O_8$，APS）；催化剂——N，N，N，N-四甲基乙酰胺（$C_5H_{16}N_2$，TEMED）。

浆料中有机单体的凝胶固化基本过程是：首先引发剂分解，形成初级自由基；初级自由基与单体加成，形成单体自由基；单体自由基不断与单体分子结合，形成链聚合物，最终完成单体的聚合反应；而浆料中的交联剂由于具有两个酰胺基，所以，可将丙烯酰胺长链相互连接起来生成由聚丙烯酰胺构成的三维立体网格结构，陶瓷颗粒被固定在其中，陶瓷颗粒与聚合物凝胶通过吸附作用，形成具有一定强度和柔韧性的坯体。

由于凝胶注模成形工艺的固化过程是一个聚合反应过程，在聚合过程中，引发剂的分解属于吸热反应，较高的温度有利于促进初级自由基的形成，提高引发效率；而有机单体的聚合反应是一个放热过程，在反应引发后，所放出的热量足以支持反应进行。

### 3. 凝胶注模成形制备β-TCP支架

(1) 主要原料与试剂。凝胶注模成形制备多孔结构的β-TCP生物陶瓷人工骨支架过程中所用主要原料和试剂如表2-4所示。其中，分散剂聚丙烯酸铵（PAA-NH$_4$）为西安泰瑞成新材料有限公司所赠，其余均是购买的分析纯试剂。

(2) 实验过程。首先取9mL去离子水、0.9g丙稀酰胺、0.1gN，以及N-二甲基二丙烯酰胺、0.2g聚丙烯酸铵放入50mL烧杯，充分搅拌，并使用超声波对其进行辅助分散，制成预混液；分别称取10g和1g的β-TCP生物陶瓷和玻璃基高温黏结剂粉末，并添加到预混液中，搅拌均匀后，再使用超声波对其进行分散，并用浓氨水调节浆体的pH，使其pH维持在9左右，此条件下浆料的流动性很好。在真空条件下排除浆料中的气泡，然后再加入0.1g引发剂过硫酸铵，并将其混合均匀，最后加入0.005g的催化剂，催化剂的量必须严格控制，因为一旦催化剂的量过多，则浆料会立刻在烧杯中出现聚合反应，所以无法完成模具的填充，经过一系列的实验，确定使浆料在7～10min内完成聚合反应的催化剂含量为0.005g，浆料加入催化剂之后迅速灌注到树脂模具中，等待浆料在模具中发生聚合反应，并将发生聚合反应后的试件放在室温条件下24h，然后再放入烘箱加热至60℃，使浆料中的有机单体在模具中发生聚合反应，并且在此温度条件下放置3～4天，使试件中的水分基本蒸发掉，最后把烘干后的试件放入高温箱式电阻炉进行烧结，即可获得相应的多孔结构β-TCP生物陶瓷人工骨支架。

表2-4 原料及试剂

| 溶剂 | 去离子水 | 9mL |
| --- | --- | --- |
| 有机单体 | 丙烯酰胺 | 0.9 g |
| 交联剂 | N，N-二甲基二丙烯酰胺 | 0.1 g |
| 分散剂 | 聚丙烯酸铵 | 0.2 g |
| 固体粉末 | β-TCP/黏结剂 | 10 g / 1 g |
| 引发剂 | 过硫酸铵 | 0.2 g |
| 催化剂 | N，N，N，N-四甲基乙酰胺 | 0.005 g |

(3) 浆体流变特性研究。由流体流变学可知，悬浮体的黏度随着悬浮体中

固相体积分数的增加而增加,特别是较浓悬浮体,悬浮体的黏度随固相体积分数的增加成指数关系增加,当固相体积分数增加到某一值时,悬浮体形成连续的整体而失去流动性,黏度达到无穷大,此时的固相体积分数称为最大堆积分数。悬浮体的黏度不仅与固相颗粒体积分数、颗粒形状及颗粒尺寸分布、颗粒在分散介质中的分散状态有关,还与分散条件有关。

由 D.L.V.O 理论可知,固相颗粒在浆料中的势能为吸引势能与相斥势能之和,即 $V_T = V_A + V_R$,其中 $V_A$ 是 Van der Valls 引力势能,$V_R$ 是斥力势能。当两个颗粒彼此接近时,斥力势能与引力势能同时增大,由于两者在不同距离区间增长速度不同,因此总作用势能产生一个极大值和两个极小值,极大值称为势垒。如果两个颗粒要进一步靠近,那么必须越过这个势垒,一旦越过势垒,两个颗粒就会强烈地吸附在一起,总作用势能则迅速降至第一个极小值,此时颗粒间的吸引作用远远超过布朗运动,使颗粒发生聚沉。势垒的高度越低,粒子在布朗运动碰撞中越有可能黏附在一起发生团聚。如果能够保证足够的势垒高度,就可以防止颗粒越过势垒,胶体就能保持稳定。势垒高度与颗粒的表面电位有关,因此要提高势垒值就必须增大粉体表面的静电斥力和减少范德瓦尔斯力。当颗粒表面无有机大分子吸附时,对势垒的大小起决定作用的是颗粒表面的ζ电位值。若降低颗粒表面的ζ电位,减少颗粒的电性,则颗粒间排斥能减少,势能峰 $V$ 也随之降低。当颗粒表面ζ电位降为零时,势能峰 $V$ 也为零,此时颗粒的稳定性最差,立即产生聚沉。由于颗粒表面的ζ电位值受介质的 pH 值影响,因此要想获得高固相、低黏度的浆料,必须严格控制其 pH 值,使浆料中颗粒表面ζ电位绝对值达到最大,使颗粒表面的双电层排斥力起主导作用。

空间位阻稳定理论表明,双电层的作用是有限的,在许多情况下,通过单纯控制 pH 值是很难产生稳定的悬浮体,需要加入合适的聚合物分散剂来实现悬浮体的稳定性。吸附了高分子的颗粒在相互接近时会产生两种情况:①吸附层被压缩而不发生相互渗透;②吸附层能发生渗透、相互重叠。这两种情况都导致体系能量增加,自由能增大。当颗粒表面吸附了有机聚合物之后,其稳定机制已不同于单一的静电稳定机制。这时稳定的主要因素是聚合物吸附层,而不是双电层的静电斥力。吸附的高分子聚合物层对颗粒稳定性的影响主要包括:①带电聚合物被吸附后增加了颗粒之间的静电斥力势能 $V_R$;②高分子聚合物的存在通常会减少颗粒间的引力势能 $V_A$;③颗粒吸附高分子聚合物后,产生了一

种新的斥力势能 $V_S$。体系总的势能应是：$V_T = V_A + V_R + V_S$，从而提高了势垒 $V_0$，使颗粒能够稳定而不发生聚沉。当在悬浮液中加入一定量的高分子聚电解质时，其吸附在颗粒表面，此时聚电解质既可通过本身所带电荷排斥周围粒子，又能通过其空间位阻效应阻止周围粒子的靠近，两者的共同作用可实现复合稳定分散的效果。

实验研究了分散剂（PAA-NH$_4$）和 pH 对 β-TCP 生物陶瓷浆体黏度的影响，用 PHS225 型酸度计测浆体的 pH，Zetaplus 测定浆体得 ζ 电位，测得 β-TCP 粉体在水溶液中的 ζ 电位与 pH 的关系如图 2-5 所示。从图 2-5 中可以看出，β-TCP 粉体在去离子水中的等电点（IEP）呈酸性，不加分散剂时，等电点在 pH 为 4.8 左右。当 pH＜4.8 时，粒子表面正电荷位密度高于负电荷位密度，结果粒子表面呈正电性；当 pH＞4.8 时，粒子表面正电荷位密度低于负电荷位密度，粒子表面显示负电性，并且随着 pH 的升高，其 ζ 电位的绝对值也升高。加入适量的聚电介质分散剂 PAA-NH4 后，分散剂在水溶液中电离形成有机酸根离子和铵离子，粉末的表面由于吸附有机酸根离子从而使其表面荷电基团发生较大变化，其 ζ 电位绝对值随 pH 的增大有比较明显的增加，粉体粒子的等电点相应降低到 pH 为 3.5 左右。当 pH 为 9 时，ζ 电位的绝对值达到最大。

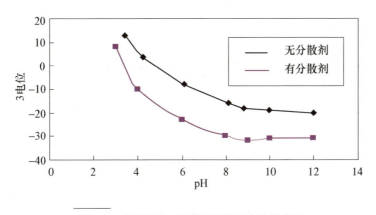

图 2-5 分散剂和 pH 值对浆体 ζ 电位的关系

由胶体化学理论可知：

$$V_R = 0.5\varepsilon\alpha\varphi_0^2\exp(-kH_0) \quad (2-1)$$

式中：$\varepsilon$、$\alpha$ 均为常数；$\varphi_0$ 为颗粒表面电位；$k$ 为扩散层厚度；$H_0$ 为颗粒间的最短距离；$V_R$ 为颗粒间双电层排斥能。

可见，$V_R$ 正比于 $\varphi_0^2$，分散剂的加入提高颗粒表面的ζ电位，从而使颗粒间的排斥力大幅度增加，使得颗粒更容易分散。

在研究中还发现，分散剂的加入量对浆体的黏度有很大的影响，在浆体的固相含量为55%、pH值为9的条件下，随着分散剂加入量的增加，浆体的黏度显著降低，当分散剂的加入量约为固相的2%时，其黏度达到最低，而后，随着加入量的增加，浆体黏度又逐渐增大，如图2-6所示。造成这种变化的原因是：当分散剂质量分数为0~2%时，由于分散剂 PAA-NH$_4$ 在悬浮液中的解离与吸附，浆体中的粉体颗粒表面电荷随分散剂的量增加而增多，因此改变了粉体颗粒的表面电势，使颗粒之间的静电排斥作用增强，同时由于高分子链的空间位阻作用，使颗粒之间的吸附作用相对减弱，浆体分散良好，流动性增加，黏度降低。当分散剂加入量超过2%时，浆体中的粉体颗粒表面吸附的分散剂达到单层饱和态，使进入液相的自由高分子浓度增大，这些高分子对悬浮液中的粉体颗粒产生"桥联"作用，从而使颗粒之间的相互作用加强，浆体的黏度增大。

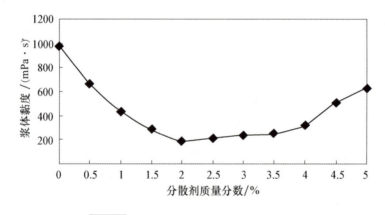

图 2-6 分散剂加入量对浆体黏度的影响

在实验中还发现，随着固相体积分数的增加，使黏度达最低所需的分散剂量减少。这一现象可以由 Woodcock 方程来说明：

$$\frac{h}{d} = \left(\frac{1}{3\pi\varphi} + \frac{5}{6}\right)^{\frac{1}{2}} - 1 \qquad (2-2)$$

式中：$h$ 为颗粒间距；$d$ 为颗粒直径；$\varphi$ 为固相体积分数。

随着固相体积分数的增加，颗粒间距变小，颗粒的排斥作用增大，故所需分散剂的量减少。

(4)凝胶固化及烧结成形。保持其他条件不变,改变固化温度,测量当固化温度为 40℃、60℃ 和 80℃ 条件下的凝胶固化时间。从测试结果可以看出,固化时间对凝胶固化时间有较大的影响,当固化温度从 40℃ 增加到 60℃ 时,凝胶固化时间明显缩短,这是因为温度升高加速了引发剂的分解,促进了聚合反应的进行,聚合反应放出的热量又促使体系温度进一步升高,所以,随固化温度的升高,凝胶固化速度加快,所需要的时间就减少。而温度从 60℃ 升高到 80℃ 时,凝胶固化时间对温度的变化已不再敏感。当固化温度高于 80℃ 时,所成坯体密度均匀性变差,这是因为在环境温度较高时,浆体体系温差较大,在模具壁和表面的浆体因温度高而迅速固化,形成一个坚硬的外壳,而内部浆体温度偏低,反应速度较慢,那些浇注时裹入的气体及水分蒸发所形成的气体无法通过表层排出,最终滞留在固化后的坯体内部,形成外层密度高内部多气孔的不均匀坯体,从而严重影响最终成形件的机械强度。

坯体干燥工序是凝胶注模成形工艺中关键且最耗时的一步。干燥的实质是水分扩散和溢出表面的过程。为了避免坯体收缩不匀造成翘曲和开裂等现象,初期干燥须在低温和一定湿度的条件下进行,一般要在 30%～50% 的相对湿度下进行干燥,否则坯体容易开裂。当坯体收缩至内部固相颗粒相互接触以后,收缩现象停止,这时可以提高温度或降低湿度继续干燥,以缩短干燥周期。整个干燥周期中坯体的收缩率与固相含量有关,固相含量为 50%(质量分数)时收缩率约为 3%,更高固相含量下的收缩率很小甚至可以忽略。干燥后坯体中黏合剂的质量分数不足 4%。当坯体含水率小于 1%～2% 时,坯体才可以进行烧结。

从实验结果来看,试件在温度为 80℃ 条件下固化,并在该温度和 50% 的相对湿度条件下干燥,然后按照相应的烧结工艺进行烧结,即室温入炉,升温速度为 60℃/h,温度升至 600℃ 时,再将升温速度调整为 300℃/h,升至 1050℃,保温 300min,随炉冷却至室温后取出。烧结成形的 $\beta$-TCP 人工骨支架出现严重的翘曲变形,如图 2-7(a) 所示。而当浆料注模后,置于温度为 60℃ 条件下固化,并在室温和 50% 的相对湿度条件下进行干燥,采取同样的烧结工艺,烧结而成的 $\beta$-TCP 人工骨支架保持了很好的设计形态和机械强度,如图 2-7(b) 所示。

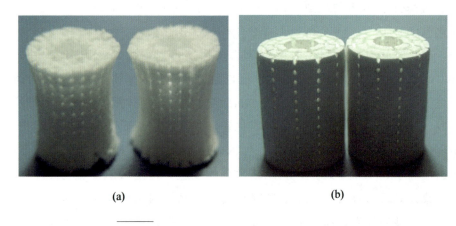

图 2-7 凝胶注模成形的 β-TCP 人工骨支架

## 2.2 人工骨支架性能评价

### 2.2.1 人工骨支架表面粗糙度测量

人工骨支架的表面粗糙度对成骨细胞和骨髓基质细胞的黏附、增值、分化及基因表达都有影响,从 Brett 等和 Despina 等的研究结果可以看出,表面粗糙度 $Ra$ 为 $0.30\sim6.66\,\mu m$ 时,$Ra$ 越大就越有利于细胞的黏附、增值、分化及基因表达。

应用表面粗糙度测量仪分别对所制造的 β-TCP 生物陶瓷人工骨支架外表面的表面粗糙度进行测量。β-TCP 生物陶瓷人工骨支架的表面粗糙度测量结果为:轮廓算术平均偏差 $Ra = 3.69\,\mu m$,轮廓最大高度 $Ry = 21.75\,\mu m$。至于人工骨支架的内部微管道表面,由于微管道尺寸仅为 $200\sim600\,\mu m$,接触式表面粗糙度测量仪的测试探头尺寸较大,无法进入微管道进行测量,因此采用 VH-8000 显微系统将微管道放大 800 倍之后进行观测,经过统计平均所获得的最终结果如表 2-5 所示。从测试结果来看,用这两种材料制备的人工骨支架外表面和内部微管道表面均有利于细胞的黏附、增值、分化及基因表达。

表 2-5  支架表面粗糙度测量结果

| 表面粗糙度 | β-TCP 支架外表面 | 微管道表面 |
|---|---|---|
| $Ra/\mu m$ | 3.69 | 4.12 |
| $Ry/\mu m$ | 21.75 | 21.86 |

## 2.2.2 人工骨支架显微结构观测

分别利用光学显微镜(VH-8000 显微系统)和扫描电镜(HITACHI S-3000N)观测所设计制造的 β-TCP 生物陶瓷人工骨支架的表面及内部微管道的微结构特征，并采用统计分析的方法得出各种结构、不同生物材料的人工骨支架内部微管道的平均尺寸，以及人工骨支架内部微管道的形状、分布、空间走向、分支和相互连通性与设计特征相符合的程度，并且通过能谱分析测定支架中所含主要元素及其摩尔比。以此检验本书中提出的人工骨支架间接制造方法所制备支架的物理结构、化学成分、机械强度、生物相容性等属性。部分检测采用了 CPC 人工骨支架作为对照。

### 1. 光学显微镜观测

光学显微镜下观察 β-TCP 人工骨支架微结构，图 2-8(a)所示为正交结构人工骨支架局部放大的顶视图(放大 25 倍)，图 2-8(b)所示为轮辐形结构人工骨支架的顶视图(放大 25 倍)，图 2-8(c)所示为仿生结构人工骨支架横截面的剖视图(放大 25 倍)，图 2-8(d)所示为其局部放大结构(放大 100 倍)，图 2-8(e)和(f)所示分别为有髓腔结构的纵向和横向剖视图。

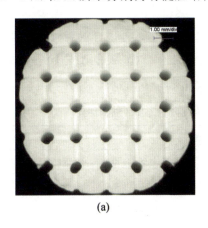

(a)

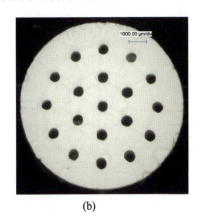

(b)

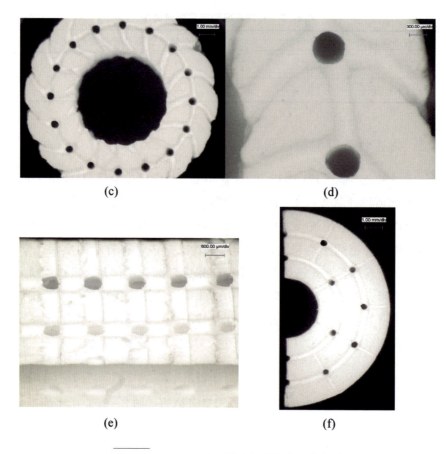

**图 2-8 β-TCP 人工骨支架微结构显微观测**

(a)放大 25 倍；(b)放大 25 倍；(c)放大 25 倍；
(d)放大 100 倍；(e)放大 50 倍；(f)放大 25 倍。

先将剖开后的 β-TCP 人工骨支架放大 100 倍，再进行观测。每种结构选择 5 个试件，分别用千分尺和光学显微镜观测 β-TCP 人工骨支架的外形和内部微管道尺寸。最终的测量统计分析结果如表 2-6 所示。

表 2-6 β-TCP 支架外形及内部微管道尺寸测量结果

| 支架外形 | | | |
| --- | --- | --- | --- |
| 测量位置 | 参数 | 正交结构支架/mm | 轮辐结构支架/mm |
| 直径 | 设计值为 14.5 | 14.08±0.064 | 14.01±0.032 |
| 高 | 设计值为 11 | 10.98±0.075 | 10.46±0.026 |

续表

| 内部微管道 | | | |
|---|---|---|---|
| 测量位置 | 参数 | 正交结构支架/μm | 轮辐结构支架/μm |
| $x-y$ 平面 | 设计值为 200 | 183.65±5.47 | 189.37±5.54 |
| $x-z$ 平面 | 设计值为 200 | 186.31±6.25 | 183.48±6.91 |
| $z$ 方向通孔 | 设计值为 500 | 457.96±8.34 | 458.25±7.29 |

2. 扫描电镜观测及能谱分析

使用扫描电镜(scanning electric microscopy，SEM)观察人工骨支架微结构之前，先要进行表面喷金处理，再将人工骨支架等分成若干小块，用JFC21100型离子溅射仪对样件进行喷金处理，最后放入扫描电镜设备中进行观察。

β-TCP人工骨支架内部微管道微结构电镜照片如图2-9(a)所示(放大35倍)，支架表面微结构电镜照片如图2-9(b)(放大2000倍)。从图2-9(a)所示的支架剖面扫描电镜的观察结果可以看出，支架内部的微管道完全相互连通，其在支架内部的分布、空间走向、几何形状与设计相符。从图2-9(b)所示的β-TCP支架表面微结构特征可以看出，β-TCP颗粒经过烧结后相互黏结在了一起，但是其间仍有许多细微孔隙，这些孔隙的尺寸基本为5～8μm。分别对添加了玻璃基高温黏结剂烧结成形和没有添加玻璃基高温黏结剂烧结成形的β-TCP人工骨支架进行能谱分析，结果表明烧结成形后的两种支架主要组成元素均为氧(O)、钙(Ca)和磷(P)三种。其中，没有添加黏结剂烧结而成的β-TCP人工骨中所含Ca、P元素摩尔比为1.51∶1，如图2-10(a)所示；添加了玻璃基高温黏结剂烧结而成的β-TCP人工骨中所含Ca、P元素摩尔比为1.46∶1，如图2-10(b)所示。因此，能谱结果可以说明环氧树脂模具中所含的碳(C)、氢(H)元素没有残留在支架内部，而是完全分解成$CO_2$和$H_2O$后被排出。

从能谱分析结果可以看出，虽然在β-TCP生物陶瓷粉末中添加了高温黏结剂，但是最终的β-TCP人工骨支架中所含Ca、P元素的量没有太大变化(纯β-TCP所含Ca、P元素摩尔比为1.5)。

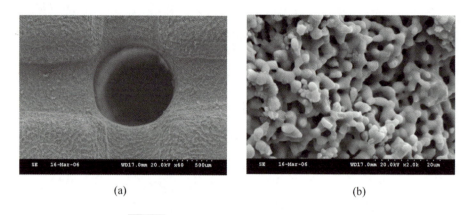

(a)　　　　　　　　　　　　　　(b)

图 2-9　β-TCP 人工骨支架扫描电镜照片

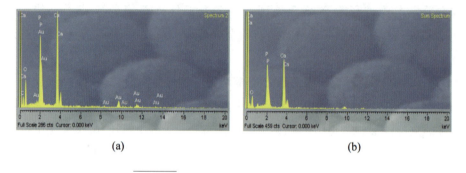

(a)　　　　　　　　　　　　　　(b)

图 2-10　β-TCP 人工骨支架能谱分析

### 2.2.3　人工骨支架孔隙率测定

目前，孔隙率的测定方法有浸润法、透气法、CT 法、扫描电镜及染色法等。浸润法的原理是利用浸润液浸泡多孔材料，根据材料浸泡前后的重量变化确定其孔隙率。浸润法要求生物材料与浸渍液不会发生反应或浸润后体积无变化，其优点是不受试件的形状限制，且测量准确方便，因此采用该方法测定 β-TCP 生物陶瓷人工骨支架的孔隙率。

测试的基本原理是根据渗入试件内部的浸润液体积来测定孔隙率，孔隙率 $P$ 定义为试件内孔隙体积 $V_h$ 占试件总体积 $V$ 的百分比，即

$$P = (V_h / V) \times 100\% \qquad (2-3)$$

也可表示为

$$P = (1 - \rho_p/\rho_m) \times 100\% \tag{2-4}$$

式中：$\rho_p$ 为支架密度；$\rho_m$ 为材料密度。

进一步推导为

$$P = [(m_2 - m_1)/(m_2 - m_3)] \times 100\% \tag{2-5}$$

式中：$m_1$ 为试样干重；$m_2$ 为浸渍后试样在空气中的质量；$m_3$ 为浸渍后试样在浸渍液中的质量。

为使测量值精确可靠，试件采用 JA-1103 电子天平来进行试件称重。

孔隙率测试的具体实验步骤如下。

(1) 将试样放入干燥箱中烘干(120℃，1h)，干燥后冷却至室温，用毛刷刷除试样表面污物后，在空气中称出试样质量 $m_1$。

(2) 将试件放入浸润性极佳的二甲苯溶液中进行浸渍，室温下将盛有试样和浸渍液体的容器抽真空至低于 10.13kPa，并在该压力下保持 30min 并使气泡完全消失，恢复到常压后继续浸渍 10min，如图 2-11(a)所示。

(3) 取出试样后，擦去试样表面的浸渍液，在空气中称重 $m_2$，然后在浸渍液中称重 $m_3$，精度达到试样质量的 0.01%。为消除悬挂铜丝等带来的测量误差，在测量 $m_1$、$m_2$、$m_3$ 时，可采用图 2-11(b)、(c)所示的称重装置来称重。

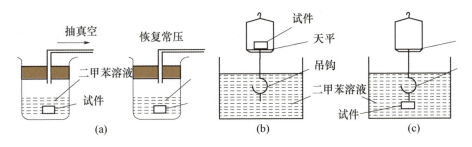

**图 2-11 孔隙率测定示意图**

(a)试件真空浸渍；(b)在空气中秤重；(c)在二甲苯溶液中秤重。

(4) 计算结果：将相同试样测定三次，根据公式 $P = [(m-m_1)/(m-m_3)] \times 100\%$ 来计算孔隙率，最后取平均值。

按照上述方法和测试步骤对这两种材料不同结构的人工骨支架孔隙率进行测定，每种材料、每种结构的人工骨支架在孔隙率测定时的数量均为 5 个，然后取平均值。最终测定结果如表 2-7 所示。

表 2-7  人工骨支架的孔隙率测定结果

|  | 正交结构 | 轮辐结构 | 骨髓腔结构 |
| --- | --- | --- | --- |
| β-TCP 人工骨支架 | 26.35% | 29.32% | 40.73% |
| 设计孔隙率 | 23.8% | 26.5% | 36.5% |

## 2.2.4 人工骨支架 X 射线衍射分析

X 射线衍射分析（X-ray diffraction analysis，XRD）是将与原子间距相近的单色 X 射线照射到样品上，观测 X 射线被物质散射后的强度在空间分布的仪器，固态物质绝大多数都是晶体，通过其衍射特征可探测物质结构，它依据世界公认的 7 万多种固态物质标准卡片对样品内所含元素之间的结合类型（化学式、名称、物相结构）进行鉴定，确定物质的存在形式（单质、固溶体、化合物、混合物）及其含量和结晶状态（结晶度、晶粒大小、晶体取向等），是材料等与物质认识有关的所有学科对固体物质识别剖析、物相鉴定、结构与物相研究、反应机理和制备工艺探索的重要手段。

分析了加入不同含量的玻璃基高温黏结剂制备而得的 β-TCP 人工骨支架的主要成分，实验安排了 4 组比较：第一组是不含玻璃基高温黏结剂的纯 β-TCP 材料的人工骨支架；第二组是玻璃基高温黏结剂含量为 2.5%，β-TCP 材料的含量为 97.5%；第三组是玻璃基高温黏结剂含量为 10%，β-TCP 材料的含量为 90%；第四组是玻璃基高温黏结剂含量为 20%，β-TCP 材料的含量为 80%。将 4 组不同材料制成的人工骨支架研磨成粉体后，进行 XRD 分析，通过与 β-TCP 生物陶瓷标准卡的对比分析可以发现，当不添加玻璃基高温黏结剂时，烧结而成的 β-TCP 支架 XRD 测试结果与标准卡（标准卡标号为 09-0169）完全相同；当黏结剂的含量为 2.5% 时，烧结后的 β-TCP 支架主要成分为 β-TCP 和焦磷酸钙，其中焦磷酸钙的含量达到了 9%；当黏结剂的含量为 10% 时，烧结后的 β-TCP 支架主要成分中焦磷酸钙的含量进一步增加，达到了 32%；而当黏结剂的含量为 20% 时，烧结后的 β-TCP 支架中焦磷酸钙的含量达到了 39%。图 2-12 所示为添加了不同含量的玻璃基高温黏结剂制备而得的 β-TCP 人工骨支架的 X 射线衍射分析结果。有关文献的研究结果显示，添加此类玻璃基高温黏结剂不会影响 β-TCP 人工骨支架的降解特性。但是在最终烧结而成的 β-TCP 人工骨支架中出现了新的成分——焦磷酸钙，而焦磷酸钙并非生物材料,并且 XRD 测试结果表明,随着玻璃黏结剂含量的增量,支架中焦磷酸钙的含量增加十分明显,当玻璃基高温黏结剂的含量达到 20%时,支架 XRD 测试曲线已完全不同于标准曲线。非生物材料焦磷酸钙含量的增加必然影响 β- TCP 人工骨支架整体的生物学性能。

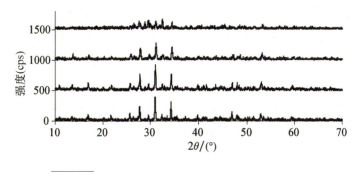

图 2-12　β-TCP 人工骨支架 X 射线衍射分析结果

## 2.2.5　人工骨支架力学性能测试

骨组织工程支架作为骨替代物必须具备一定的承载能力。其植入体内后,主要承受轴向的压缩力,因此,对所构造的具有生物活性的骨组织工程支架进行压缩实验测试,实验设备是美国 INSTRON 公司的 5848 Microtester,实验中设定加压速率为 0.5 mm/min。对不同孔隙率的 CPC 人工骨支架进行抗压强度测试,所得孔隙率与抗压强度的关系如图 2-13 所示,以 CPC 人工骨支架作为对比。

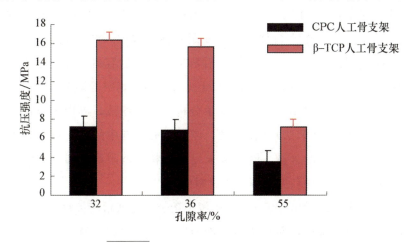

图 2-13　人工骨支架抗压实验测试结果

从图 2-13 中可以看出，孔隙率在 30% 左右的 CPC 人工骨支架，其抗压强度为 7MPa 左右，当孔隙率达到 50% 以上时，其抗压强度仅有 3.5MPa。而相同孔隙率条件下的 β-TCP 人工骨支架抗压强度明显高于 CPC 人工骨支架，孔隙率为 32% 的 β-TCP 支架平均抗压强度为 16.2MPa，孔隙率为 55% 的 β-TCP 人工骨支架平均抗压强度可达到 7MPa。由此可知，与制备的 CPC 人工骨支架相比，采用凝胶注模成形技术制备的多孔结构 β-TCP 人工骨支架具有良好的力学性能，其更加适合使用在修复承重部位的大段骨缺损。

从所有多孔结构人工骨支架的抗压力学实验结果来看，支架的抗压强度主要与支架的孔隙率有关，支架的孔隙率越高，其抗压强度就越低，反之亦然。从本章所设计的几种不同空间结构的人工骨支架来讲，在孔隙率比较接近的情况下，不同的空间结构对支架机械强度的影响不大。

### 2.2.6　人工骨支架体外降解特性

参照 ISO 109914 的方法，着重对 CPC 和 β-TCP 材料在体外酸性环境和模拟体内环境这两个不同条件下的降解作用进行定量和定性的分析，评价其降解性能和潜在的生物学安全性，为临床应用提供必要的依据。浸泡溶液：极限溶液是在 37℃ 下 pH 值为 $3.0\pm0.2$ 的柠檬酸缓冲溶液。模拟溶液则采用新鲜配制的三羟甲基氨基甲烷（TRIS）-氯化氢（HCL）溶液，37℃ 时该溶液的 pH 值为 $7.4\pm0.1$。

分别将制备好的 CPC 和 β-TCP 人工骨支架浸泡于 100mL 的极限溶液和模拟溶液中，并设 6 个平行样本。将 6 组容器一起放入 37℃ 恒温水浴锅内，以 2Hz 的频率振荡 120 h。结束振荡后取出带样品的容器，通过过滤去除材料，滤纸及其上的材料残留物经 100℃ 干燥过夜后，真空干燥至恒重，计算其质量损失情况，将 6 组结果进行统计学分析。保留滤液，应用感应耦合等离子体原子激发光谱（ICP 法）分析滤液，经定性分析其中的主要成分，再定量检测滤液中主要成分的含量。同时取未浸泡材料的极限溶液和模拟溶液作为空白对照组，实验条件和方法等同于材料组。

从实验结果可以看出，经 120 h 的浸泡溶解后，残留支架材料的质量在极限溶液实验中是增加的，而在模拟溶液实验中是减少的，质量测定的详细结果如表 2-8 所示。

表 2-8 降解前后支架材料的质量测定（$\bar{x}\pm s$，单位：g）

| 组别 | 支架材料 | 原始质量 | 残留质量 | 增减量 |
|---|---|---|---|---|
| 极限溶液组 | CPC | 2.16 | 2.11 | -0.05±0.02 |
| | β-TCP | 2.08 | 2.02 | -0.06±0.03 |
| 模拟溶液组 | CPC | 2.16 | 2.14 | -0.02±0.01 |
| | β-TCP | 2.08 | 2.03 | -0.05±0.02 |

ICP 法对滤液定性分析结果如表 2-9 所示。

实验组和空白对照组的溶液中 Ca、P 元素定量分析结果如表 2-10 所示。

滤液的定量分析结果表明，两种滤液中 Ca、P 含量均有非常明显的增加，其中在极限溶液中的增加量显著大于模拟溶液中的增加量，经统计学检验分析，无论是极限溶液还是模拟溶液中，实验组的溶液中的 Ca、P 含量均大于空白对照组。

表 2-9 滤液及空白对照液的定性分析 （单位：mg/L）

| 支架材料 | 元素名称 | 实验组 | | 空白对照组 | |
|---|---|---|---|---|---|
| | | 极限溶液 | 模拟溶液 | 极限溶液 | 模拟溶液 |
| CPC | Ca | 922.23 | 27.86 | 0.24 | 0.19 |
| | P | 1179.57 | 0.42 | 0.36 | — |
| | Na | 1650.84 | 0.47 | 1650.52 | 0.18 |
| β-TCP | Ca | 916.45 | 26.21 | 0.24 | 0.19 |
| | P | 1206.65 | 11.38 | 0.36 | — |
| | Na | 1855.03 | 0.48 | 1650.52 | 0.18 |

表 2-10 滤液中 Ca、P 元素定量分析 （单位：mg/L）

| 支架材料 | 组别 | 极限溶液 | | 模拟溶液 | |
|---|---|---|---|---|---|
| | | Ca | P | Ca | P |
| CPC | 虑液组 | 912.46±75.32 | 1168.58±118.73 | 16.82±1.66 | 10.71±0.83 |
| | 空白对照组 | 0.13±0.05 | 0.36±0.03 | 0.15±0.03 | — |
| β-TCP | 虑液组 | 937.72±86.24 | 1206.35±106.62 | 21.67±1.58 | 11.14±0.74 |
| | 空白对照组 | 0.18±0.06 | 0.34±0.02 | 0.14±0.04 | — |

本实验所采用的浸泡介质是酸性缓冲溶液，其原因是破骨细胞会产生一个酸性微环境，pH 值为 3.0 的柠檬酸缓冲溶液是被设计成最劣情况环境下的实验，作为获取可能的降解产物的极端条件，以期观察可能产生的降解产物。ICP 法分析表明，滤液中的成分是以 Na、Ca、P 为主，Na 离子主要源于极限溶液中的 NaOH，滤液中 Ca、P 含量的明显增加来源于支架材料的降解。模拟是设计成模拟机体正常环境下的降解实验，人工骨支架经模拟溶液浸泡后 ICP 法分析发现，滤液成分仍以 Ca、P 为主，且模拟实验组的溶液中 Ca、P 含量明显大于空白对照组，提示在模拟体内环境下，材料仍有降解，其主要降解成分 Ca、P 是骨的主要组成元素，将有利于骨缺损组织的修复，有利于机体吸收代谢。

可吸收钙磷生物材料的降解受到三方面影响：一是物理化学降解；二是生物学因素；三是对晶界的选择性化学腐蚀导致陶瓷物理解体成小颗粒。实验结果显示，β-TCP 材料经模拟实验后残留质量减少，而极限溶液浸泡后残留质量却增加，分析其原因可能是磷酸钙类化合物遇柠檬酸水溶液会产生水合凝固反应并逐步向羟磷灰石晶相转化，造成 HAP 晶相增加。这种新生成的产物材料的残留质量增加。由于人体应用的环境基本上是处于中性 pH 状态，因此模拟溶液中的结果更能代表该材料实际应用时的降解情况。

## 2.3　组织工程骨的体外构建与动物实验

### 2.3.1　组织工程骨的体外动态培养

根据组织工程学原理，将细胞与支架载体相结合，在体外共同培养构建成细胞-支架复合物，作为骨移植替代物。具有三维立体结构的多孔支架中的成骨细胞数量和分布情况，直接影响体内移植后新生骨组织的数量与质量。在体外构建组织工程骨所选用的是兔成骨细胞，从新生兔颅骨分离到成骨细胞后，对其进行原始培养和传代培养后备用。将制备好的人工骨支架用钴 60（$^{60}$Co）照射消毒，浸泡在培养液中 24h，将所培养的成骨细胞制成细胞悬液接种在浸泡后的支架上，形成细胞-支架复合物，然后放入 $CO_2$ 培养箱，静置 2h 后取出，分别进行静态培养和三维动态培养，静态培养就是将细胞-支架复合物放入 6 孔培养板进行培养，三维动态培养就是将细胞-支架复合物放入到生物反应器系统中进行动态培养，所开发的三种生物反应器系统为旋转式生物反应器系统、灌注式生物反应器系统和旋转灌注式生物反应器系统。培养 3 天、7 天、14 天后，取出样本，经过 PBS 液冲洗、2%（体积分数）戊二醛固定、系列丙酮中脱水、乙酸异戊酯置换和六甲基二硅胺烷干燥之后，用 JFC21100 型离子溅射仪喷金处理，扫描电镜观察支架表面和微管道内部的细胞生长和矿化基质的产生情况。比较不同培养条件对细胞的黏附、生长、增殖和基质分泌的影响。支架接种细胞后进行体外培养的基本技术路线如图 2-14 所示。

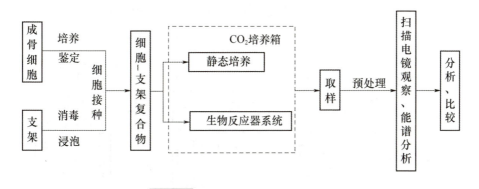

**图 2-14** 体外培养的基本技术路线

传统的静态培养技术严重制约了三维大尺寸组织工程骨的体外构建，当细胞接种到支架上形成细胞-支架复合物，并进行体外培养时，一个十分关键的问题就是如何改善细胞周围的微环境，尤其是黏附在支架内部微管道中的细胞微环境，不但要保证细胞的氧气和营养供给、代谢废物的及时排出，而且要使细胞受到一定机械应力的刺激，调节其功能的发挥。针对大尺寸支架接种细胞后的体外培养，设计并制造了三种类型的生物反应器系统，分别为旋转式生物反应器系统、灌注式生物反应器系统和旋转灌注式生物反应器系统。

**1. 旋转式生物反应器系统**

旋转式生物反应器系统的结构示意图如图 2-15 所示。因为有机玻璃和不锈钢材料在医疗领域应用十分广泛，且没有细胞毒性，所以生物反应器主要部件（除轴承和螺钉为不锈钢材料）均是由有机玻璃材料制成的。生物反应器系统的基本工作原理是：反应器在直流微电机的驱动下，通过传动装置，保持连续转动，转速可调，范围为 1～50r/min。气体交换装置上有 4 个扇形槽，表面贴有半透膜，空气可以通过，水等大分子物体无法通过，从而可以使反应器内外的气体相互连通，保证反应器内培养液中的氧气和二氧化碳的含量基本稳定，确保支架上所复合细胞的正常生长。与气体交换装置相互连接的左右端盖同样拥有 4 个扇形槽与之配合。反应器容器壁上连接两个医用三通，新鲜培养液从其中一个医用三通注入到反应器，更换培养液时，将废旧的培养液从另一个医用三通排出，以避免污染，而且如果需要在培养过程中随时抽取培养液进行检测，也可以通过此医用三通提取。细胞－支架复合物固定在反应器内的夹具上，随着反应器一同旋转，反应器的容量为 120mL，工作时加满培养液，整套系统的安装操作在超净工作台内完成。

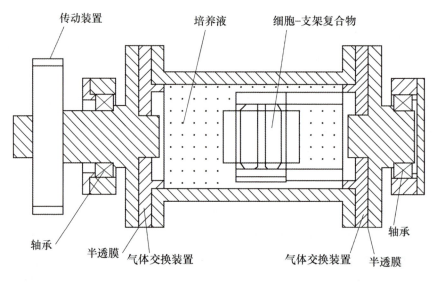

图 2－15　旋转式生物反应器系统的结构示意图

图 2－16(a)所示为气体交换装置的三维 CAD 模型，中心位置是一个直径为 16mm 的孔，装配时与端盖上相应的轴配合，起到定心作用，4 个扇形槽的外径为 36mm，内径为 24mm，扇形弧度为 60°，总面积可达 377mm$^2$，反应器两端各有一个这样的气体交换装置。图 2－16(b)所示为右侧端盖、气体交换装置及夹具的装配示意图。夹具设计成这种结构主要是为了减少对细胞－支架复合物的遮挡，端盖与气体交换装置之间是半透膜和硅橡胶密封垫，通过一圈 6 个紧固螺钉将端盖、气体交换装置和反应器容器固定在一起，并保持密封。反应器系统所有零件使用前都需要消毒，其中微电机由于不直接接触细胞，因此可以用

紫外线照射消毒，不锈钢零件通过高温消毒，有机玻璃零件用环氧乙烷熏蒸消毒。

所设计的旋转式生物反应器系统与传统静态培养装置（如培养瓶、培养皿等）相比，不但可以实现反应器内外气体的实时交换，保证培养液中氧气和二氧化碳的含量，维持适当的生理 pH 值，而且可以通过旋转使得培养液内的氧分和营养物质得到充分混合，使黏附支架表面的细胞受到一定流体剪应力的刺激，促进细胞各种功能的发挥，同时会对黏附在支架微管道内部的细胞微环境有一定的改善作用。与 NASA 开发的 RVW 相比，本反应器系统克服了 RVW 中三维大尺寸支架培养过程与容器壁相互碰撞，从而导致细胞-支架复合物受到损伤的问题。

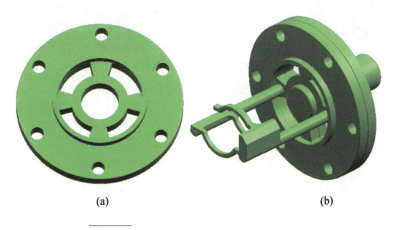

图 2-16　反应器部分零部件三维 CAD 模型

### 2. 灌注式生物反应器系统

灌注式生物反应器系统的总体结构示意图如图 2-17(a)所示。系统的主要组成部件包括蠕动泵、培养液存储罐和培养室。其基本工作原理是：存储罐内的培养液在蠕动泵作用下，从反应器的一端进入，流过支架内部微管道，从另一端流出，返回到培养液存储罐，形成循环流动，灌注速率从 0～20mL/min 可调。存储罐的容积为 500mL。支架镶嵌在硅橡胶密封圈内，培养液只能从支架内部微管道中流过，从而实现氧气和营养物质大量输送的同时，使黏附在微管道内的细胞受到一定流体剪应力刺激，达到调节细胞功能发挥的作用，因此，改善了细胞生存的微环境，使其保持良好的活性。图 2-17(b)所示为反应器核心部件——细胞培养室的详细结构图。细胞-支架复合物由与其外形相匹配的硅橡胶密封圈固定在反应器中,整个培养室充满培养液,实验表明培养过程中最大的灌注速率也不会使细胞-支架复合物在硅橡胶密封圈内移动。生物反应器主要零部件均由有机玻璃材料制成。反应器系统使用前经环氧乙烷熏蒸消毒。反应器系统的装配在超净工作台内完成,蠕动泵泵管可以允许空气分子进出,而水分子之类的大分子物质不能透过,装配完毕后,将系统放置到 37 ℃、100%湿度、5% $CO_2$ 培养箱。

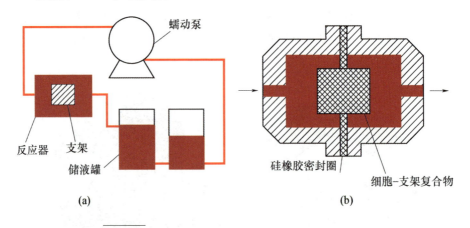

图 2-17　灌注式生物反应器系统的总体结构示意图

在进行灌注培养之前,有必要先用流体动力学分析软件做一个模拟计算分析,因为在相同的灌注速率条件下,不同的支架三维空间结构内的三维流场的分布是不一样的,微管道内细胞所受的机械应力也是不同的。对于某种特定结构的支架而言,如果灌注速率过小,那么支架内部某些部位可能流通不畅,细胞受不到应有的流体剪应力的刺激;如果灌注速率过大,那么黏附支架内部的一些细胞可能会被冲掉,或者使细胞受力过大导致细胞破碎而死亡。

### 3. 旋转灌注式生物反应器系统

秉承旋转式生物反应器系统和灌注式生物反应器两者的优点,作者团队开发了旋转灌注式生物反应器系统,该系统是由驱动装置、蠕动泵、反应器容器及相关附件组成的。容器的容积为 100 mL,容器两端安装了开有 4 个扇形槽的端盖,在端盖内侧贴有半透膜,可以使空气分子透过,阻止水等大分子物质透过,以保证培养过程中反应器内外气体的实时交换,这部分的结构基本与旋转式反应器的结构相同,所不同的是在两侧的端盖中心设置了直径为 6mm 的孔，以便培养液流过形成循环灌注。大段人工骨支架通过一个装卡装置固定在容器中央，支架的一端通过一根硅橡胶软管与容器外的旋转接头相连，旋转接头通过可透气的泵管与蠕动泵相连，蠕动泵的另一端通过另一个旋转接头直接与容器相通，当蠕动泵工作时，容器内的培养液就会从一端泵出，通过各个管道和接头最终灌注到支架内部相互连通的微管道中。而且在灌注的同时，容器可以在直流微电机的驱动下，按照预先设定好的转速连续旋转。容器还装有两个医用三通，分别用于新鲜培养液的注入和废旧培养液的排出。在一侧的端盖上也装有一个医用三通，用于培养过程中随时抽取培养液进行检测。旋转灌注式生物反应器系统的结构示意图如图 2-18 所示。使用前，将所有零件放入到超声波清洗仪内进行清洗，并用四蒸水冲洗数次，烘干后用 $^{60}Co$ 照射消毒。实验时，在超净工作台内完成生物反应器系统的组装，复合细胞后放入 $CO_2$ 培养箱，进行旋转灌注式三维动态培养。

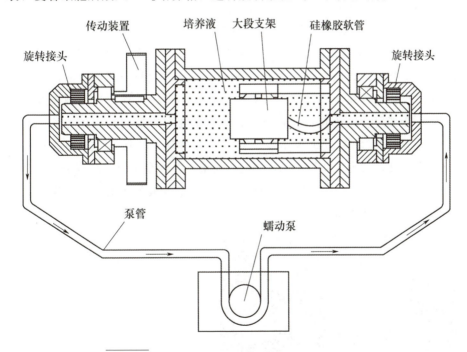

图 2-18 旋转灌注式生物反应器系统的结构示意图

生物反应器系统中的容器与相关附件的制作材料均为有机玻璃，端盖与容器之间用不锈钢螺钉连接，中间垫有硅橡胶密封圈，装卡支架夹具为不锈钢材料所制，系统主要核心部件的实物图如图 2-19 所示。

图 2-19

系统主要核心部件的实物图

### 4. 体外动态培养实验

将细胞-支架复合物分别置于旋转式、灌注式和旋转灌注式生物反应器系统中,进行三维动态培养。观察三种动态培养环境对细胞在支架表面及内部微管道中的黏附生长、增殖和矿化基质产生的影响。

(1)旋转式三维动态培养:将旋转式生物反应器系统所有零部件放入超声波清洗仪中,用蒸馏水清洗三次,并用四蒸水冲洗一次,然后将其烘干,使用医用包装袋将其密封包装,送到消毒室用环氧乙烷熏蒸消毒。消毒后的旋转式生物反应器系统要在超净工作台内完成安装调试工作,当把预先准备好的细胞-支架复合物固定在反应器容器后,迅速向容器内注入培养液,然后将整个装置放入 37℃、100% 湿度、5% $CO_2$ 培养箱,连接培养箱内的直流微电机,电机转速设定为 16r/min,细胞-支架复合物在反应器系统中的培养过程如图 2-20 所示。容器内培养液的更换依据培养液颜色的改变,当培养液变黄时更换新鲜培养液。

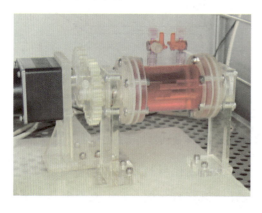

图 2-20

旋转式生物反应器系统三维动态培养

培养 7 天后取样，经固定、干燥、喷金等一系列处理，使用 SEM 观察成骨细胞在支架上的生长情况，观察结果如图 2-21 所示。从图 2-21 中可以看出，旋转式三维动态培养条件下，细胞在支架表面分布更加均匀，而且全部连接成片，形态更好，都呈梭形或多角形。微管道口周围布满细胞，并有向微管道内部伸展趋势。微管道内部（电镜可观测到深度）有少量细胞。

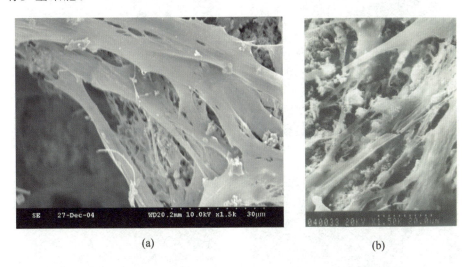

图 2-21 旋转式三维动态培养条件下，细胞在支架上的生长情况

可见，旋转式三维动态培养环境虽然改善了细胞在支架表面的分布情况，而且在一定程度上促进了细胞进一步向微管道内生长，但是支架中心部位的细胞生存环境并没有得到彻底改善。因此，有必要将培养液直接输送到支架内部所有微管道，使得细胞生存微环境得到彻底改善。

(2) 灌注式体外培养：灌注式生物反应器系统置于 37℃、100%湿度、5% $CO_2$ 培养箱，蠕动泵的灌注速率设定为 1.5mL/min。

分别于第 7 天和第 14 天取样，经固定、干燥、喷金等一系列处理后，使用 SEM 进行观察，从扫描电镜的照片中可以看出，灌注培养 7 天后，黏附在支架表面的成骨细胞排列紧密，呈梭形，已基本汇合，汇合后呈重叠生长，细胞分泌较多基质，如图 2-22(a)所示，而且微管道口附近的细胞已经开始向微管道内部爬行生长，黏附在支架微管道内部的成骨细胞也已基本汇合，且生长旺盛，保持着良好的增殖功能；培养 14 天后，黏附在支架表面的细胞生长密集,多呈复层生长,分泌大量基质,并且已将支架表面的微管道基本覆盖,微管道口附近的细胞大量汇合后,继续向微管道深处爬行生长,如图2-22(b)~(d)所示,并且部分细胞已穿越微管道,到达另一侧面。

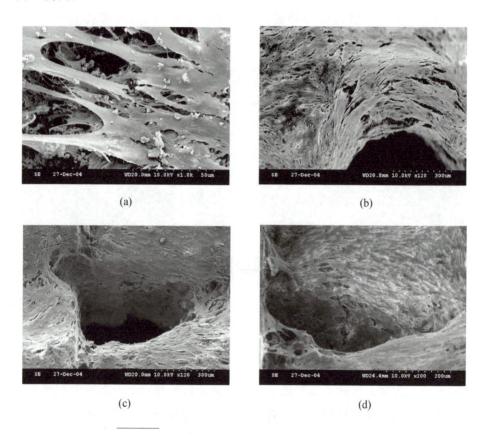

图 2-22  灌注式三维动态培养条件下的观察结果
(a)分布在支架表面的细胞×1000倍;(b)细胞汇集在微管道口×120倍;
(c)细胞在微管道口附近汇集,并呈现重叠生长×120倍;
(d)细胞继续向微管道内部生长×200倍。

剖开支架,观察支架中心部位微管道中的细胞,发现在支架微管道内部同样黏附着大量的成骨细胞,这些成骨细胞排列紧密,呈重叠生长,并有大量基质分泌,如图2-23(a)所示为$z$方向上直径为500 μm的微管道内黏附生长的成骨细胞,图2-23(b)所示为支架中心部位径向微管道(直径为300 μm)内黏附生长的兔成骨细胞。

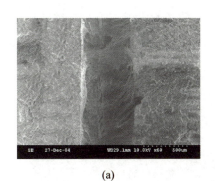 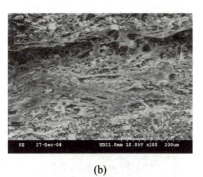

(a) (b)

图 2-23 灌注条件下，支架中心部位微管道内黏附的细胞

(a)z 方向微管道内黏附的细胞×60 倍；(b)径向微管道内黏附的细胞×200 倍。

可见，灌注式生物反应器系统彻底改善了支架内部所有部位的微管道细胞生存环境，成骨细胞不但能够在支架微管道中存活，而且保持了良好的形态和功能的发挥。在蠕动泵的作用下，新鲜的培养液能够连续不断输送到支架内部，使得黏附在微管道中的细胞能够获得大量的氧气和营养物质，而且可以使细胞自身的代谢废物随培养液排出，从而彻底解决由于营养供给不足而导致的细胞死亡情况的出现。另外，当培养液在蠕动泵的作用下流过细胞时，由于流体剪应力的作用，细胞在获取营养的同时，能够获得一定的机械应力刺激，从而进一步调节细胞各项功能的发挥，使其保持良好的生长增殖态势，并不断产生矿化基质。

(3)旋转灌注式动态培养：接种了细胞的支架放置于旋转灌注式生物反应器系统内，注满培养液后放入到 37℃、100% 湿度、5% $CO_2$ 培养箱中，连接培养箱内的直流微电机，电机转速设定为 16r/min，打开蠕动泵，灌注速率设定为 1.5mL/min，培养过程如图 2-24 所示。容器内培养液的更换依据培养液颜色的改变，当培养液略微变黄时更换新鲜培养液。

分别于第 7 天和第 14 天取样，分组观察旋转灌注式培养环境中，细胞在支架上的黏附生长情况，一组试样经固定、干燥、喷金等一系列处理后，使用 SEM 进行观察。从扫描电镜的照片中可以看出，旋转灌注式动态培养 7 天后，支架表面的细胞排列紧密，均匀分布，已基本汇合，部分重叠生长，细胞分泌较多基质，而且部分细胞已经开始向微管道深处爬行生长；培养 14 天后细胞生长密集，多呈复层生长，分泌大量基质，并且已将支架表面的微管道基本覆盖[图2-25(a)]，微管道口附近的细胞大量汇合后，继续向微管道深处生长，支架内部微管道也有大量细胞黏附，而且排列紧密，重叠生长，如图2-25(b)所示。

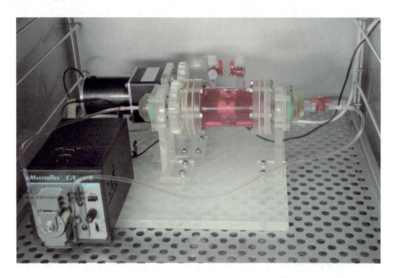

图2-24 旋转灌注式生物反应器系统在培养箱内运作

(a)

(b)

图2-25 旋转灌注式生物反应器内细胞黏附生长情况

众所周知,细胞的生长受重力的影响,细胞容易在与重力方向相互垂直的平面上生长,而与重力方向一致的平面上,细胞则难以增殖生长,要想使得细胞能够在支架微管道内的各个面上均匀生长,就必须使支架微管道的各个面都有机会与重力方向相互垂直,因此在灌注培养的过程中使支架沿其轴向缓慢旋转是十分必要的。旋转灌注三维动态培养结果证明,该反应器系统在减小重力对细胞影响方面的重要作用。

另一组试样用4%多聚甲醛固定,塑料包埋,Leica2500型切片机切片,切片厚度为10μm。避光下操作:PBS轻洗两遍,0.2%Triton X-100室温下渗透10min,PBS轻洗,每张切片加入1:40稀释的BODIPY荧光标记肌动蛋白(β-actin)单抗100μL,同时加入5μg/mL碘化丙啶(PI),37℃孵育30min。60%缓冲甘油封片,共聚焦激光扫描显微镜(Bio-Rad MRC-1024)下观察。计算机采集图片,图像存为512像素×512像素类型。

PI标记的细胞核呈红色荧光,BODIPY-β-actin标记的肌动蛋白微丝呈绿色荧光。培养3天后可见单个细胞已完全贴附于支架表面,呈梭形伸展生长,有三个细胞突起。胞核较大,富含染色质,胞内肌动蛋白微丝形成束状纤维,粗壮而密集,平行排列或纵横交错成网状贯穿整个细胞和细胞突起,核周微丝较为密集,如图2-26(a)所示。培养7天后细胞数量明显增多,且密集排列,胞间有突起相连,如图2-26(b)所示。

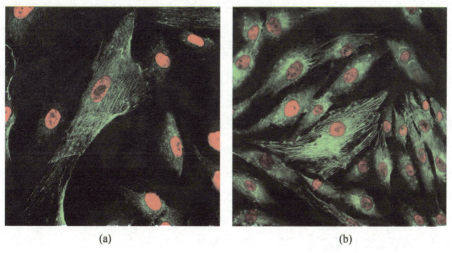

图2-26 共聚焦激光扫描显微镜与荧光探针双重标记观察

旋转灌注式生物反应器系统不但解决了支架内部的营养供给，而且克服了重力对细胞生长带来的不利影响，使得细胞能够黏附在支架微管道的各个面上，并大量增殖和分泌基质，形成理想的细胞-支架复合物，有利于其移植到体内后的骨缺损修复。

## 2.3.2 修复兔长骨干大段骨缺损的实验

以兔长骨干大段骨缺损为动物实验模型，根据兔尺骨和桡骨的基本尺寸，设计制造相应尺寸的 β-TCP 人工骨支架，将其植入骨缺损部位进行兔长骨干大段骨缺损的修复。动物实验的主要研究目标有：①研究多孔人工骨支架作为移植物与细胞-支架复合物作为移植物的体内成骨的速度与质量；②开放式、相互连通的、可控性微管道(形状：长圆柱形，直径：500 μm 和 300 μm)在体内促进新骨生成的作用与效果；③研究高连通性且连通处微孔尺寸大于 200 μm 的支架内部微管道植入动物体内后是否会仍然出现堵塞情况；④比较相同材料不同的内部微管道结构的植入物移植修复大段骨缺损的成骨效果；⑤评价 β-TCP 材料的骨传导和降解特性。

### 1. 人工骨支架设计

根据成年实验用新西兰大耳白兔桡骨和尺骨大段骨缺损部位的基本尺寸，利用 Unigraphics NX2.0 软件设计相应的支架负型，支架内部微管道的基本尺寸设计为 300 μm 和 500 μm，其中支架径向微管道尺寸均为 300 μm，支架轴向微管道尺寸为 500 μm，所设计微管道保持完全相互连通。为了使最终烧结成形后的 β-TCP 人工骨支架的实际孔隙率比较接近，将用于修复兔桡骨大段骨缺损的 β-TCP 支架的孔隙率设计为 40%，所设计的两种结构支架 CAD 模型及其内部微管道负型如图 2-27 所示。其中，图 2-27(a)和图 2-27(b)为正交结构，正交结构支架的外形为圆柱体，设计直径为 5.6 mm，高为 17.5 mm。支架内部微管道结构详细特征如下：$x$-$y$ 平面内是直径为 300 μm 的长圆柱形微管道，在平面内相互正交，共 11 层，每层相距 1.8 mm；$z$ 方向是直径为 500 μm 的圆柱形通道从支架顶端一直贯穿到底部，且与每层的正交结构微管道都相互连通。图 2-27(c)和 2-27(d)为轮辐形结构，其外形仍然为圆柱体，直径为 5.6mm，高为 17.5mm。内部微管道结构详细特征如下：$x$-$y$ 平面内是直径为 300 μm 的长圆柱形微管道，从支架中心沿径向延伸到外表面；$z$ 方向是直径为 500 μm 的圆柱形通道从支架顶端一直贯穿到底部，而且这些圆柱形通道在 $x$-$y$ 平面内有环形通道将其连通，环形通道的截面形状是直径为 500 μm 的圆形，$x$-$y$ 平面内的微管道在支架内部共有 11 层，每层相距 1.8mm。所设计的这两种微管道结构均是开放式的、相互连通的结构形式，既可以为细胞黏附提供场所，以及新组织生成提供空间，也可以作为营养输送的通道，使得截断后的骨骼通过植入的多孔支架的微管道再度连通。

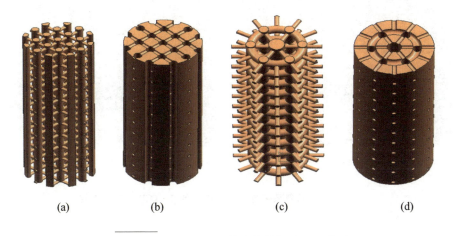

**图 2-27** 多孔支架及其微管道负型 CAD 模型

将用于修复兔桡骨大段骨缺损的 β-TCP 人工骨支架模具的高度设计为 17.5mm，略大于实际骨缺损尺寸（15mm），主要是考虑到 β-TCP 浆体注模固化及烧结之后，β-TCP 支架在 $z$ 方向上会出现一定的收缩现象，经过反复的实验确定设计高度为 17.5mm 时，烧结成形后的 β-TCP 支架尺寸十分接近实际骨缺损模型的尺寸。

2. 多孔支架制造

β-TCP 生物陶瓷人工骨支架的制备方法是凝胶注模成形工艺，基本制备过程为：取 9mL 去离子水、0.9 g 丙烯酰胺、0.1 g N，N-二甲基二丙烯酰胺、0.2g 丙烯酰胺放入 50mL 烧杯，充分搅拌，并使用超声波对其进行辅助分散，制成预混液；分别称取 10g β-TCP 生物陶瓷粉末，并添加到预混液中，形成陶瓷浆体。真空条件下排除浆料中的气泡，然后再加入 0.2g 引发剂过硫酸铵，并将其混合均匀，最后加入 0.005g 的催化剂，浆料加入催化剂之后迅速灌注到树脂模具中，等待浆料在模具中发生聚合反应，并将聚合反应后试件放在室温条件下 24h，然后放入烘箱加热至 60℃，在此温度条件下放置 3~4 天，使试件中的水分基本蒸发掉，最后把烘干后的试件置入高温箱式电阻炉进行烧结，即可获得相应的多孔结构 β-TCP 生物陶瓷人工骨支架，如图 2-28 所示。其中，图 2-28(a)所示为正交结构多孔支架，图 2-28(b) 所示为轮辐结构多孔支架。

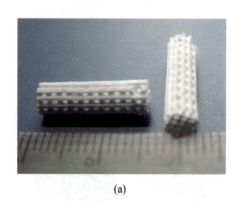
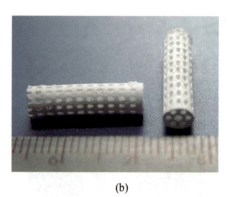

图 2-28　用于修复兔桡骨大段骨缺损的 β-TCP 人工骨支架

### 3. 支架孔隙率测定

用浸润法测定支架的孔隙率，测试的基本原理是根据渗入材料内部的浸润液体积来测定孔隙率，经推导可知支架孔隙率可表示为

$$P = [(m_2 - m_1)/(m_2 - m_3)] \times 100\% \tag{2-7}$$

式中：$m_1$ 为试样干重；$m_2$ 为浸渍后试样在空气中的质量；$m_3$ 为浸渍后试样在浸渍液中的质量。

详细步骤参见第 4 章。β-TCP 人工骨支架孔隙率的设计值为 40%，测试值为 42.23% ± 1.69%。

### 4. 骨缺损模型建立及分组

选取健康 4~6 月龄新西兰大耳白兔 30 只（由第四军医大学动物实验中心提供），雌雄不限，体重为 2~3kg，随机分为 5 组：（A2）组植入正交结构多孔支架；（B2）组植入轮辐形多孔结构支架；（C2）组植入物为中心有一个直径为 1.2mm 髓腔结构中心孔的支架；（D2）组植入圆柱形实体支架；骨缺损不做任何处理设定为对照组,即为(E2)组。该期动物实验所有植入物材料均为β-TCP材料。以25mg/mL戊巴比妥钠对实验动物进行静脉注射麻醉。剪除右前臂预手术部位兔毛,并消毒,右前臂内侧中上段切口切开皮肤,分离肌间隙显露桡骨。截除桡骨中上段15mm长的骨及骨膜,造成桡骨干节段性骨缺损模型[图2-29(a)],修整两残端,将骨缺损区骨屑冲洗干净,按分组植入准备好并已消毒的β-TCP人工骨支架,如图2-29(b)所示。缝合肌间隙将材料封闭于缺损中,缝合皮肤切口。白兔术后笼中饲养,患肢不进行外固定。

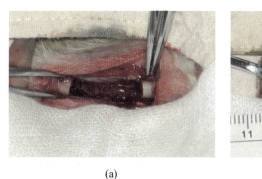
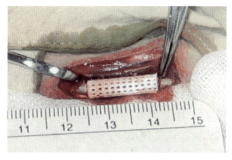

(a)            (b)

图2-29 动物实验过程中的骨缺损建立与支架植入

5. 大体观察

β-TCP人工骨支架修复兔桡骨大段骨缺损大体观察:术后所有动物术肢均无肿胀,伤口愈合良好,术后5天左右逐步恢复正常活动,所有动物切口均无感染性破溃和分泌物。取材时见所有植入物局部无感染、坏死、囊性包裹及畸形愈合。术后4周时,各组移植物与骨断端嵌顿紧密,周围较多软/硬骨痂形成,骨膜沿移植物生长至对侧,将人工骨环形包裹,植入物表面粗糙不平,呈虫蚀样改变,虫蚀样处有软/硬骨痂形成。(A2)组和(B2)组植入物微管道内可见大量骨痂填充其中,(C2)组植入物的中心孔内亦可见骨痂填充其中。术后8周时,植入物大部分表面被新生骨痂覆盖,两端均有较硬的皮质骨形成。植入物边界均残缺不全,植入物与宿骨结合紧密,切开(A2)组和(B2)组植入物可见填充到植入物微管道中的骨痂量进一步增加,并由近骨端向植入物中心逐步推进,(C2)组植入物的中心孔内的情况依然如此,(D2)组植入物内部未见新生骨痂。术后12周时,植入物表面完全被新生骨痂覆盖,且新生骨痂厚度增加,与宿主骨界限消失,硬/软骨痂桥接骨缺损,有连续性新骨通过骨缺损区域,植入物出现一定程度的降解现象,从(A2)组和(B2)组植入物的横截面和纵截面观察,可见新生骨痂已填充至植入物内部所有微管道,从(C2)组植入物中央横截面和纵截面观察,新生骨痂已贯串整个中心孔,而(D2)组植入物内部未见新生骨痂。术后各时期,人工骨支架周围软组织未见变性、坏死及包囊物质。

### 6. X线检查

术后1天,截骨面清晰,植入物X影像呈高密度影,其中(A2)组和(B2)组植入物内部微管道及(C2)组植入物的中心孔清晰可见。术后4周时,植入物近骨端有不均匀的低密度骨痂显影,其中(A2)组、(B2)组和(C2)组中出现有骨痂沿微管道向植入物中心延伸的趋势,(D2)组植入物的影像显示几乎没有变化。术后8周时,植入物近骨端的骨痂密度增高,骨痂外层形成皮质骨轮廓,与缺损断端连接,在(A2)组、(B2)组的微管道及(C2)组植入物的中心孔内可见两端骨痂均沿着微管道向中心生长,其中桡骨近端支架微管道内的骨痂密度高于桡骨远端支架微管道内的骨痂密度,并且各组植入物均出现一定程度的降解,以(A2)组和(B2)组植入物的降解最为明显,此时(D2)组的影像显示植入物周围轮廓变得模糊。术后12周时,骨痂密度进一步增高,周围皮质骨轮廓清晰且厚度增加,新骨大量形成并钙化,可见到连续性骨膜骨痂,沿植入物通过骨缺损区的骨皮质层进一步增厚,新生骨与缺损断端连接良好,骨髓腔开始形成,(A2)组和(B2)组植入物内部微管道变得模糊不清,支架材料降解量进一步增加,新生骨组织与支架相互交融,新生骨痂已从近骨端长至支架中心位置,形成连通,在(C2)组植入物的中心孔内出现了同样的情况,而(D2)组植入物的表面变得粗糙不平,说明(D2)组植入物周边也开始降解。空白对照组(E2)组,术后1天,桡骨骨缺损处呈明显低密度影;术后4周时,截骨端有少许骨痂生长;术后12周时,桡骨干断端髓腔封闭、钙化,形成骨不连,如图2-30所示。

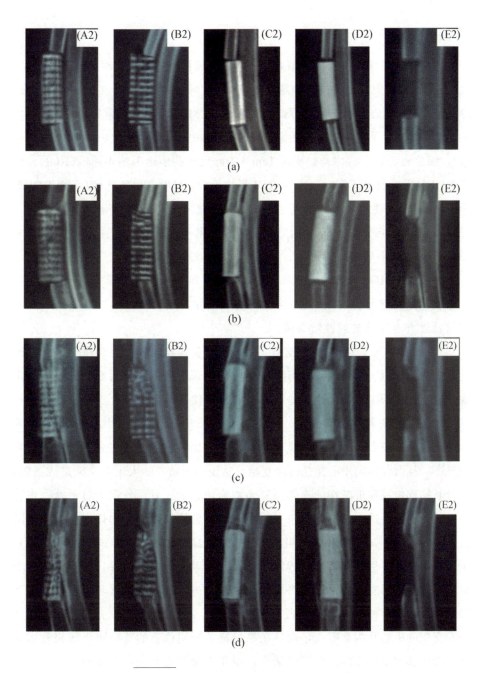

图 2-30  不同时期各组植入物 X 线片观察

(a)术后 1 天各组植入物 X 线片;(b)术后 4 周各组植入物 X 线片;
(c)术后 8 周各组植入物 X 线片;(d)术后 12 周各组植入物 X 线片。

### 7. 放射性核素骨显像检测

术后于第 2 周、第 4 周和第 8 周分别进行检测，每组每个时间点选取 3 只，以 25mg/mL 戊巴比妥钠进行静脉注射麻醉后，将其俯卧于木架上，固定四肢。探头距双侧桡骨 10cm，经耳静脉注射 99mTc‐MDP，注射量为 0.8mCi/kg，以一帧/5min 速度采集一幅静态图像(能峰为 140keV，窗宽为 20%，矩阵为 512×512，缩放为 1.0)。以术侧缺损区 1cm×2cm 大小的矩形为感兴趣区(ROI)，使用 ROI 计数，计算不同时间点的 ROI 平均计数。计算 T/TN 比值(术侧 ROI 单位像素的计数/健侧 ROI 单位像素的计数)。GCA‐901/SA 发射型断层扫描仪(ECT，配低能高分辨准直器)由第四军医大学第一附属医院核医学科协助操作，99mTc‐MDP 由第四军医大学第一附属医院核医学科提供。

99mTc‐MDP 注入 4h 后，约一半显像剂沉积于骨骼，其余经肾脏排泄。骨骼、肾及膀胱显像清楚，骨/软组织的对比度清晰，各组均可见大关节及肌腱附着处有对称性放射性增高区。

术后 2 周，(A2)组和(B2)组放射性核素骨显像如图 2‐31(a)和图 2‐31(b)所示。从图像中可以看到，两组术侧部位均出现蓝色阴影，而健侧部位没有出现，说明在这两组术侧部位的血流丰富、骨骼代谢活跃。术后 4 周，(A2)组和(B2)组放射性核素骨显像如图 2‐31(c)和图 2‐31(d)所示，两组术侧部位所显示的蓝色阴影较 2 周时更加明显，并且可以看出，蓝色阴影在靠近骨端位置特别显影，从两骨端向中心颜色逐渐变暗，这说明所植入的人工骨支架是成活的，在骨断端部位及靠近断端的支架微管道内血流量大、骨骼代谢十分活跃。也就是说，骨的更新速率快，随着向支架中心部位延伸其血流量和代谢活性逐渐降低。术后 8 周，(A2)组和(B2)组放射性核素骨显像如图 2‐31(e)和图 2‐31(f)所示，很明显各组术侧部位的蓝色阴影较 4 周时更为显影，并且已经贯通整个缺损区域，说明支架微管道内再血管化进程良好，成骨能力逐步提高，已经使得缺损区宿主骨两断端形成连通。(C2)组术后 2 周、4 周可以看到蓝色阴影部分在支架的中心孔内部形成，而且在靠近桡骨近端位置的蓝色阴影较桡骨远端及支架中部的中心孔内蓝色阴影清晰，说明支架中心孔内血流量较大，局部血液供应丰富，骨骼代谢现象开始出现；从(C2)组术后 8 周的放射性核素骨显像检测结果中可以看出，蓝色阴影的浓度明显增强，并且已经贯穿整个中心孔，使桡骨两端形成连通。可见，术后 8 周时支架中心孔内的所有部位血液供应都十分丰富，骨代谢活性明显增强，新骨在不断形成和改建。(D2)组术后 2 周、4 周及 8 周的检测结果变化不是很大，出现蓝色阴影的部位主要集中在支架两端，即与桡骨连接的部位。总体而言，从各实验组检测结果来看，自 2~8 周间肉眼可明显分辨出术侧 ROI 的放射性浓度呈明显上升趋势（图像内蓝色浓聚区域的程度和范围明显增加），而健侧 ROI 却无明显变化。通过比较相同时期各组之间放射性浓度，可以很明显看出各组之间差异较大，(A2)组和(B2)组术侧 ROI 的放射性浓度最高，其次为(C2)组、(D2)组术侧 ROI 的放射性浓度最低，而且主要集中在两端，并没有随着时间的推移，在支架中形成贯串，从而使得桡骨两断端形成再度连通。分析认为，出现这些现象的主要原因在于支架内部的微管道结构对新骨形成速率和新骨生长方向的影响起着至关重要的作用。首先，当支架内部微管道的数量较多时，支架内血液供应通道就多，血液供应量就丰富，新骨长入的空间也大；其次，当微管道方向与骨长轴方向一致时，血液供应就比较方便，新骨形成和生长方向与缺损前的方向一致，有利于促进骨断端的再次连通。

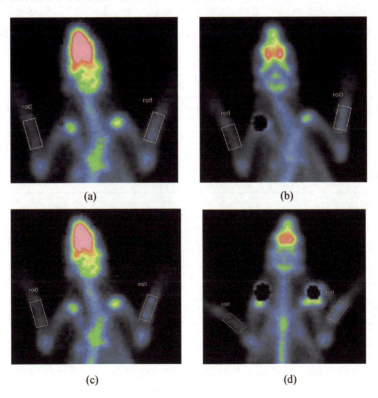

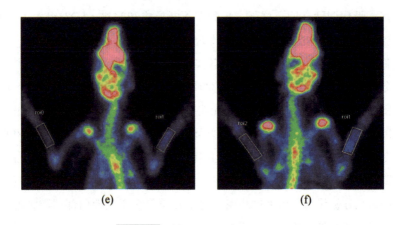

图 2-31 放射性核素骨显像检测

各组间的 ROI 平均计数和靶/非靶（T/NT）比值均有显著差别，组内不同时间点的 ROI 平均技术和 T/NT 比值均有显著差别。统计分析发现，(A2)组和(B2)组较(C2)组和(D2)组的变化更为显著，而(A2)组和(B2)组植入物的 ROI 平均计数比较接近，各组、各时间点所测的 ROI 平均计数和 T/NT 比值如表 2-11 和表 2-12 所示。

表 2-11 各组术侧不同时间点的 ROI 平均计数

| 时间 | (A2)组 | (B2)组 | (C2)组 | (D2)组 |
| --- | --- | --- | --- | --- |
| 2 周 | 9.61±1.48 | 6.27±1.39 | 5.01±0.52 | 2.26±0.57 |
| 4 周 | 16.34±1.27 | 13.87±1.67 | 9.35±1.24 | 4.08±0.46 |
| 8 周 | 23.74±1.52 | 20.96±1.45 | 14.72±0.91 | 6.89±1.15 |

表 2-12 各组术侧不同时间点的 T/NT 平均比值

| 时间 | (A2)组 | (B2)组 | (C2)组 | (D2)组 |
| --- | --- | --- | --- | --- |
| 2 周 | 6.83±0.31 | 5.93±0.29 | 1.87±0.26 | 1.52±0.24 |
| 4 周 | 9.37±0.52 | 7.62±0.41 | 4.35±0.31 | 3.04±0.33 |
| 8 周 | 15.62±0.38 | 12.57±0.43 | 9.48±0.36 | 4.65±0.27 |

表 2-11 和表 2-12 中的数据十分直观地反映出，实验组(A2)组和(B2)组在植入初期，即术后 2 周、4 周和 8 周时的血液供应、成活情况及新骨形成代谢状况均好于(C2)组和(D2)组，这一结果与核素骨显像结果一致。可见，支架内部微管道在植入初期，不仅为细胞、组织提供了长入的空间，而且保

证了血液的顺畅供应,从而对支架的成活及新骨的形成和代谢起到了重要的促进作用。

8. 组织学观察

(1)组织切片染色观察:各实验组按时间点取材后,标本经体积分数10%福尔马林固定,常规蚁酸脱钙7天,石蜡包埋,Leica硬组织切片机5 μm连续切片,分别通过H-E染色及改良丽春红三色法染色,Leica LA全自动研究显微镜下观察,计算机采集图像。术后4周时,植入物微管道内纤维结缔组织增多,并有软骨组织形成,呈片状分布,其周边还可见到成骨细胞。在近骨端植入物组织切片中还可见到微管道内有编织骨形成,同时可见到间充质细胞、软骨细胞,以及几类细胞之间的渐变过程,再向深部,呈现小梁状编织骨分布带,编织骨内见大量较幼稚的成骨细胞,小梁间孔隙内为更加密集的间充质细胞,且孔隙由近圆形向狭长形过渡;再向深部,可见板层骨纵带,其周边仍围绕不成熟的编织骨,片状板层骨区内有许多纵行拉长的沟隙,其内为微血管与间充质细胞,并且在(A2)组、(B2)组和(C2)组植入物的中心部位可见少量编织骨形成,而(D2)组植入物组织切片显示编织骨只在近骨端出现,其中心部位未见编织骨。术后8周时,在支架微管道内出现较多新生软骨及不成熟的骨组织,有网状的骨小梁结构,开始出现髓腔结构,可见大量的软骨细胞、成骨细胞及胶原组织。新生骨组织沿轴向微管道即直径为500 μm的微管道向中心生长,并已将宿主骨两断端连通,新生骨组织完全按照支架内部微管道的分布和空间走向进行生长和改建,如图2-32所示。其中图2-32(a)所示为(A2)组该时期H-E染色照片(×50倍),图2-32(b)为改良丽春红三色染色照片(×50倍)。术后12周时,(A2)组、(B2)组植入物微管道内及(C2)组植入物的中心孔内有大量成熟的条索状板层骨形成,骨细胞排列规则,骨小梁较粗大、分布均匀,其间有骨髓组织,中心区板层骨较多,软骨较少。从切片中还可以看出,支架微管道尺寸变大,新生骨组织与微管道壁上的支架材料相互交融、渗透,支架出现明显降解,支架微管道内新生骨组织的改建进一步完成,已经形成大量的排列紧密有序的板层骨,如图2-32(c)所示为(A2)组该时期H-E染色照片(×100倍),图2-32(d)所示为改良丽春红三色染色照片(×100倍)。(D2)组植入物的两端及周边也出现许多板层骨,其间偶见少量骨髓组织,中心部位板层骨及软骨均未见。

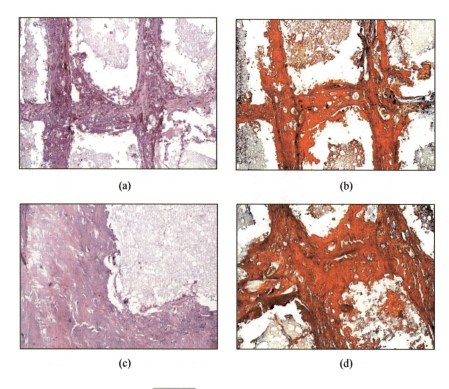

图 2-32　组织切片染色观察

(a)、(c)H-E 染色；(b)、(d)三色染色。

(2)骨组织四环素荧光标记观察：取材前 10 天用盐酸四环素肌肉注射，注射剂量为每天 50mg/kg，连续 2 天；1 周后再次以相同剂量注射，24h 后取材。标本以 10%中性甲醛固定，塑料(PMMA)包埋，将标本一端磨平后用环氧树脂浸润 2h，再次充分磨平，用透明环氧树脂固定到载玻片上，Leica SP1600 型切片机行不脱钙切片，切片厚度为 30μm。封片后在 Leica LA 研究荧光显微镜下观察，荧光显微镜下有金黄色荧光为阳性结果。

术后 12 周时，不脱钙四环素荧光切片显示两实验组(A2)组和(B2)组微管道内及(C2)组中心孔内均形成完整的骨单位及围绕中央管的板层骨结构，新生骨矿化活跃，呈环状分布，并且可以看出(A2)组和(B2)组的切片中四环素的沉积范围和面积均比(C2)组广泛。其中，(A2)组：在植入物内部微管道中可见明亮的金黄色荧光条带[图 2-33(a)]，标志着微管道内成骨活跃，且金黄色荧光条带沿着所构建的微管道从靠近宿主骨两断端位置连续迁延至支架深部，并形成贯通连接，部分包绕残余材料，在支架深部及周边可见大量双层金黄色条带；(B2)组：可见大量金黄色荧光带呈现于支架微管道中，其分布与支架微管道形状完全一致[图 2-33(b)]，这些金黄色荧光带所示即为骨细胞和骨小梁结构，而材料部分未见荧光出现；(C2)组：可见呈金黄色荧光带的新生皮质骨将材料包裹，而材料内部自身微孔中未见金黄色荧光带。这说明所构建的仿生结构微管道能够促进骨缺损区域的新骨形成，加速骨缺损的修复。空白对照组即(E2)组：只在尺骨侧的骨断端有少许骨组织，骨缺损未愈合，骨缺损区主要为纤维软骨和结缔组织。

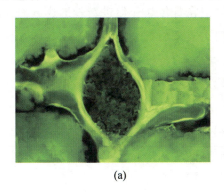
(a)

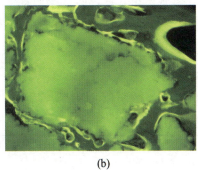
(b)

**图 2-33 四环素荧光标记观察**

从组织切片的染色照片和四环素荧光标记图像可以看出，术后 12 周，支架微管道中有大量新骨形成，可见所设计制造的多孔结构 β-TCP 人工骨支架能够满足修复大段骨缺损的基本要求，所设计的支架内部微管道的尺寸、结构适合骨、骨髓组织形成及血管的再生。而且所有新生骨组织的分布、空间走向均与微管道的分布和空间走向一致，说明支架内的微管道不但可以为细胞、组织提供生长场所，而且可以为形成的新骨起到一个良好的导向作用，使其按照预先设计好的管道结构进行生长。

### 9. 新生骨定量分析

新生骨定量分析：以改良丽春红三色法染色组织切片中新生骨的面积百分比代表新生骨含量水平，于体视学显微镜下以美国 Simple PCI 图像分析系统测算新生骨面积百分比。结果用均数±标准差($x±s$)表示，采用 $t$ 检验分析。统计分析所得(A2)组、(B2)组、(C2)组和(D2)组各时期新生骨面积百分比如表 2-13 所示。

表 2-13　新生骨面积百分比（%）

| 组别 | 4 周 | 8 周 | 12 周 |
| --- | --- | --- | --- |
| A2 | 15.86 ± 0.38 | 18.74 ± 0.37 | 26.65 ± 0.43 |
| B2 | 14.02 ± 0.36 | 16.62 ± 0.42 | 23.73 ± 0.51 |
| C2 | 6.74 ± 0.41 | 8.25 ± 0.53 | 13.09 ± 0.33 |
| D2 | 3.26 ± 0.32 | 5.48 ± 0.43 | 8.57 ± 0.29 |

可见，在各实验组的新生骨面积百分比中，（A2）组和（B2）组的百分比明显高于其他两组，这说明支架内部微管道在骨传导和促进新骨形成方面起着重要作用，由于这些微管道的存在，使得支架内的新骨生成量明显增加。另外，单独比较（A2）组和（B2）组的新生骨面积百分比，还可以发现（A2）组各时期的百分比均略高于（B2）组，分析在两组孔隙率相同的支架移植修复骨缺损过程中出现这一现象的主要原因在于（A2）组支架内轴向微管道的数量多于（B2）组，因为这个方向的微管道与缺损部位骨骼髓腔方向一致，这使得缺损两端的宿主骨再度连通更为有利，从而有利于加快新骨的形成速率，促进血管再生。

从造成大段骨缺损并植入人工骨支架至缺损完全愈合，组织学上经历以下 4 个阶段。

（1）血肿和炎症期：缺损局部的出血、细胞死亡和炎症反应，进而形成肉芽组织，其中含有原始未分化间充质细胞、巨噬细胞和淋巴细胞及大量毛细血管。肉芽组织沿孔道结构向人工骨内生长填充，降解失活组织，供给软骨和骨生成前体细胞，此种前体细胞增殖、分化，血管也随之不断长入。

（2）初始骨痂反应：骨的修复机制启动，促使部分原始细胞——包括由骨膜及骨髓的原始细胞增殖而来的定向骨原细胞（DOPC），以及由间充质细胞增殖而来的诱导性骨原细胞（IOPC）——发生分化、增殖。

（3）软骨形成期：已经定向分化的细胞开始大量增殖，成纤维细胞变为圆形并开始产生软骨基质，骨痂软骨最初以小岛形式出现于宿主骨－人工骨界面和人工骨内部微管道。骨痂软骨通过间充质干细胞分化为软骨细胞和软骨细胞增殖两种途径逐渐扩大。软骨细胞增殖，形成新基质，然后细胞肥大退变，软骨基质发生矿化。

（4）骨形成及改建期：骨痂中的骨生长循贴附性成骨和软骨内化骨两条途径

进行。来源于骨外膜-骨界面处的DOPC发生膜内成骨，仅出现在宿主骨-人工骨界面附近；在人工骨内部孔道进行的软骨内化骨过程是：破骨细胞/破软骨细胞使软骨基质发生降解，最后仅有细针状软骨残留，成骨细胞进入遗留空隙并产生富含Ⅰ型胶原的新骨基质，软骨部分逐渐为骨所取代。

骨痂形成后，改建即开始。骨改建是破骨细胞骨吸收和成骨细胞骨沉积紧密联系的一个过程，其基本元素为骨改建单位，它受到包括力学因素在内的多方面影响，以适应正常生理条件为目的而改变新生骨的排列，使排列紊乱的编织骨逐渐改建为按应力方向紧密排列的板层骨。随着微血管、肉芽组织的不断长入，材料降解及新骨形成、改建过程不断重复，最终形成骨缺损的完全愈合。

上述过程再度证明了支架内部微管道在骨传导和促进新骨形成方面的重要作用，这种开放式、相互连通的、可控性微管道不但能够为细胞、组织提供栖息场所，而且可以导向新骨的生长。新的骨组织在微管道内不断形成，与支架相互交融在一起，形成紧密结合的嵌合结构，对支架植入后的机械强度也会有一定的增强作用。

针对临床上修复大段骨缺损存在的实际难题，根据组织工程学原理，采用机械制造领域内先进的快速成形制造技术，从人工骨支架的物理结构、化学成分、机械和生物学性能等方面着手，并结合相应的动物实验，深入研究了开放式、相互连通的、可控微管道结构支架的制造方法、生物学特性、大尺寸组织工程骨的体外培养技术及修复兔长骨干大段骨缺损的成骨效果，得出以下几点创新和结论：提出了人工骨的负型制造工艺，并将凝胶注模成形技术引入到β-TCP生物陶瓷人工骨支架的成形工艺中；研究了人工骨支架的物理结构、化学成分、力学性能等特性；研制开发了一种旋转灌注式生物反应器系统，相应的体外培养实验表明该系统改善了细胞生存的微环境；在修复兔长骨干大段骨缺损的实验研究中发现，支架内部这种开放式、相互连通的、可控微管道结构在骨传导和促进骨缺损修复方面起着极其重要的作用，这些微管道不仅为细胞、组织的长入提供空间，还促进了新骨的形成，导向新骨生长，加快了骨缺损断端的再通。

## 参考文献

[1] 李祥. 可控微结构支架SL间接制造及组织工程骨的构建[D]. 西安：西安交通

大学,2006.

[2] 徐尚龙. 组织工程骨支架微结构设计及其流体力学特性研究[D]. 西安:西安交通大学,2007.

[3] TAKAGI S,CHOW L C,ISHIKAWA K. Formation of hydroxyapatite in new calcium phosphate cements [J]. Bioamterials,1998,19:1593-1599.

[4] 郑树亮,王果庭. 胶体与表面化学[M]. 北京:化学工业出版社,1997.

[5] OTTEWILL R H. Stability and instability in disperse systems [J]. J Colloid Interface Sci,1997,58(2):357-373.

[6] BRETT P M,HARLE J,SALIH V. Roughness response genes in osteoblasts [J]. Bone,2004,35:124-133.

[7] DESPINA D D,KATSALA N D,KOUTSOUKOS P G,et al. Effect of surface roughness of hydroxyapatite on human bone marrow cell adhesion, proliferation, differentiation and detachment strength [J]. Biomaterials,2001,22:87-96.

[8] 陈芳,陈晓明,纪国晋,等. 降解陶瓷中高温黏结剂的结构及溶解性能研究[J]. 武汉工业大学学报,1995,17(4):143-145.

[9] 江昕,方芳,闫玉华. 黏结剂对β-TCP生物陶瓷性能的影响[J]. 陶瓷学报, 2002,23(2):103-105.

[10] TSUCHIYA T. Study on the standardization of cytotoxicity tests and new standard reference materials useful for evaluating the safety of biomaterials [J]. J Biomater Appl,1994,9(2):138-146.

[11] VAN DEN DOLDER J,FARBER E,SPAUWEN P H M,et al. Bone tissue reconstruction using titanium fiber mesh combined with rat bone marrow cells in treatment of bone defects [J]. Biomaterials,2003,24:1745-1750.

[12] SIKAVITSAS V I,VAN DEN DOLDER J,BANCROFT G N,et al. Influence of the in vitro culture period on the in vivo performance of cell/titanium bone tissue-engineered constructs using a rat cranial critical size defect model [J]. J Biomed Mater Res,2003,67A:944-951.

# 第 3 章
# 软骨-骨支架梯度结构仿生设计方法

膝关节是人体最重要的关节之一,模拟自然膝关节软骨-骨界面微结构,设计和制备仿生结构的关节软骨-骨界面具有重要意义。本章研究了正常人膝关节股骨远端的软骨-骨界面的微结构,以及软骨-骨界面的设计方法,建立基于水凝胶/陶瓷复合界面的制造工艺,通过有限元分析水凝胶与陶瓷界面基底复合材料之间的黏结强度。

## 3.1 自然关节软骨-骨界面微结构表征

自然关节软骨-骨界面微结构是软骨-骨支架仿生设计的基础和关键。膝关节由股骨远端、胫骨近端和髌骨组成。以正常人膝关节股骨远端为研究对象,对人自然关节软骨-骨界面微结构进行研究。采用扫描电镜、组织切片及显微CT的实验方法对正常人膝关节股骨远端的软骨-骨界面微结构进行实验研究,从而提取结构参数。

### 3.1.1 实验材料

#### 1. 取材及固定

从正常人股骨远端9个不同区域分别取样。每个区域取两小块包含关节软骨、软骨下骨板及松质骨的标本,如图3-1所示。从每个区域的两个标本中随机取出一个,分成两组,为标本组1和标本组2,用于扫描电镜观察。其中,每组包含9个不同区域标本一块。另外,从另一个正常人股骨远端表面随机取标本若干块,为标本组3,用于制作组织切片及显微CT。利用牙科钻对标本进行进一步切割,使每块标本大小近似为1mm×1mm×2mm,如图3-2所示。

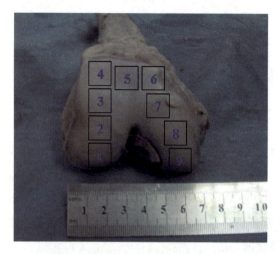

图 3-1 标本组 1、2 取样位置示意图

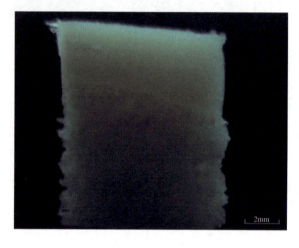

图 3-2 标本示样

生物组织容易发生腐败变质，破坏天然结构。福尔马林是生物学上常用的固定剂，可以使蛋白质凝固变形，从而达到固定的作用。采用 10% 的福尔马林溶液对标本进行固定可以使软骨和骨组织中的有机和无机成分产生凝固或沉淀，防止发生组织变化。

2. 预处理

自然关节软骨-骨界面由透明软骨、钙化软骨、软骨下骨板及松质骨 4 种组织构成。其中，透明软骨、钙化软骨及软骨下骨板三层生物组织的连接较为复杂，很难直接观察并提取出各组织层的微结构。因此，采取适当的方法，尽可能无破坏地完整分离各组织层是研究关节软骨-骨界面微结构的前提。利用双氧水、胶原酶及超声振荡方法分离关节不同组织的流程,如图3-3所示。

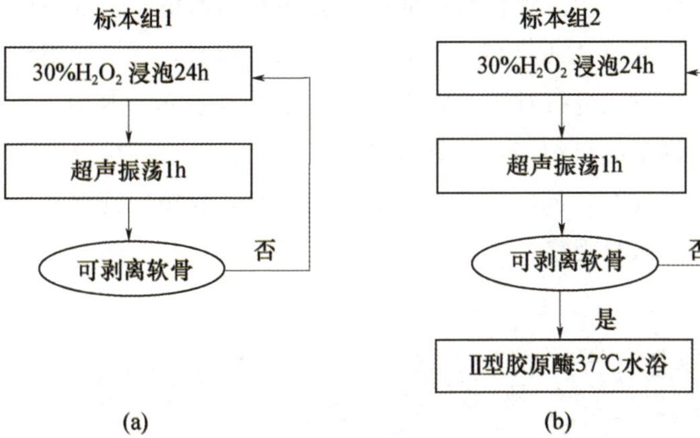

**图3-3 标本组1、2预处理流程**
(a)分离透明软骨,露出钙化软骨上表面;
(b)分离钙化软骨,露出软骨下骨板上表面。

双氧水是一种每个分子中有两个氢原子和两个氧原子的液体,具有较强的渗透性和氧化作用,医学上常用双氧水来清洗创口和局部抗菌。通过双氧水浸泡和超声振荡交替处理的方法可以较容易地剥离关节软骨,但具体机理尚不清楚。

经过双氧水处理后可以很容易地将透明软骨从关节面分离,而钙化软骨仍附着在软骨下骨表面。Ⅱ型胶原酶可以作用于软骨中的Ⅱ胶原,能使排列规整的胶原网断裂。通过较长时间的浸泡后,可以彻底地分解皮质骨上面附着的钙化软骨。

通过上述的方法,分离软骨层后,标本组1可用于研究钙化软骨微结构,标本组2则可研究软骨下骨板的微结构。

### 3. 实验方法

骨科常用石蜡包埋和塑料包埋两种包埋方法制作骨组织切片。对组织的处理及包埋方法会影响组织切片的质量。由于由两种不同的组织组成,软骨-骨组织的联合切片易在软骨-骨界面处发生断裂,因此严重影响对界面微结构的研究。

大部分生物组织标本在生活状态下多为无色透明。通过适当的染色方法区分软骨和骨组织，在显微镜下才能清晰地观察其组织结构，更好地研究软骨－骨组织界面的结构。骨科常用的染色方法有苏木精－伊红（H-E）染色、骨粉染色、丽春红三色法染色及藏花红染色法。同时，对不同组织切片处理包埋方法及染色方法进行对比，染色效果如图3-4所示。其中，石蜡包埋藏花红染色方法制备的组织切片，软骨和骨两种组织没有发生分离，软骨－骨界面的结构保存完整。同时软骨组织被染为红色，骨组织为绿色，两者颜色对比明显，易于区分观察。

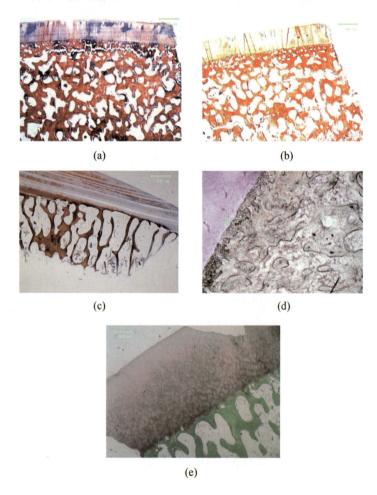

图3-4 不同处理工艺染色方法制作的组织切片
(a)塑料包埋丽春红三色法染色(染色前脱塑)；(b)塑料包埋丽春红三色法染色(染色前未脱塑)；(c)石蜡包埋丽春红三色法染色；(d)塑料包埋骨粉染色；(e)石蜡包埋藏花红染色。

因此，采用石蜡包埋藏花红染色法制作软骨－骨组织联合纵切组织切片。组织切片的制作流程如图3-5所示。

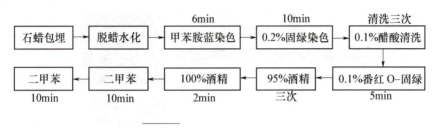

图3-5 组织切片的制作流程

## 3.1.2 关节软骨－骨组织整体结构

采用光学显微镜（易创YM130）观察软骨－骨组织联合纵切组织切片，放大倍数为40倍。从显微图像上可明显区分出透明软骨层、钙化软骨层、软骨下骨板层和松质骨层（关节面附近）4层组织，如图3-6所示。透明软骨呈红色，钙化软骨呈深红色，软骨下骨板和松质骨均呈绿色，这四层不同的组织组成了关节软骨－骨梯度结构。

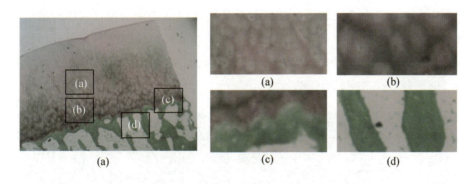

图3-6 软骨-骨联合纵切组织切片
(a)透明软骨层；(b)钙化软骨层；
(c)软骨下骨板层；(d)松质骨层（关节面附近）。

不同组织层之间的连接方式是界面微结构研究的关键，也是软骨－骨复合支架仿生设计的基础。软骨－骨联合纵切组织切片显示，透明软骨层和钙化软骨层通过呈锯齿状的潮线结构连接，即透明软骨层和钙化软骨层通过锯齿状结构连接。钙化软骨层和软骨下骨板层也通过锯齿状结构连接。根据实验对自然关节软骨-骨界面微结构的观察和结构参数的测量，构建了关节软骨-骨界面微结构的物理模型，如图3-7所示。

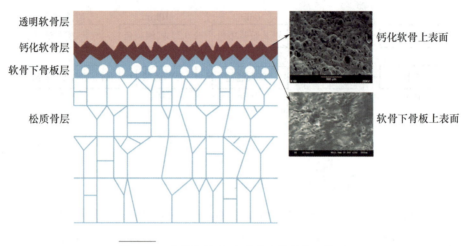

图3-7 关节软骨-骨界面微结构的物理模型

### 3.1.3 软骨微结构

为进一步研究透明软骨层和钙化软骨层之间的连接结构，利用扫描电镜观察剥离下来的透明软骨下表面。透明软骨的下表面，即与钙化软骨的接触面，具有一些突起的结构，如图3-8所示。这些突起并无明显的规律性结构，随机分布在透明软骨下表面。

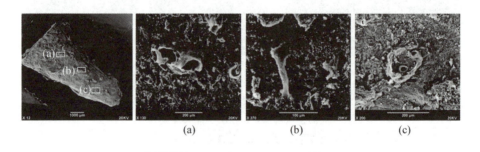

图3-8 透明软骨下表面的突起结构

钙化软骨上表面和透明软骨层相连。扫描电镜图像显示，钙化软骨上表面有很多的孔洞结构，孔呈圆形或椭圆形，其中以圆形孔居多，如图3-9所示。

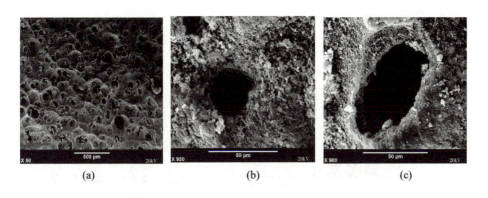

图 3-9 钙化软骨上表面的孔结构

(a) 上表面总体；(b) 圆形孔；(c) 椭圆形孔。

利用扫描电镜自带的分析软件对孔结构的孔径进行测量，共采集测量股骨远端 9 个区域标本的钙化软骨上表面上 1479 个孔的孔径，孔径测量如图 3-10 所示。测量结果显示，钙化软骨上表面孔的孔径分布范围广，为 1.98~114.25 μm。以 10 μm 为一个区间范围，统计 0~120 μm 范围内各区域内孔的数目，如图 3-11 所示。虽然孔径的分布范围广，但主要集中在 0~30 μm 这一区间，其中孔径为 10~20 μm 的孔占到总数的 50% 以上，即钙化软骨上表面上的孔多为小孔。

图 3-10 孔径测量示意图

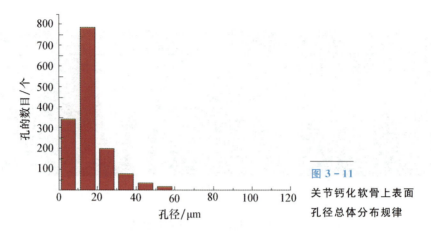

图 3-11 关节钙化软骨上表面孔径总体分布规律

对关节面不同区域取样的标本上的孔径分布范围进行统计,结果如图 3-12 所示。除了区域 4,各区域钙化软骨上表面孔的孔径分布规律基本接近,孔径范围为 10~20 μm 的小孔占多数。

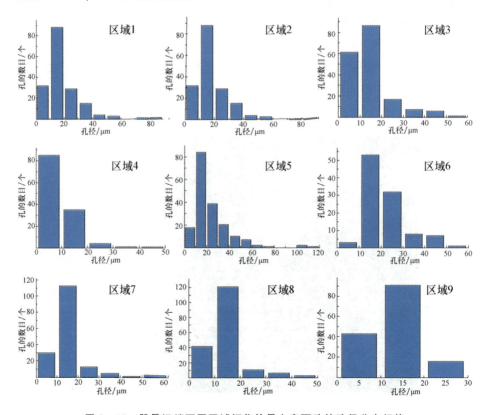

图 3-12 股骨远端不同区域钙化软骨上表面孔的孔径分布规律

各区域钙化软骨上表面孔的孔径平均值如表 3-1 所示。各区域钙化软骨上表面孔的孔径平均值存在一定的差别,整体平均值为 17.04 μm。

表 3-1 股骨远端不同区域钙化软骨上表面孔的孔径平均值

| 区域 | 孔径平均值/μm | 标准差/μm |
| --- | --- | --- |
| 区域 1 | 18.82 | 11.82 |
| 区域 2 | 19.14 | 11.52 |
| 区域 3 | 14.81 | 9.39 |
| 区域 4 | 10.14 | 6.50 |
| 区域 5 | 23.93 | 17.06 |
| 区域 6 | 22.14 | 9.28 |
| 区域 7 | 15.79 | 8.02 |
| 区域 8 | 14.42 | 6.77 |
| 区域 9 | 13.06 | 4.80 |
| 整个关节面 | 17.04 | 11.06 |

## 3.1.4 软骨下骨板微结构

软骨下骨板层位于关节软骨和松质骨之间,是关节软骨的附着点,即骨组织。

利用扫描电镜观察标本的纵切面,可以看到软骨下骨板呈薄板状。测量软骨下骨板层的厚度,如图 3-13 所示。软骨下骨板厚度的测量平均值为 150.5 μm。这一测量结果与 Hunziker 等的测量结果 190 μm 接近[28]。

扫描电镜图像显示,在软骨下骨板上表面上也具有很多的孔洞结构,如图 3-14 所示。这些孔结构和钙化软骨上表面的孔结构在外形上具有较明显的差别。利用扫描电镜自带的分析软件对软骨下骨板上表面孔的孔径进行测量,共采集测量 9 个区域软骨下骨板上表面上 1814 个孔的孔径。测量结果显示,软骨下骨板上表面孔的孔径分布范围为 3.66~100.96 μm。以 10 μm 为一个区间范围,统计 0~110 μm 范围内各区域的孔的数目,如图 3-15 所示。

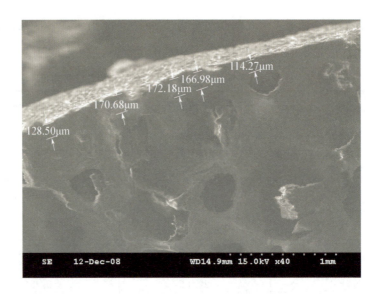

图 3-13　软骨下骨板厚度测量

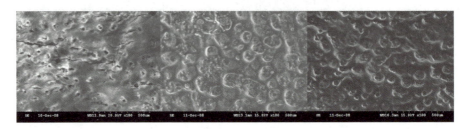

图 3-14　软骨下骨板上表面的孔结构

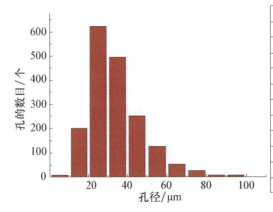

| 孔径范围/μm | 孔所占百分比/% |
|---|---|
| 0~10 | 0.55 |
| 10~20 | 11.14 |
| 20~30 | 34.51 |
| 30~40 | 27.45 |
| 40~50 | 14.00 |
| 50~60 | 6.84 |
| 60~70 | 3.09 |
| 70~80 | 1.43 |
| 80~90 | 0.50 |
| 90~100 | 0.44 |
| 100~110 | 0.06 |

图 3-15　软骨下骨板上表面孔径总体分布规律

软骨下骨板上表面孔的孔径主要集中在 10～50 μm 这一区间，其中孔径为 20～40 μm 的孔占到总孔数的 61.96%。对关节面 9 个不同区域取样的标本上的孔径分布范围进行分别统计，统计结果如图 3-16 所示。

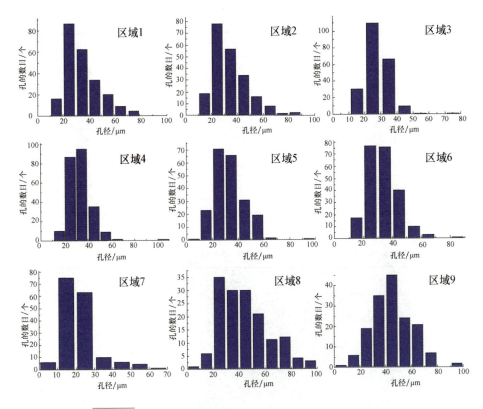

图 3-16　关节不同区域软骨下骨板上表面孔的孔径分布规律

各区域软骨下骨板上表面孔的孔径平均值如表 3-2 所示。不同区域软骨下骨板上表面孔的孔径平均值存在一定的差别，股骨远端整体平均值为 34.08 μm。结合关节软骨－骨组织联合纵切组织切片对软骨下骨板进行进一步的研究。显微镜图像显示，软骨下骨板并非均匀的薄板结构，其纵切面上有很多孔，这些孔不均匀地分布在软骨下骨板上表面，如图 3-17 所示。用带有测量功能的光学显微镜 KEYENCE 观察并测量软骨下骨板侧面上孔的孔结构参数。图 3-18 显示了测量方法及其中一个标本的测量结果。对测量结果进行统计，软骨下骨板侧面上孔的孔径为 30～230 μm，其平均值约为 71 μm。

表3-2 股骨远端不同区域软骨下骨板上表面孔的孔径平均值

| 区域 | 孔径平均值/μm | 标准差/μm |
| --- | --- | --- |
| 区域1 | 35.46 | 13.90 |
| 区域2 | 35.40 | 14.66 |
| 区域3 | 28.19 | 7.48 |
| 区域4 | 33.02 | 9.59 |
| 区域5 | 33.06 | 11.92 |
| 区域6 | 33.50 | 10.50 |
| 区域7 | 22.08 | 9.68 |
| 区域8 | 44.24 | 19.73 |
| 区域9 | 45.49 | 15.37 |
| 整个关节面 | 34.08 | 14.02 |

图3-17
软骨下骨板上表面

图3-18
孔径测量示意图

## 3.1.5 钙化软骨微结构和软骨下骨板微结构对比

扫描电镜图像显示，钙化软骨上表面及软骨下骨板上表面都存在孔洞结构。但孔具体的结构参数存在很大的差别。就孔的孔径总体分布规律而言，如图 3-19 所示，钙化软骨上表面上的孔多为孔径为 0~30 μm 的小孔，并且孔径分布相对较为集中，其中孔径为 10~20 μm 的孔就占总数的 53%；而软骨下骨板上表面上的孔的孔径主要分布在 10~50 μm 这一区间，相对钙化软骨上表面的孔而言，软骨下骨板上表面的孔在各孔径区间范围内分布较为均匀，孔径范围在 20~30 μm 最多，但也只占总孔数的 35%。

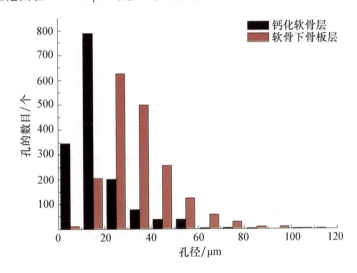

图 3-19　钙化软骨和软骨下骨板上表面孔径总体分布规律对比

从解剖学的角度划分，股骨远端可分为内侧髁、外侧髁和髌骨面三个区域。内外侧髁和半月板接触，与胫骨远端共同构成内外侧胫股关节面。股骨髌骨面和髌骨接触，组成髌股关节。标本 1、2、3 对应的区域为外侧髁，标本 4、5、6 对应的区域为髌骨面，标本 7、8、9 对应的区域为内侧髁，如图 3-20 所示。

不同区域的钙化软骨及软骨下骨板的微结构存在一定的差别，如表 3-3 所示。对于钙化软骨上表面的孔微结构，髌骨面的孔径平均值最大，为 19.28 μm。内侧髁孔径平均值大于外侧髁部分的孔径平均值。孔径分布范围也具有相同的规律。而对于软骨下骨板的孔微结构，内侧髁孔径平均值最大，外侧髁孔径平均值最小。髌骨面、内外侧髁的孔径分布规律同于孔径平均值。

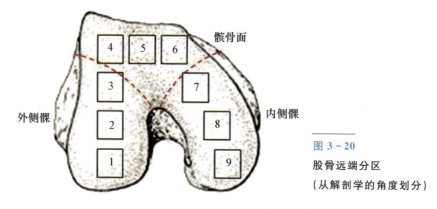

图 3-20 股骨远端分区（从解剖学的角度划分）

表 3-3 股骨髌骨面与内外侧髁微结构

| 参数 | 髌骨面 | | 内侧髁 | | 外侧髁 | |
|---|---|---|---|---|---|---|
| | 钙化软骨 | 软骨下骨板 | 钙化软骨 | 软骨下骨板 | 钙化软骨 | 软骨下骨板 |
| 孔径范围/μm | 1.98～114.25 | 9.90～100.96 | 2.80～82.73 | 3.66～98.00 | 3.96～57.72 | 9.90～94.06 |
| 孔径平均值/μm | 19.28 | 33.94 | 17.67 | 36.84 | 14.67 | 33.07 |

从力学的角度划分，根据关节面在运动过程中承受的载荷的不同，股骨远端可以分为主要载重区和较少载重区。标本 1、4、5、9 对应的区域为股骨远端膝关节的主要载重区，标本 2、3、6、7、8 对应的区域为较少载重区，如图 3-21 所示。关节主要载重区和较少载重区在人体运动时承受的载荷不同，主要载重区承受的载荷远大于较少载重区。

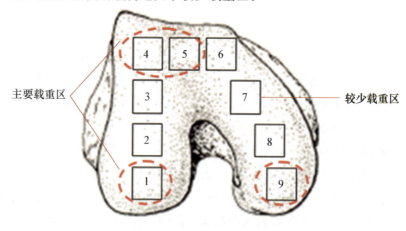

图 3-21 股骨远端分区（从力学的角度划分）

如表3-4所示，无论是钙化软骨还是软骨下骨板，主要载重区和较少载重区孔径的平均值存在一定差别，其中主要载重区的孔径略大于较少载重区。较少载重区的孔径分布范围和主要载重区相比略窄，但差别不大。统计结果显示，承受载荷的大小对钙化软骨及软骨下骨板上的孔微结构有一定的影响，但结构差异并不大，主要载重区与较少载重区软骨/骨梯度组织微结构差别不大。

表3-4 股骨远端主要载重区与较少载重区微结构对比

| 参数 | 主要载重区 | | 较少载重区 | |
| --- | --- | --- | --- | --- |
| | 钙化软骨 | 软骨下骨板 | 钙化软骨 | 软骨下骨板 |
| 孔径范围/μm | 1.98~114.25 | 3.66~100.96 | 2.80~81.27 | 5.89~98.00 |
| 孔径平均值/μm | 17.21 | 36.06 | 16.09 | 32.36 |

这些孔结构除了作为不同组织之间的连接结构，还可能是营养物质供给的通道。由于主要载重区承受了关节载荷的主要部分，因此需要更多的营养物质供给这一区域的各组织。与此对应，营养物质的通道应更宽敞。对钙化软骨上表面和软骨下骨板表面孔径的统计规律与此相符。在此提出钙化软骨上表面和软骨下骨板表面的孔结构可能是营养供给通道的假设，但仍需进一步研究证明。

股骨远端不同关节面的微结构及主要载重区与较少载重区的微结构分析结果均显示，关节面不同区域的软骨/骨界面微结构存在差异。因此，在设计股骨远端不同区域支架结构时，支架结构应根据损伤所在区域进行相应微结构调整。

## 3.1.6 关节面附近松质骨微结构

软骨下骨板的下方即为松质骨。松质骨是关节软骨-骨梯度体的重要组成部分，作者对关节面附近的松质骨结构进行了研究。扫描电镜图像显示，关节软骨下的松质骨结构呈网状连接，并且具有一定的规律性，松质骨沿平行于关节面的方向可以分成若干层，即关节面附近的松质骨具有明显的层次化结构，如图3-22所示。测量各层的层距，测量结果如表3-5所示。

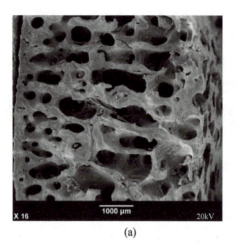
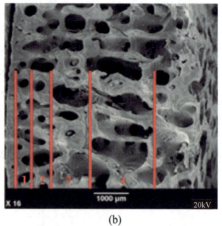

图3-22　扫描电镜显示松质骨层次化结构

(a)松质骨扫描电镜图；(b)结构层次划分。

表3-5　软骨下骨板层次化结构各层之间的距离

| 层次 | 层间距平均值/μm |
| --- | --- |
| 第一层 | 563 |
| 第二层 | 945 |
| 第三层 | 1434 |
| 第四层 | 1650 |

关节软骨-骨联合纵切组织切片也显示关节面附近的松质骨具有明显的层次化结构，如图3-23所示。同时，松质骨各层之间的连接结构具有规律性。关节面附近的松质骨各层间，骨小梁以"Y"形、"I"形及"H"形这3种结构连接。通过层次结构及层间3种典型的连接结构，骨小梁交织形成复杂的网状结构，构成关节面附近的松质骨。

骨体积分数(BVF)及骨小梁宽度是医学上常用的松质骨微结构参数，骨体积分数是指在测量范围内骨组织所占的体积百分数，反映单位体积内骨组织的量，间接反映松质骨的孔隙率。骨小梁宽度是骨计量学中评价骨小梁微结构的重要参数，分别测量关节面附近不同层次松质骨的骨体积分数和骨小梁宽度。

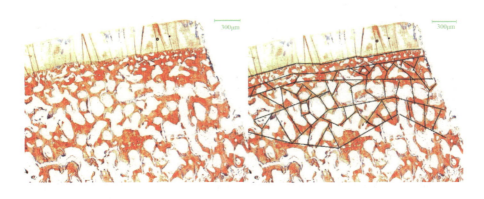

图 3-23　关节面附近的松质骨层次化结构及各层典型连接结构

显微 CT 对标本扫描校正后，可利用其自带的扫描分析软件 MicroView 自由选择任意大小的感兴趣区（ROI），并对选定的区域进行相关骨参数测量。利用这一功能，测量关节面附近松质骨各层的骨体积分数。

设置大小为 2.04mm×1.54mm×0.08mm 的感兴趣区，从软骨下骨板下端开始，沿远离关节面的方向，每层测量多个不同深度位置的骨体积分数，如图 3-24。取各层多个测量点的骨体积分数的平均值为该层骨体积分数。同时，为了减少不同部位骨小梁及其空隙分布不同对测量结果的影响，因此选取扫描标本的 5 个不同部位，记作第Ⅰ、Ⅱ、Ⅲ、Ⅳ、Ⅴ组。分别测量各组的各层骨体积分数，从而获得 5 组数据，如表 3-6 所示。

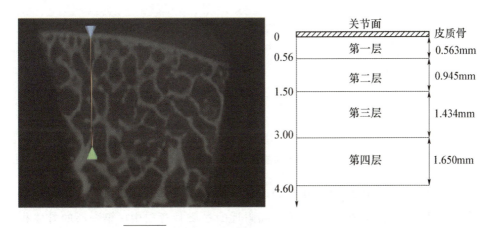

图 3-24　显微 CT 测量松质骨各层的骨体积分数

表 3-6　松质骨各层的骨体积分数平均值

| 层次 | 第Ⅰ组 | 第Ⅱ组 | 第Ⅲ组 | 第Ⅳ组 | 第Ⅴ组 | 平均值 |
| --- | --- | --- | --- | --- | --- | --- |
| 第一层 | 0.43 | 0.53 | 0.46 | 0.55 | 0.47 | 0.49 |
| 第二层 | 0.38 | 0.35 | 0.38 | 0.36 | 0.39 | 0.37 |
| 第三层 | 0.33 | 0.33 | 0.31 | 0.37 | 0.38 | 0.34 |
| 第四层 | 0.31 | 0.30 | 0.32 | 0.36 | 0.30 | 0.34 |

在 ORIGIN 8.0 中绘制出骨体积分数随松质骨距离关节面深度层次变化的曲线如图 3-25 所示，其中位置原点为软骨下骨板下表面。在基于扫面电镜测量统计数据所划分的松质骨层次结构中，第一层的骨体积分数最大，平均值为 0.49；第二层的骨体积分数较第一层有较明显的下降，平均值为 0.37；第三、第四层的骨体积分数无明显变化，其平均值均为 0.34。综上所述，关节面附近松质骨的骨体积分数具有层次性规律，随着远离关节面的距离的增大，第一、第二、第三和第四层的骨体积分数呈下降趋势。

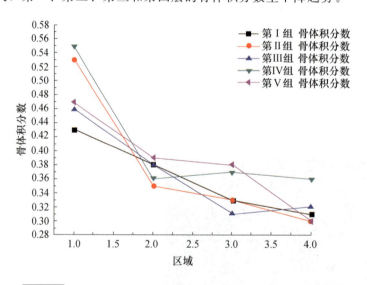

图 3-25　骨体积分数随松质骨距离关节面深度层次变化的曲线

另外，在 ORIGIN 8.0 中绘制出各层中骨体积分数随距离关节面深度的变化规律，如图 3-26 所示。关节面附近的松质骨各层中，第一层的骨体积分数随着远离关节面的方向具有明显的下降规律。在 0.5mm 的小区间范围内，骨体积分数的值从 0.76 迅速下降至 0.34。第二、第三、第四层则无明显的下降规律,骨体积分数均在某一较小的区间范围内波动。因此可知,松质骨第一层和软骨下骨板直接相连,骨体积分数迅速下降,从而起到连接软骨下骨板和下层骨体积分数较小的松质骨的作用。第二、第三、第四层的松质骨体积分数在各层内波动,各层松质骨的骨体积分数总体缓慢下降。

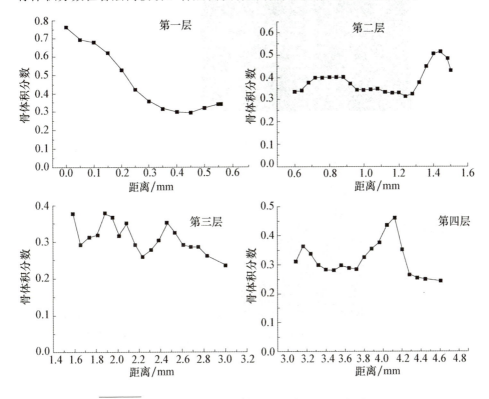

图 3-26　第Ⅲ组松质骨各层中骨体积分数随深度变化规律

显微 CT 自带的扫描分析软件 MicroView 可以对扫描标本的骨小梁宽度进行定性的分析,如图 3-27 所示。关节面附近松质骨的骨小梁宽度较为均匀,除一些较大的骨小梁连接点之外,其值小于 0.197 μm。骨小梁宽度不存在层次化规律,各层间的骨小梁及层间连接骨小梁宽度均匀分布。

在对松质骨的骨小梁宽度定性分析的基础上,利用组织切片对骨小梁宽度进行定量的分析研究。组织切片显微图像采集,利用 ImageJ 医学图像处理软件测量骨小梁宽度,由于显微 CT 显示的骨小梁宽度与其所在的层次没有关系,因此在测量时可不用区分层次。统计结果如图 3-28 所示,关节软骨下松质骨的骨小梁宽度的测量平均值为 48 μm,其中,宽度为 30~40 μm 骨小梁最多。

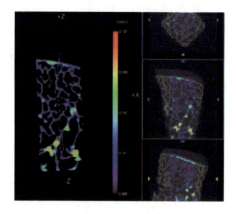

图 3-27 颜色显示骨小梁宽度

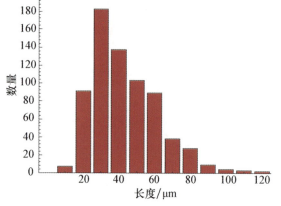

图 3-28 关节面附近松质骨骨小梁宽度分布

## 3.2 软骨-骨支架界面结构的优化设计

以往研究人员提出的关节软骨-骨界面结构不包括松质骨，对关节面附近的松质骨微结构研究结果显示，关节面附近的松质骨具有明显的层次化结构，并且各层的结构参数（如骨体积参数）存在明显的差异，即关节面附近的松质骨为渐变的结构。因此，提出关节软骨-骨界面应包括透明软骨、钙化软骨、软骨下骨板及关节面附近的松质骨结构共同组成软骨-骨梯度体结构。

软骨下骨板表面具有多孔形态，钙化软骨层依据这些孔径形态而嵌入软骨下骨板表面，形成稳固连接。通过对软骨下骨板表面的形貌进行观测，提出了3种阵列形式的圆孔型界面结构。基于所研究的水凝胶/陶瓷复合界面层的制造工艺，通过有限元分析水凝胶与陶瓷界面基底复合材料之间的黏结强度，研究不同界面结构的两相材料直接的结合强度；基于陶瓷界面结构的高温烧结成形工艺特征及不同界面结构的尺寸特征，通过有限元分析陶瓷界面在烧结成形工艺过程中的热应力与热变形，研究不同陶瓷界面在素坯阶段的热应力大小，对比不同结构的烧成能力。综合结构力学与热应力分析，提出一种优化的孔隙界面结构。

## 3.2.1 软骨下骨板表面孔隙结构的简化模型假设

自然骨软骨组织是一个多层结构复合体，边卫国等通过组织切片、扫描电镜、显微CT等方法获取了自然骨软骨不同区域的组织结构特征。研究结果表明，软骨下骨板表面具有丰富的多孔结构（图3-29），对孔径尺寸及分布进行统计分析。结果表明，软骨下骨板表面孔径尺寸主要分布区间为3.66~100.96 μm，其中以20~40 μm的孔隙数量居多，如图3-30所示。

图3-29
软骨下骨板表面孔隙结构

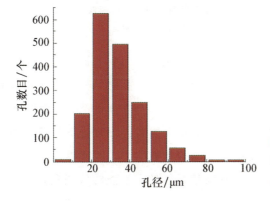

图3-30
软骨下骨板表面孔径总体分布规律

软骨下骨板表面具有丰富的孔隙结构,有利于钙化软骨层的附着,能够起到关节力学压力承载,依托软骨下骨板表面的孔隙结构,自然骨软骨之间的剪切刚度可达到(95.1±8.6)N/mm。虽然对于软骨下骨板表面的孔径尺寸有了较明确的认识,但对于软骨下骨板表面的孔隙的排布方式、孔隙占整个表面的比例需要进一步的统计分析。因此,依据自然软骨下骨板的扫描电镜图片,在 Mimics 软件中对其进行图像分割(图 3-31),提取出具有孔隙结构的自然软骨下骨板表面结构 CAD 模型(图 3-32),并计算其孔隙率。此种方法仍然存在一定的误差,主要误差表现在拍摄的扫描电镜图片相对于结构表面,具有一定的倾斜角。此外,电镜的放大倍数与灰度分割的结果具有较大的关系。因此,需采用较高倍数的照片进行分割,将具有一定弧度的曲面转化为平面,根据投影定理,平面倾斜,不改变其在某平面的投影面孔隙率。对提取的 CAD 模型进行面积计算,得出其表面孔隙率为(6.7±0.71)%,与文献报道的(7.6±0.38)%结果相近。

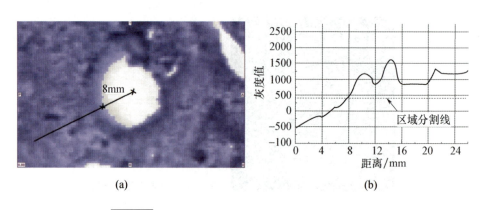

**图 3-31　自然软骨下骨板表面电镜图片的图像分割**

(a)灰度分割图;(b)区域灰度分割曲线。

以软骨-骨复合支架具有良好的结合强度为目标,研究设计一种仿生界面结构,该界面结构具有类似软骨下骨板表面的孔隙结构,通过与软骨支架的复合,在复合支架植入后,能够有效促使复合支架的结合,避免支架的剪切剥离。设计该界面结构主要基于以下几个因素:①软骨下骨板表面具有大量的圆形孔隙结构,能够增强关节运动的承载能力,因此界面孔隙结构设计为圆孔形结构;②通过溶液渗透及固化,软骨支架能够依托孔隙结构,承受一定的剪切载荷,对于不同的圆孔隙率有可能产生不同的剪切强度;③在界面结构的制造过程中,考虑到工艺的可实现性,孔道必须在 400 μm 以上才能够具有良好的成形性。

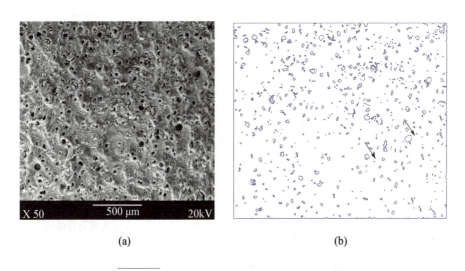

图 3-32 自然软骨下骨板表面及其 CAD 模型
(a)自然软骨下骨板表面(SEM);(b)自然软骨下骨板表面(CAD)。

依据上述的几个因素,设定了以下设计原则:通过对不同的软骨下骨板表面的孔结构进行对比分析,假设将每个孔简化为一个坐标点,该软骨下骨板表面将简化为一系列的二维平面点云,假设点与点之间按照一定的方式排列,可以提出若干个点形成的一个单元的思想,在定义的单元中,三角形又是最基本的二维形状要素。因此,在三维建模软件中,将自然软骨下骨板表面的孔结构简化为一系列的点,绘制该点集的 Delaunay 三角网,测量 Delaunay 三角网的线-线夹角,并进行统计分析。图 3-33 所示为依据上述原则进行角度分布统计的结果。从分布图 3-33 中可以看出,软骨下骨板表面孔隙之间的夹角分布主要集中于 40°~50°、80°~90°。此外,有少量夹角为 120°~130°。

对于图 3-33 中点集进行连线可以得知,在特定范围的圆形框内,软骨下骨板表面的孔有三角形、四边形等排布方式,基于对表面孔隙结构的排布方式及排布角度的优化,提出了正三角形、正四边形、正六边形(图 3-35)3 种不同单元的孔隙排布方式。

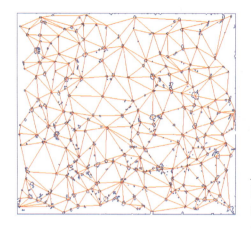

图 3-33 软骨下骨板表面孔隙连线分布

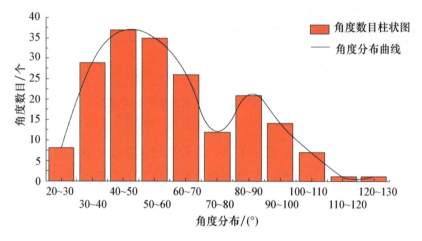

图 3-34 软骨下骨板表面孔隙结构间夹角分布图

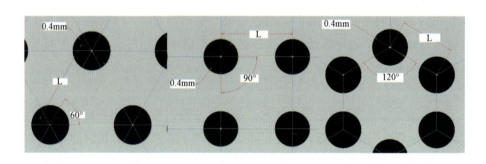

图 3-35 正三角形、正四边形、正六边形排布

## 3.2.2 界面模型的参数设计

3.2.1 节中所提出的三种排布方式的单元孔隙结构,其阵列填充方式采用图 3-36 所示方式,该阵列方向为以某一边及其垂线为 $X$、$Y$ 阵列方向。上述三种界面结构均具有以下三种形状因素:①圆孔直径为 0.4mm;②单元边长尺寸参数 $L$;③圆孔面积占总面积的比例,将其命名为面孔隙率 $A_p$,其值为孔隙面积与界面总体面积的比例。依据动物实验的缺损模型设计,设计直径为 10mm 的界面结构,界面结构的面孔隙率分组为 5%、10%、15%、20%、25%、30%,通过三维建模软件 Pro/E 的优化功能,自动计算不同面孔隙率时的边长尺寸参数 $L$,如图 3-37 所示。

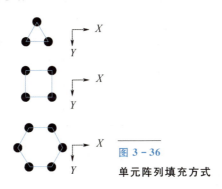

**图 3-36** 单元阵列填充方式

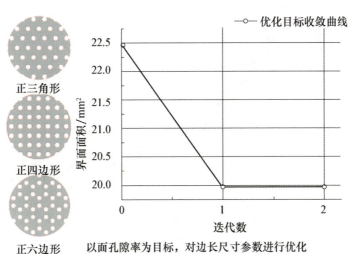

**图 3-37** 界面结构的模型建立

通过对直径为10mm的界面结构进行尺寸参数的优化,获得不同孔隙结构的边长尺寸与面孔隙率的关系,优化过程中设定面孔隙率目标值,三维建模软件Pro/E自动进行结构优化,优化后的尺寸参数如表3-7所示。图3-38所示为不同孔隙排布方式下边长尺寸随面孔隙率的变化趋势。从图3-38中可以得知,在相同的面孔隙率条件下,三角形排布方式的边长尺寸涉及范围内均大于其他两种排布方式,各排布方式下的边长大小顺序为:$L_{三角形}>L_{四边形}>L_{六边形}$。

表3-7 不同界面孔隙结构排布方式的边长尺寸参数

| 表面孔隙率/% | 三角形边长/mm | 四边形边长/mm | 六边形边长/mm |
| --- | --- | --- | --- |
| 5 | 1.69 | 1.59 | 1.43 |
| 10 | 1.16 | 1.16 | 0.97 |
| 15 | 0.98 | 0.92 | 0.81 |
| 20 | 0.85 | 0.79 | 0.69 |
| 25 | 0.76 | 0.71 | 0.62 |
| 30 | 0.70 | 0.64 | 0.56 |

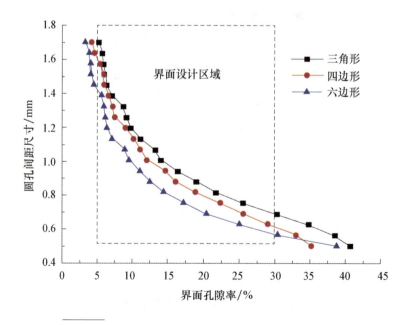

图3-38 不同排布方式下的界面孔隙边长尺寸变化范围

综上所述，通过对自然软骨下骨板孔隙结构的孔隙形状拟合、分析与模型简化，提出了3种不同排布方式的界面孔隙结构模型，分别为三角形排布、四边形排布与六边形排布，如表3-7所示。通过Pro/E软件的自动优化分析功能，得出了不同面孔隙率条件下的各个排布方式的边长尺寸，该尺寸对于后续的界面结构的力学有限元分析及陶瓷烧结成形有着重要的影响。

## 3.3 水凝胶/陶瓷界面的力学有限元分析模型构建

骨软骨缺损通常表现在力学功能的丧失等方面，通过组织工程技术制造骨软骨多层复合支架并植入体内，能够在一定程度上恢复关节骨软骨的力学功能，尽管如此，支架植入后，在关节的周期性往复摩擦条件下，软骨支架经常会出现脱层、剥离等现象，不利于软骨组织的修复与关节力学功能的恢复。软骨/骨组织工程多层复合支架制造工艺中，通过直接曝光法，将PEGDA水凝胶固化于界面结构陶瓷基底，因此，有必要对两相材料之间的黏结强度进行有限元分析，并确定能够产生最大黏结强度的界面结构，以保证复合支架植入后能够维持一定的关节力学功能，同时需要考虑陶瓷界面的高温烧结稳定性，保证界面结构的成形。

常见的软骨支架与骨支架之间结合强度测试方法主要有剪切、扭转、拉伸等，如图3-39所示。在PEGDA水凝胶与陶瓷界面复合工艺中(图3-40)，PEGDA水凝胶在激光曝光条件下，固化于陶瓷基底上，并渗入界面孔隙结构0.5mm，水凝胶与陶瓷之间产生黏结力。该复合材料分为三层结构：第一层为单纯水凝胶；第二层为水凝胶/陶瓷复合材料；第三层为陶瓷材料主体。由于PEGDA水凝胶的较高含水性，无法实现图3-39(a)所示的测试，所以采用图3-39(d)所示的测试方法。采用有限元分析软件ANSYS模拟上述几种测试方法，对不同界面结构的水凝胶/陶瓷两相复合材料进行力学有限元分析，对比不同界面结构对两项材料之间力学行为的影响，并与实际所采取的图3-39(d)所示的测试方法的分析结果相比较。

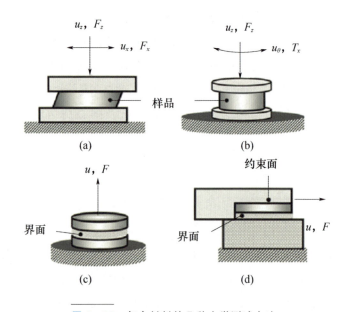

**图 3-39　复合材料的几种力学测试方法**
(a)剪切测试①；(b)扭转测试；(c)拉伸测试；(d)剪切测试②。

**图 3-40　水凝胶与陶瓷复合体结构**

## 3.3.1　单元与材料属性

ANSYS 中提供了不同的单元类型可供选择，在网格划分时，采用 solid95 单元，能够支持大变形，并用于不规则结构体，计算精度不会有损失，因此陶瓷材料单元类型设置为 solid95 单元；采用 solid186 单元能够支持大应变、超弹性体分析，通过 Mixed UP 设置，能够支持几乎不可压缩超弹性体的分析，因此水凝胶材料的单元类型设置为 solid186。

研究制造工艺中采用的陶瓷材料为 β-TCP，其弹性模量为 $E_X = 36\text{GPa}$，泊松比为 $P = 0.28$；PEGDA 水凝胶是一种超弹性材料，也是一种非线性材料，具有大变形性等特征。ANSYS 提供了超弹性体的材料力学测试曲线输入接口，通过实验方法测得的力学数据输入到软件，并选择合适的非线性弹性体分析模型，确定其材料属性。测试方法为无侧限压缩 10mm×10mm×15mm PEGDA 水凝胶，加载速率为 0.5mm/min，温度为室温。在研究橡胶类等几乎不可压缩超弹性体材料时，通常选用应变能密度函数模型——Mooney-Rivlin 模型。通过压缩力学测试曲线的输入，选择 Mooney-Rivlin 三参数模型（图 3-41），并通过散斑法测定水凝胶的泊松比（图 3-42），确定 PEGDA 水凝胶的有限元分析材料属性。图 3-41 表明所选择的材料模型拟合的曲线与实际压缩力学测试曲线具有很好的拟合度。通过散斑法，能够动态测定物体在压缩过程中的即时横向应变与纵向应变，从而计算出物体的泊松比，采用的 PEGDA 水凝胶的泊松比经过测定确定为 $P = 0.48$。

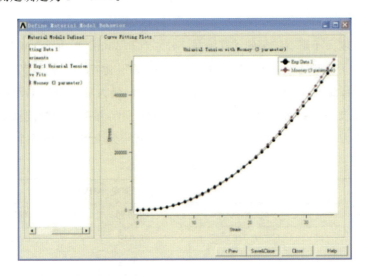

图 3-41　压缩力学曲线的软件拟合

水凝胶与陶瓷之间的结合表现为类似胶黏的效果，根据力学实验检测结果，确定在力学有限元分析中，涉及复合材料之间的剥离、脱粘，因此在对复合材料的界面结构进行有限元分析时，在复合材料之间建立一层接触单元，当超过设定值后，清除接触单元，从而能够获得复合材料在加载的整个过程中的力随时间的变化曲线，从而获得复合材料之间的最大力及力的变化过程。

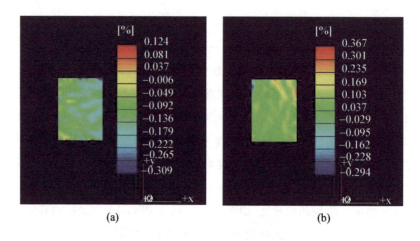

图 3-42 PEGDA 水凝胶的应变云图
（a）水凝胶横向应变云图；（b）水凝胶纵向应变云图。

### 3.3.2 网格密度测试

网格密度大小影响结果的计算精度，分别对 0.3mm、0.2mm、0.1mm 单元长度的有限元模型进行加载，将图 3-40 中 5% 面孔隙率的陶瓷基底底面固定，水凝胶上表面施加 2mm 的水平单方向位移，获取最大剪切力与单元长度的关系。结果如表 3-8 所示。单元长度小于 0.2 时，计算结果之间的波动较小，最终确定 0.1 为单元长度，水凝胶/陶瓷复合材料有限元模型有 91573 个单元。

表 3-8 网格密度测试

| 单元长度/mm | 最大剪切强度/MPa | | |
| --- | --- | --- | --- |
| | 三角形 | 四边形 | 六边形 |
| 0.4 | 0.049 | 0.048 | 0.059 |
| 0.2 | 0.074 | 0.072 | 0.091 |
| 0.1 | 0.076 | 0.077 | 0.093 |

### 3.3.3 边界约束与加载条件

在评价复合材料之间的力学行为方面，依据前文所述的 4 种测试方法进行边界条件约束与加载，对界面结构进行综合力学评价。由于没有专门针对水凝胶材料的力学实验标准，橡胶材料在材料属性等方面与制造的 PEGDA

水凝胶具有很大的相似性，因此，在边界条件的约束方面将依据橡胶材料的力学测试标准。上述4种测试方法的边界条件如表3-9所示。

表3-9　4种不同测试方法的边界条件

| 测试方法 | 边界条件 | 参照标准 |
|---|---|---|
| (1)剪切测试① | 陶瓷基底下表面全约束，水凝胶上表面施加单水平方向位移，其余自由度全部约束 | 《全息防伪产品通用技术条件》（GB/T 1700—2009） |
| (2)扭转测试 | 陶瓷基底下表面全约束，水凝胶上表面施加60N·mm的扭矩 | 参考文献[1]，参考文献[9] |
| (3)拉伸测试 | 陶瓷基底下表面全约束，水凝胶上表面施加垂直向上的拉伸位移，其余自由度全部约束 | 《硫化橡胶或热塑性橡胶拉伸应力应变性能的测定》（GB/T 528—2009） |
| (4)剪切测试② | 陶瓷基底下表面全约束，水凝胶上表面约束垂直方向位移，侧面施加水平位移 | 参考文献[9] |

采用的实际测量方式为第四种测试方法，通过表3-8所述不同的测试方法，综合评价PEGDA水凝胶与β-TCP陶瓷复合材料之间不同的界面孔隙结构对材料黏结性能的影响。

### 3.3.4　水凝胶/陶瓷剪切力分析

在对水凝胶/陶瓷复合材料进行剪切力测试时，发现复合材料之间的断裂形式为从水凝胶/陶瓷复合材料交界处平行剥离（图3-43），因此，在设置两体之间接触状态时，将渗入管道的水凝胶独立出来，与陶瓷基底及上层水凝胶黏结。

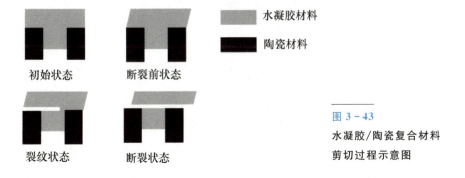

图3-43
水凝胶/陶瓷复合材料剪切过程示意图

1. 水凝胶/陶瓷界面单元分析

在前文中选取尺寸为 1mm×1mm 包含水凝胶的界面结构(图 3-44)，陶瓷基底下表面约束，上表面持续施加 $z$ 方向位移，钉状水凝胶与陶瓷基底黏结，水凝胶层与钉状水凝胶及陶瓷基底黏结，在水凝胶层与陶瓷之间设置黏结接触单元，当接触单元的第一主应力大于设定值时，清除该单元，进行下一步加载，分析流程如图 3-45 所示。

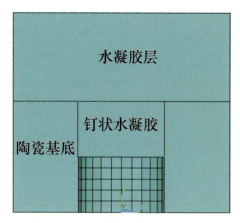

图 3-44
水凝胶/陶瓷单元结构

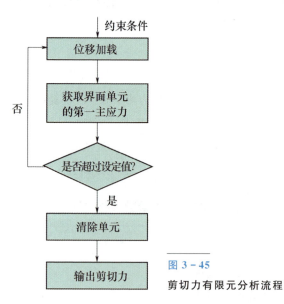

图 3-45
剪切力有限元分析流程

依据文献及相关参考标准，进行了两种方式的剪切测试分析，测试加载条件如表 3-9 所示。三种剪切测试过程中，表面剪切力随着时间变化的曲线如图3-46所示。由图3-45可知，测试方法1，即按照标准进行测试；测试方法2，即从侧面加载的方式，所采集的剪切力数据差距较小，其中，测试方法2最大值为测试方法1的0.859倍，在整个加载过程中，剪切力到达峰值后，水凝胶与陶瓷基底出现了剥离现象，导致剪切力数值随后出现逐步降低的趋势。

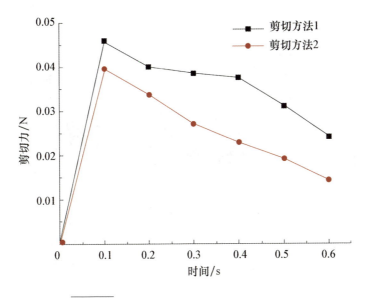

图3-46　两种测试方法对界面剪切力的影响

由于水凝胶的高吸水性，如果完全按照标准测试方法，无法将水凝胶上表面与夹具黏结，通过对不同测试方法的有限元分析，可以采取表3-8中提及的第二种测试方法进行实际水凝胶与陶瓷基底的剪切力的测试。

### 2. 不同水凝胶/陶瓷界面结构的剪切力分析

依据图3-46中的第一种测试方法及表3-9进行边界条件约束与位移加载，获得不同界面结构的水凝胶/陶瓷复合材料的界面剪切强度，其结果如图3-47(a)~(c)所示。图3-47(d)所示为不同结构条件下复合材料的最大剪切强度对比。图3-47的结果表明，随着面孔隙率的增加，三角形、四边形、六边形结构的复合材料剥离剪切强度增加。其中，三角形与四边形在各组面孔隙率条件下剪切强度基本相等，在5%及10%面孔隙率时六边形结构相比于其他两种结构具有更大的剪切强度，其他面孔隙率条件下3种结构的复合材料最大剪切强度基本相等。

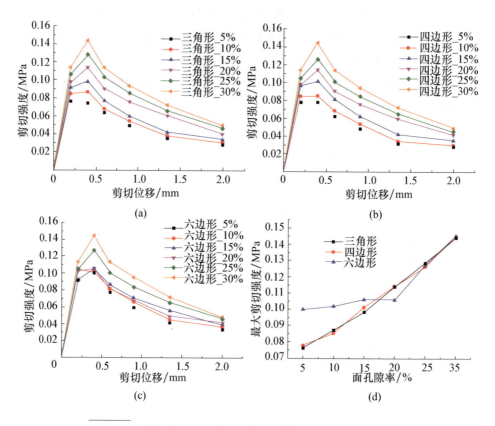

**图3-47** 水凝胶/陶瓷在不同界面孔隙结构条件下的剪切强度

(a)三角形结构剪切强度分析；(b)四边形结构剪切强度分析；
(c)六边形结构剪切强度分析；(d)不同结构的最大剪切强度分析。

对于上述结果原因分析如下，在水凝胶/陶瓷复合材料界面层处，其剪切力由水凝胶/陶瓷结合产生的剪切力及水凝胶自身的剪切力组成。假设水凝胶/陶瓷剪切强度为 $P_1$，水凝胶自身剪切强度为 $P_2$，复合材料剪切强度为 $P$，水凝胶/陶瓷接触面积为 $S_1$，水凝胶钉状物的截面面积为 $S_2$，则有

$$P = \frac{P_1 \times S_1 + P_2 \times S_2}{S} = \frac{P_1 \times S + (P_2 - P_1) \times S_2}{S}$$

$$= P_1 + (P_2 - P_1) \times \frac{S_2}{S} = P_1 + (P_2 - P_1) \times S_{\text{porosity}} \quad (3-1)$$

式中：$S = S_1 + S_2 = \pi \times r^2$，$r$ 为水凝胶/陶瓷复合材料整体半径；$S_{\text{porosity}}$ 为界面结构的面孔隙率。由于水凝胶材料本身的剪切强度 $P_2$ 大于水凝胶/陶瓷材料之间的剪切强度 $P_1$，因此从式(3-1)中可知 $P$ 与面孔隙率呈正相关。由

此,通过对图 3-47(d)中的曲线进行线性拟合,可以计算出水凝胶/陶瓷剪切强度与水凝胶自身剪切强度的数值,如表 3-10 所示。

表 3-10 界面结构不同接触部位的剪切强度

| 结构 | $P_1$/MPa | $P_2$/MPa |
| --- | --- | --- |
| 三角形界面结构 | 0.060 | 0.33 |
| 四边形界面结构 | 0.060 | 0.33 |
| 六边形界面结构 | 0.080 | 0.26 |

### 3.3.5 水凝胶/陶瓷拉伸力分析

依据表 3-8 中的边界条件设定,对不同界面结构的水凝胶/陶瓷复合材料进行拉伸分析,求解水凝胶在拉伸位移作用下,从陶瓷界面剥离过程中所受的节点反力,复合材料设定为黏结。3 种不同的界面孔隙结构排布方式——三角形、四边形、六边形及 5%、10%、15%、20%、25%、30%的面孔隙率拉伸力分析结果如图 3-48(a)~(c)所示,各组最大拉伸强度如图 3-48(d)所示。从图 3-48(a)~(c)中可以得知,各组拉伸强度与面孔隙率的关系趋势基本一致,从图 3-48(d)中各组最大拉伸强度可知,相比于另外两组,具有六边形排布界面结构的水凝胶/陶瓷复合材料具有较大的最大拉伸强度,主要原因为六边形结构中陶瓷与水凝胶在水平面上的黏结为大面积少量单元黏结,产生剥离以后仍然具有一定的维持能力,而三角形与四边形为小面积大量单元黏结,产生剥离后,小面积单元很快被杀死,因此产生的拉伸力小于六边形排布方式的界面结构。图 3-47(d)表明,随着陶瓷界面面孔隙率的增加,其最大拉伸强度增加,原因是面孔隙率的增加,意味着渗入界面孔隙结构中的水凝胶增多,水凝胶与陶瓷在界面孔隙结构中的黏结面积增加,从而增加了水凝胶/陶瓷的最大拉伸强度。此外,从中可以看出,六边形界面结构与三角形及四边形结构相比,基本具有最大的拉伸强度;三角形界面结构在 10%及 20%的面孔隙率时,其最大拉伸强度大于四边形界面结构,其余面孔隙率条件下小于或等于四边形结构的最大拉伸强度。

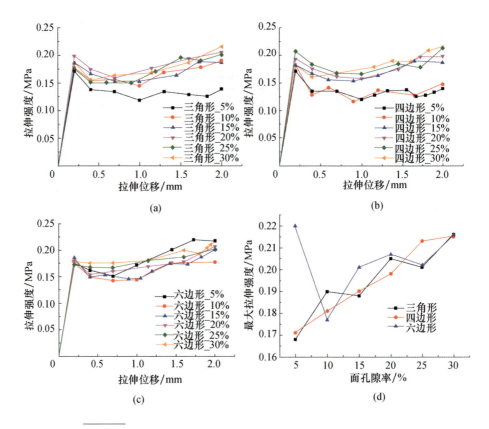

图 3-48 水凝胶/陶瓷在不同界面孔隙结构条件下的拉伸力曲线
(a)三角形界面结构拉伸强度；(b)四边形界面结构拉伸强度；
(c)六边形界面结构拉伸强度；(d)不同界面结构最大拉伸强度。

### 3.3.6 水凝胶/陶瓷扭转力分析

依据图 3-48(b)中的测试示意图及表 3-10 中的边界条件设定，对不同界面结构的水凝胶/陶瓷复合材料进行扭转力分析，复合材料为黏结，对其施加角度位移，求解水凝胶在扭转角度位移的作用下，陶瓷界面剥离过程中的扭矩，从其断裂拐点判断不同结构对复合材料黏结性能的影响。其扭转力分析结果如图 3-49 所示。图 3-49(a)~(c)所示为对 3 种不同界面结构的水凝胶/陶瓷复合材料施加扭转角度条件下，界面处扭矩与扭转角度的关系。从图中可以看出，由于复合材料在扭转过程中产生剥离，导致扭矩曲线出现拐点，代表着复合材料此时出现剥离现象，除了六边形 30% 面孔隙率的界面结构拐点出现在扭转角度 6.75°，其余组分拐点均出现在扭转角度 10°。对于不同结构出现拐点时的界面扭矩进行分析，结果如图 3-49(d)所示。由图可知，四边形结构在拐点处（复合材料产生剥离）相比于另外两种结构，具有较大的界面扭矩，说明此种结构在复合材料剥离之前能够承受更大的扭矩载荷。三角形结构承受扭矩载荷的能力次之，六边形结构的承受能力最低。

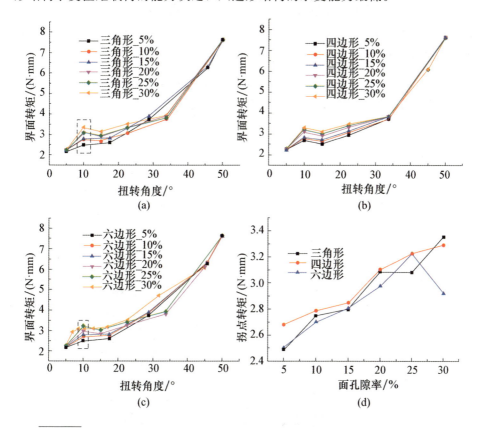

**图 3-49** 水凝胶/陶瓷在不同界面孔隙结构条件下的扭矩随角度随位移变化曲线
(a)三角形结构转矩分析；(b)四边形结构转矩分析；
(c)六边形结构转矩分析；(d)3 种不同界面结构的拐点扭矩。

## 3.3.7 陶瓷界面铸型的热应力分析

在水凝胶/陶瓷复合界面结构中，陶瓷的制造工艺采用的是凝胶注模法，利用树脂模具烧失制作圆孔结构，随着界面面孔隙率的增加，树脂含量增加。相同界面面孔隙率条件下，不同的界面排布方式圆孔间距不同，由此可能造成陶瓷界面在烧结过程中由于树脂的分布差异而导致烧成状况参差不齐。因此，采用 ANSYS WORKBENCH 对界面陶瓷-树脂模具进行热-结构耦合分析，对比不同结构陶瓷界面的热应力大小。

1. 单元编号与材料属性

烧结前陶瓷素坯内部包含陶瓷颗粒与网络状聚丙烯酰胺凝胶，模具采用的是 19120 型光敏树脂材料，X.Chen 等对其进行了相关研究，陶瓷素坯与树脂材料所采用的单元编号与相关材料属性如表 3-11 所示。

表 3-11 陶瓷素坯与树脂材料所采用的单元编号与相关材料属性

| | 材料类型 | |
|---|---|---|
| | 陶瓷素坯 | 19120 型树脂 |
| 单元编号 | 227 | 227 |
| 弹性模量 | $1.0 \times 10^9$ MPa | $3.0 \times 10^9$ MPa |
| 泊松比 | 0.3 | 0.3 |
| 密度 | 2100 kg/m$^{-3}$ | 1120 kg/m$^{-3}$ |
| 热传导率 | 3.5 W/mc(21℃) | 0.13 W/mc(21℃) |
| 热膨胀系数 | $-1.83 \times 10^{-5}$(20℃) | $9.04 \times 10^{-5}$(20℃) |
| | $-1.83 \times 10^{-5}$(50℃) | $9.04 \times 10^{-5}$(50℃) |
| | $-4.41 \times 10^{-5}$(100℃) | $1.477 \times 10^{-4}$(100℃) |
| | $-3.4 \times 10^{-5}$(150℃) | $1.407 \times 10^{-4}$(150℃) |
| | $-2.17 \times 10^{-5}$(200℃) | $1.387 \times 10^{-4}$(200℃) |
| | $-9.7 \times 10^{-6}$(300℃) | $1.352 \times 10^{-4}$(300℃) |
| | $-8.1 \times 10^{-6}$(400℃) | $4.63 \times 10^{-5}$(400℃) |
| | $-5.2 \times 10^{-6}$(500℃) | $-2.01 \times 10^{-5}$(500℃) |

2. 边界约束与加载条件

陶瓷素坯与树脂模具复合体设置为接触中的 Bond Always，在其底面添加垂直方向的约束（图 3-50），在复合体整体表面加载从室温 22～400℃ 的温度载荷。不同界面结构的陶瓷素坯/树脂模具复合体热应力分析结果如图 3-51 所示。

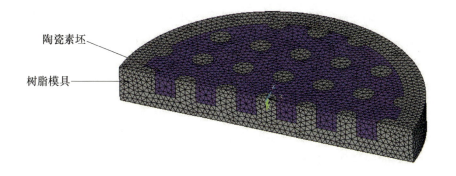

**图3-50** 陶瓷素坯/树脂模具复合体的热-结构耦合分析边界条件

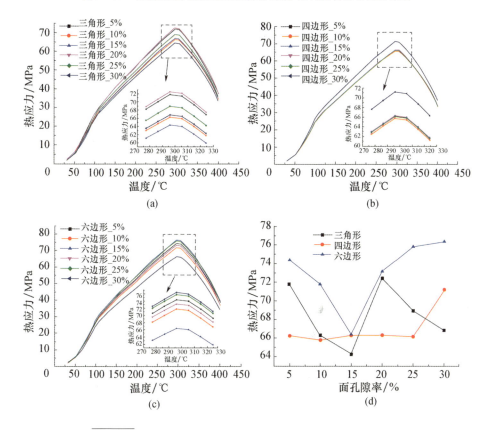

**图3-51** 不同界面结构的陶瓷素坯的热应力随温度变化曲线

（a）三角形界面结构陶瓷素坯热应力；（b）四边形界面结构陶瓷素坯热应力；
（c）六边形界面结构陶瓷素坯热应力；
（d）不同界面结构陶瓷素坯随温度变化的最大热应力极值。

图 3-51(a)～(c)中陶瓷素坯随着温度的升高，其最大热应力呈现先增大后减小的趋势，在 300℃时达到最大值；从图 3-51(d)中可以得知，四边形结构的陶瓷素坯其整体最大热应力基本小于其他两组，在各组结构中，随温度变化的最大热应力值最小的为三角形排布方式 15%面孔隙率。各组不同结构产生热应力差异的主要原因为树脂在陶瓷素坯内部的分布方式不同，造成整体的热膨胀趋势各不相同，孔隙分布较近的结构意味着树脂间距过小，容易造成其间的陶瓷素坯在热膨胀作用下热应力过大而产生破裂。

### 3.3.8 界面结构的多目标优化选择

对于水凝胶/陶瓷仿生界面结构，最终的优化选择原则为水凝胶与陶瓷基底之间黏结强度越大越好，而陶瓷界面素坯烧结时，其自身的热应力越小越好。据此，对不同的排布方式依据多目标优化设计方法中的容限法构造同一目标的函数，如下式所示：

$$X = (x_1, x_2, x_3, \cdots, x_n)^T$$

$$\min f(X) = \sum_{i=1}^{4} \tilde{\omega}_i f_i(X) \tag{3-2}$$

式中：$X$ 为孔隙面积；$f_1(X)$ 为剪切力函数、$f_2(X)$ 为拉伸力函数、$f_3(X)$ 为扭转力函数、$f_4(X)$ 为热应力函数；$\tilde{\omega}_i$ 为各函数的加权因子，首先对各函数值进行无量纲化[式(3-3)]，其次按式(3-4)进行计算。

$$f_i(X) = \frac{f_i'(x)}{\min f_i'(x)} \tag{3-3}$$

式中：$f_i'(x)$ 为子目标的具体函数值。

$$\alpha_i \leqslant f_i(x) \leqslant \beta_i \quad (i = 1,2,3,4)$$

$$\lambda_i = \frac{1}{\left(\dfrac{\beta_i - \alpha_i}{2}\right)^2} \quad (i = 1,2,3,4) \tag{3-4}$$

$$\tilde{\omega}_i = \frac{\lambda_i}{\sum_{i=1}^{4} \lambda_i}$$

将图 3-51(a)～(d)中的数据代入上述公式中，分别计算得出三角形排布方式、四边形排布方式、六边形排布方式的同一目标函数在不同面孔隙率的值，如表 3-12 和图 3-52 所示。

表 3-12　多目标优化分析的函数值

| 面孔隙率/% | 三角形排布方式 | 四边形排布方式 | 六边形排布方式 |
| --- | --- | --- | --- |
| 5 | 1.087 | 1.006 | 1.121 |
| 10 | 1.054 | 1.010 | 1.059 |
| 15 | 1.034 | 1.024 | 1.052 |
| 20 | 1.157 | 1.040 | 1.128 |
| 25 | 1.116 | 1.050 | 1.173 |
| 30 | 1.118 | 1.117 | 1.188 |

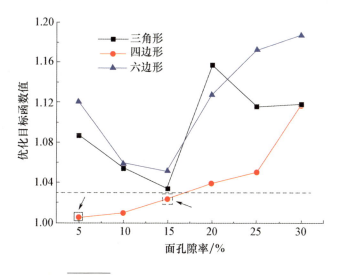

图 3-52　界面结构多目标优化分析结果

图 3-52 表明，经过分析，从结构力学角度来看，当面孔隙率小于等于 15%时，四边形排布方式整体性能上优于其他两种排布方式，其中四边形排布方式、5%面孔隙率的界面结构应该为最终优化结果。尽管如此，考虑到复合支架的剪切、拉伸、扭转性能，在制作过程中可选取四边形排布方式、10%或 15%的面孔隙率结构。此外，由于水凝胶/陶瓷仿生界面结构关节支架最终将植入动物体内，对复合支架的需求将不仅限于结构力学方面，还涉及流体与生物学的相互作用等方面。因此，在最终复合支架的制作过程中，同样需考虑制作几种不同面孔隙率四边形结构。

对于不同的界面面孔隙率，分析结果表明，随着界面面孔隙率的提高，水凝胶/陶瓷复合材料间的剪切强度、拉伸强度、扭转强度均增强，表明增加界面面孔隙率有助于复合材料之间的结合强度的增加，但是陶瓷界面面孔隙率的增加意味着其在烧结工艺过程中由于树脂膨胀等而破碎的风险更大，因此在优化选择界面结构时，增加考虑陶瓷素坯/树脂模具的热－结构耦合分析结果。热应力分析结果表明，随着界面面孔隙率的增加，陶瓷素坯烧结时的热应力逐渐增大。综合考虑结构力学分析结果与热－结构耦合分析结果，最终选择四边形、5%面孔隙率结构的界面结构，该结果与图像分割计算的软骨下骨板面孔隙率结果相近。

目前软骨－骨复合支架界面处的仿生结构大多数都基于骨支架表面孔隙结构对软骨支架的固定作用，但界面孔隙与结合力之间关系的有限元分析尚不多见。因此，陶瓷界面的孔隙结构设计对于后期陶瓷支架界面的制造具有一定的指导作用。

综上所述，本章提出了一种能够有效固定通过直接曝光法形成水凝胶/陶瓷复合支架的仿生界面结构，经过多目标优化分析，选择具有均布的圆孔形结构，孔径为0.4mm，孔隙之间排布方式为四边形阵列排布，圆孔形面积占整体界面面积的比例为5%的仿生界面结构。该结构有利于水凝胶/陶瓷之间具有较好的结合强度，并且能够保证陶瓷界面的烧结成形。

## 参考文献

[1] 赵金娜. 自然关节软骨/骨界面微结构研究及其仿生结构设计[D]. 西安:西安交通大学,2009.

[2] 徐尚龙. 组织工程骨支架微结构设计及其流体力学特性研究[D]. 西安:西安交通大学,2006.

[3] REDMAN S N, OLDFIELD S F, ARCHER C W. Current strategies forarticular cartilage repair[J]. Eur Cell Mater,2005,9:23-32.

[4] JACKSON D W, SCHEER M J, SIMON T M. Cartilage substitutes:overview of basic science and treatment options[J]. Am Acad Orthop Surg,2001,9:37-52.

[5] WIRTH M A, ROCKWOOD C A. Complications of shoulder arthroplasty[J]. Clin Orthop Relat Res,1994,307:47-69.

[6] JOSHI A B, PORTER M L, TRAIL I A, et al. Long-term results of Charnley low-friction arthroplasty in young patients[J]. J. Bone Joint Surg Br,1993,75(4):616-623.

[7] SCHAEFER D,MARTIN I,SHASTRI P,et al. In vitro generation of osteochondral composites[J]. Biomaterials,2000,21:2599-2606.

[8] 李旭升,胡蕴玉,范宏斌,等. 组织工程骨软骨复合物的构建与形态学观察[J]. 中华实验外科杂志,2005,22(3):284-286.

[9] MARTIN I,MIOT S,BARBERO A,et al. Osteochondral tissue engineering[J]. Journal of Biomechanics,2007,40:750-765.

[10] GRAYSON W L,PEN-HSIU,CHAO G,et al. Engineering custom-designed osteochondral tissue grafts[J]. Trends in Biotechnology,2008,26(4):181-189.

# 第 4 章
# 软骨-骨梯度支架增材制造与性能评价

本章采用光固化直接成形工艺(不依托模具负型的方法)及光固化间接成形工艺(凝胶注模法)制造具有界面结构、管道复合多孔结构的陶瓷骨支架；采用光固化直接成形工艺制造具有与自然关节软骨形貌轮廓相匹配的 PEGDA 水凝胶软骨支架。采用直接曝光法将陶瓷骨支架与水凝胶软骨支架复合，构建三维多层结构骨软骨组织工程复合支架。另外，分别对陶瓷骨支架、水凝胶支架和复合材料支架的结构及性能进行了综合评价。结果表明，陶瓷支架素坯经过 1150℃ 高温烧结后成分保持不变，在 78.49% 孔隙率条件下能够达到 5MPa 的最大压缩强度；体积分数 30% 制造的 PEGDA 水凝胶具有较高的吸水率、与自然软骨相近的力学性能，其成分为具有生物相容性的 PEGDA 聚合物，作为软骨支架，具有承担一定的关节载荷冲击的能力；PEGDA 水凝胶能够深入陶瓷支架表面微观孔隙结构中，并通过界面孔隙增强两者之间的剪切强度。将增材制造的骨软骨复合支架植入到骨骼发育成熟的新西兰白兔右膝关节滑车骨软骨绝对缺损中进行修复研究，表明该支架能修复骨软骨绝对尺寸缺损，修复的软骨不发生脱层并发症，修复的软骨在外观、组织学及力学性能上均呈透明软骨特征，初步实现软骨的功能化修复，具有良好的软骨-骨修复应用前景。

## 4.1 软骨-骨支架的快速成形工艺

### 4.1.1 陶瓷骨支架的制造

**1. 陶瓷骨支架的制造工艺流程**

陶瓷骨支架的制造工艺包括两种方法：第一种为配制含有光敏溶液的陶瓷浆料，对所输入的文件进行分层处理后，采用光固化快速成形技术直接叠层制造三维结构陶瓷支架素坯，经过干燥、烧结制造陶瓷支架实体；第二种方法为采用光固化快速成形技术制造三维结构支架的树脂模具负型，配制包含过硫酸铵/N，N，N，N-四甲基乙酰胺体系的陶瓷浆料，将其注入模具负型，经过脱模、干燥、烧结等工艺，成形陶瓷骨支架实体。两种支架在陶瓷浆料配制阶段具有相同的工艺。陶瓷骨支架的整体制造工艺流程如图 4-1 所示。

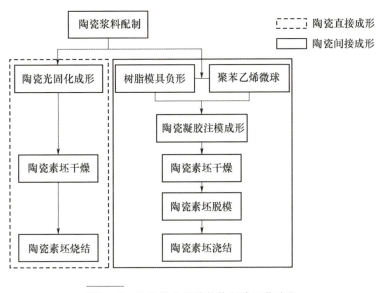

图 4-1 陶瓷骨支架的整体制造工艺流程

2. 陶瓷材料的选择

目前用于骨组织工程的生物材料主要分为无机陶瓷材料、有机材料、无机材料与有机材料的复合。陶瓷材料中，羟基磷灰石、磷酸三钙等材料由于具有与自然骨相似的元素成分（钙、磷等元素）及相近的钙磷比，以及较高的力学强度，具有骨传导与骨诱导特性、可生物降解等优良的特性，在骨-软骨组织工程中得到广泛的应用；其他材料包括硅酸钙、自固化骨水泥等。在上述提到的几种材料中，羟基磷灰石降解速度较慢，骨水泥植入后由于降解等造成支架的力学强度较低，硅酸钙是一种新兴的材料，对其材料特性尚未有全面的认识，而β-磷酸三钙（TCP）具有良好的生物相容性、力学强度、可运用于光固化成形技术等优点。

### 3. 陶瓷浆料配制

制造 β-磷酸三钙陶瓷支架所采用的陶瓷浆料配方如表 4-1 所示，其中，过硫酸铵/N，N，N，N-四甲基乙酰胺为浆料的凝固体系，能够促使丙烯酰胺单体之间的聚合反应，形成聚丙烯酰胺胶体，该种胶体能够将陶瓷颗粒包裹，原位聚合，从而成形陶瓷素坯，β-磷酸三钙的陶瓷粒径分布如图 4-2 所示，其粒径主要集中于 2 μm。

表 4-1  β-磷酸三钙陶瓷浆料配方

| 粉体 | β-磷酸三钙 | 75g |
|---|---|---|
| 有机单体 | 丙烯酰胺 | 5g |
| 交联剂 | N，N-二甲基双丙烯酰胺 | 0.5g |
| 分散剂 | 聚丙烯酸钠 | 0.3g |
| 引发剂 | 过硫酸铵 | 0.15g |
| 催化剂 | N，N，N，N-四甲基乙酰胺 | 0.003 g |

注：溶剂为纯水 30mL。

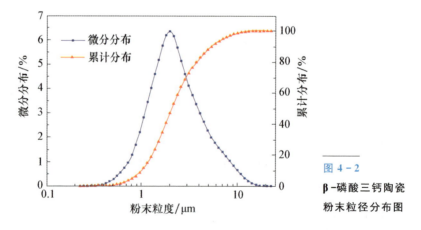

图 4-2
β-磷酸三钙陶瓷粉末粒径分布图

两种陶瓷骨支架的制造工艺中，陶瓷浆料的配制流程基本一致（图 4-3），仅在最后一步将陶瓷直接成形工艺所采用的光引发剂 2-羟基-甲基苯基丙烷-1-酮改为间接成形工艺中的过硫酸铵引发剂，步骤如下（陶瓷浆料配制温度保持 20℃不变）。

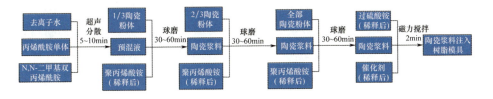

图 4-3 β-磷酸三钙陶瓷浆料的配制流程

(1)称取 30mL 的去离子水,利用电子天平称量 5g 丙烯酰胺单体、0.5gN,N-二甲基双丙烯酰胺,溶于去离子水中,利用超声分散机超声分散 5~10min。

(2)称取预算 β-磷酸三钙陶瓷粉体质量的 1/3,加入到步骤(1)所配制的预混液中,添加稀释后的分散剂溶液,球磨 30~60min,或者超声分散 30min。

(3)重复分批次加入 β-磷酸三钙陶瓷粉体及分散剂聚丙烯酸铵稀释后溶液,每添加一次需要球磨 30~60min。

(4)将过硫酸铵稀释至 30% 的质量分数,取包含 0.1g 过硫酸铵的溶液添加至浆料中,磁力搅拌 5min。

(5)将催化剂按 1∶50 的比例稀释于去离子水中,按配方所计算的量添加至陶瓷浆料中,磁力搅拌 1~2min。

### 4. 陶瓷浆料的配比研究

具有良好流动性的陶瓷浆料能够保证陶瓷支架素坯的顺利成形,陶瓷粉体的体积分数提高,能够降低陶瓷素坯烧结后的收缩率,在上述陶瓷浆料中,陶瓷粉体的体积分数、分散剂的用量及预混液的 pH 三个因素对陶瓷浆料的黏度影响较大。因此,本节研究不同陶瓷浆料配方对陶瓷浆料流动性及陶瓷的收缩率的影响。

陶瓷粉体的体积分数的高低直接影响所配制陶瓷浆料的黏度,由于所采用的材料为单一粒径的材料,并且需要具有生物相容性,因此这里研究单一粒径、单一成分的陶瓷粉体对浆料黏度的影响。陶瓷粉体体积分数分组为40%、43%、46%、49%、52%,浆料其他成分保持表 4-1 中的数据不变,每次浆料配制均球磨 30min。采用旋转式黏度计对每个陶瓷浆料分组进行黏度测定,每次测定 4 次。图 4-4(a)所示为不同陶瓷粉体体积对陶瓷浆料黏度的影响曲线。陶瓷浆料经过球磨后,能够克服陶瓷颗粒之间由于范德瓦耳斯力产生的团聚，使得陶瓷颗粒表面均存在电荷与一定的水分，有利于降低陶瓷的黏度。由图4-4(a)结果可知，陶瓷浆料的黏度随着β-磷酸三钙粉体在浆料中体积分数的提高而增大，主要原因为陶瓷粉体体积分数的增加，降低了颗粒之间的间距，颗粒之间的流动剪切力增加，导致流动性的减弱，当陶瓷体积分数超过52%时，浆料的黏度将超过750mPa·s。在光固化直接成形工艺中，不利于浆料的涂铺与溢流；在凝胶注模工艺（光固化间接成形）中，不利于浆料的顺利流入模具中及气泡的排出。当粉体体积分数增加时，颗粒之间距离降低，范德瓦耳斯力由吸引力变为排斥力，所需的最佳分散剂质量反而减少，相关文献也证明了这一现象。

降低陶瓷浆料的黏度不能依靠降低浆料中陶瓷粉体体积分数来实现，因为陶瓷体积分数的降低会导致素坯成形强度降低，烧结后收缩率增加，甚至会由于收缩的不均匀导致坯体破裂、坍塌。因此，应少量添加其他能够降低浆料黏度，并且在烧结过程中能够烧失，对陶瓷骨支架生物相容性没有影响的试剂，即本节提到的分散剂聚丙烯酸铵，聚丙烯酸铵在溶液中能够分离出电荷，在陶瓷颗粒表面形成一层电荷膜，能够减弱颗粒间的团聚，减小陶瓷颗粒之间的摩擦力，降低浆料的黏度。对比不同分散剂用量（从0.1%～0.6%的质量分数变化）对陶瓷浆料黏度的影响，浆料配制后，球磨30min，采用旋转式黏度计测量浆料的黏度，其结果如图4-4(b)所示。从图4-4(b)中可以看出，随着分散剂质量分数的增加，陶瓷浆料的黏度呈现出先降低，再增高的现象。40%体积分数的陶瓷浆料黏度在0.4%为最低值，43%体积分数的陶瓷浆料黏度在0.3%为最低值。在分散剂的质量分数较低时，其在陶瓷颗粒表面产生同性电荷排斥力不足以克服陶瓷颗粒之间的范德瓦耳斯力，颗粒与颗粒之间产生团聚的现象，因此陶瓷浆料的黏度较高，当分散剂质量增加到一定程度时，排斥力增加到克服范德瓦耳斯力，颗粒之间团聚的状态被打破，浆料中存在的游离状态的水将陶瓷颗粒包裹，因此，陶瓷浆料的黏度降低，但当分散剂质量继续增加时，释放出的离子浓度增加，降低了陶瓷的ζ电位，陶瓷浆料黏度增加。

浆料中预混液pH的大小对其流动性产生较大影响，主要的原因为pH能够影响浆料的ζ电位。因此，在其他组分按表4-1配制的条件下，通过添加氨水的剂量来调节溶液的pH，研究不同pH对陶瓷浆料黏度的影响，同样，每次配制浆料后，球磨30min，其结果如图4-4(c)所示。从图4-4(c)中可以得知，随着预混液 pH 的增加（从 7 到 10），陶瓷浆料的黏度呈现出先降低、后增高的现象，原因主要为陶瓷浆料的 pH 使聚丙烯酸铵的离解度产生变化所致，当 pH 为中性或更低时，浆料中电荷基本呈现电中性，此时主要起作用的是颗粒之间的范德瓦耳斯力，此时黏度较高，当 pH 增大时，分散剂的离解度增大，浆料中由于电荷的作用产生的排斥力克服了颗粒间的范德瓦耳斯力，从而降低了陶瓷浆料的黏度，当 pH 继续升高时，反而降低了浆料的 ζ 电位，使得颗粒间电荷排斥力减小，浆料黏度上升。

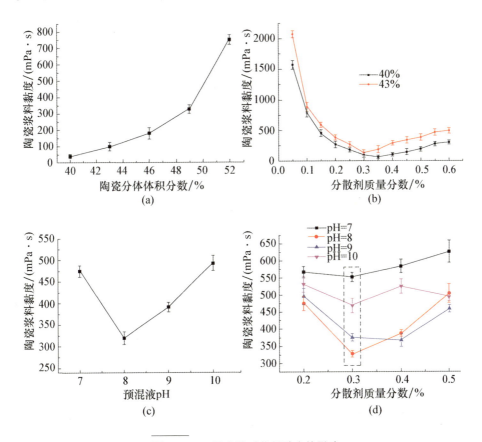

图 4-4  不同参数对浆料黏度的影响

（a）陶瓷体积分数对浆料黏度的影响；（b）分散剂用量对陶瓷浆料黏度的影响；
（c）预混液 pH 对浆料黏度的影响；
（d）陶瓷浆料黏度与 pH 及分散剂质量分数的关系（$n=3$）。

陶瓷粉体体积分数的高低直接影响着素坯烧结成形后的收缩率，但是陶瓷粉体体积分数增大后，显著增加了浆料的黏度。当粉体体积分数增加时，颗粒之间距离降低，范德瓦耳斯力由吸引力变为排斥力，所需的最佳分散剂质量反而减少。在浆料配制过程中发现，当陶瓷粉体体积分数大于49%时，无论怎样改变pH、分散剂用量等，陶瓷浆料黏度均较大，不利于光固化直接成形或间接成形工艺的展开，因此，围绕着49%体积分数的陶瓷浆料对分散剂及溶液pH进行优选。通过上述单因素实验得知，分散剂用量的水平分组可以为0.2%、0.3%、0.4%、0.5%（质量分数），pH分组可以为7、8、9、10。表4-2列出了陶瓷粉体体积分数为49%时浆料的黏度与分散剂及pH的关系，浆料其他组分按照表4-1所示配制。由表4-2可知，当pH=8、分散剂质量分数为0.3%时，陶瓷浆料具有较低的黏度(325.39mPa·s)，适用于陶瓷浆料的直接成形或间接注模，如图4-4(d)所示。

  由于陶瓷浆料的直接固化成形与间接成形所用的陶瓷浆料成分相近，因此该陶瓷浆料均可运用于两种不同制造工艺。由于受限于所研究的具有生物相容性及高孔隙率陶瓷支架的性能要求，所配制的陶瓷素坯是单一成分的 β-TCP陶瓷材料，因此需要对单一成分陶瓷浆料配方进行个性研究，并探索适用于制造微小尺寸多孔陶瓷支架的注模工艺。与通过级配获得的高固相含量的氧化铝陶瓷浆料相比，所配制的单一粒径、单一成分的陶瓷浆料固相含量最高为49%（体积分数），所获得的浆料黏度最低为325mPa·s。与文献报道相比，浆料黏度略高(50%，265mPa·s)，主要原因是所采用的为小粒径的陶瓷颗粒，而研究表明，相同条件下，颗粒粒径越小，陶瓷浆料黏度越高。总体而言，该浆料黏度能够满足上述两种制造工艺的需求。

表4-2 陶瓷浆料黏度与分散剂及pH的关系
(mPa·s 陶瓷固相含量49%)($n=3$)

| pH | 分散剂用量(%，质量分数) | | | |
|---|---|---|---|---|
| | 0.2 | 0.3 | 0.4 | 0.5 |
| 7 | 567.23±17.41 | 472.95±21.2 | 493.47±23.39 | 529.76±22.39 |
| 8 | 552.34±13.68 | 325.39±9.56 | 373.45±10.84 | 466.49±20.65 |
| 9 | 583.64±19.60 | 385.70±9.40 | 364.55±18.70 | 522.92±21.20 |
| 10 | 626.52±32.33 | 502.01±27.62 | 458.10±10.03 | 491.79±11.04 |

## 5. 光固化直接成形陶瓷素坯

通过对陶瓷浆料配方的研究，确定合适的配制组分。周伟召等研究了陶瓷光固化工艺中的激光曝光参数对陶瓷素坯成形精度的影响，由于所配制的陶瓷浆料为单一粒径的 β-磷酸三钙陶瓷粉体，固相含量较难提高，低于周伟召等所配浆料的陶瓷体积分数。因此，需要对其工艺参数进行适当修改，以获得良好的素坯成形效果。激光曝光参数如表 4-3 所列。

表 4-3 激光曝光参数

| 项目 | 参数 |
| --- | --- |
| 激光器波长/nm | 355 |
| 光斑直径/mm | 0.1 |
| 激光功率/mW | 150 |
| 分层厚度/mm | 0.1 |
| 填充扫描速度/(mm/s) | 1700 |
| 支撑扫描速度/(mm/s) | 500 |
| 轮廓扫描速度/(mm/s) | 2200 |
| 工作台升降速度/(mm/s) | 2.0 |

在陶瓷零件素坯的成形过程中，发现陶瓷浆料容易产生沉淀，传统的刮板所占的二维平面面积过大，减少了每次陶瓷素坯的制作数量，在陶瓷素坯制造过程中出现浆料液面下降等问题，降低了零件制作的成品率与制作精度。针对上述问题设计了如图 4-5 所示的光固化成形平台，刮板面积几乎不遮挡光斑扫描区域，能够有效提高网板上陶瓷素坯零件的制作面积；通过浮块连接液位检测传感器，自动调整液面的高度，保持液面在制作过程中的位置；通过磁力搅拌机，设定适当的旋转速度，有效防止了陶瓷浆料的沉降，提高了陶瓷素坯的成分均一性，防止其在后期烧结过程中由于成分不均一导致的陶瓷坍塌等问题。

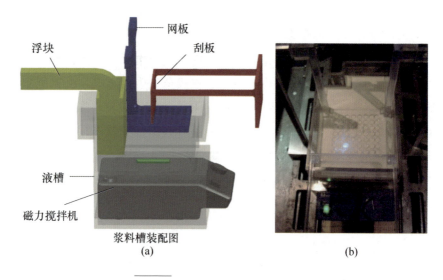

图4-5 陶瓷光固化成形实验平台

(a)实验平台CAD模型；(b)实验平台的运行。

①液槽体积的设计：液体槽能够容纳1～1.5L的陶瓷浆料，液槽设有液位检测部位，并为调整液面的浮块预留位置。陶瓷浆料的体积控制在1～1.5L，能够有效地节约陶瓷材料，并且有利于浆料的密封保存。槽壁厚10mm，内尺寸为14cm×14cm×12cm，采用有机玻璃制造。

②网板的设计：网板上有效支撑陶瓷素坯的面积为10cm×10cm，漏液孔设置为直径5mm。

③刮板的设计：刮板厚度为3mm，能够有效提高光斑扫描面积；刮板尖部黏结浸润性较差的聚四氟乙烯材料，能够抑制液面张力，提高素坯的制作精度。

④浮块设计：浮块尺寸为2.5cm×10cm×10cm，尾部连接成形机进给轴，通过垂直方向运动，自动调节陶瓷浆料的液面，保持其稳定性。

⑤磁力搅拌机速度设定：在300～400r/min的速度下，陶瓷浆料液面无扰动，浆料无明显沉淀，制作效果良好。

采用表4-3所示的激光扫描工艺参数，按4.1.1节中的优化配方，配制β-磷酸三钙陶瓷浆料，置于图4-5所示液槽内，预先磁力搅拌30min，制作陶瓷素坯，如图4-6(a)所示。陶瓷支架素坯成形后置于超声分散机中清洗30min，将素坯内部的未固化陶瓷浆料及时排除，避免在自然光条件下发生固化，堵塞其支架内部孔道结构。陶瓷支架素坯[图4-6(b)]清洗完成后进入干燥工艺环节。

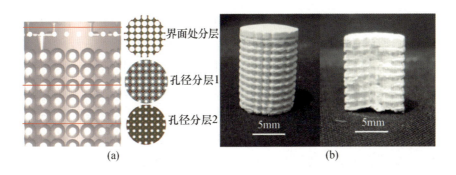

图 4-6 陶瓷支架素坯

(a)三维支架模型的分层处理；(b)光固化直接成形陶瓷支架素坯。

### 6. 光固化间接成形陶瓷素坯

采用光固化成形机制作支架的树脂模具负型，采用的树脂材料为 DSMSOMOS 14120 型，由其成形的树脂模具经过酒精清洗后形状保持良好，烧失后粉末残留量小。制作树脂模具的工艺参数为：光斑直径为 0.1mm，激光器功率为 200mW，分层厚度为 0.1mm，填充扫描速度为 4500mm/s，支撑扫描速度为 2000mm/s，轮廓扫描速度为 4000mm/s，光斑补偿直径为 0.12mm，平台升降速度为 3mm/s。采用该参数制作的树脂模具如图 4-7 所示。在该模具流道的设计中，考虑到陶瓷模具中界面处树脂结构较多，容易囤积气泡，以及陶瓷端面与空气接触部分的氧化脱层，因此在浇道设计时能够让陶瓷浆料同时由界面向上溢出，有利于排除模具中的气泡。此外，设置浆料预留区，待固化后将脱层部分截除，从而保证陶瓷支架的结构完整性。

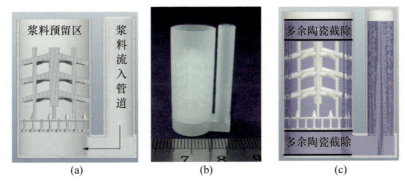

图 4-7 陶瓷浆料灌注示意图

(a)树脂模具浇道设计；(b)树脂模具的制造；(c)陶瓷浆料填充。

采用凝胶注模法灌注陶瓷浆料，浆料的凝固依靠过硫酸铵/四氮四甲基乙二胺体系，引发丙烯酰胺单体产生链引发与链增长聚合反应，反应过程中浆料黏度增加，并产生放热。对于大型铸件或大批量小型铸件，由于数量众多，注模耗时较长，通常需要控制在5～10min完成，时间过短将导致浆料尚未注模即固化，产生浪费，时间过长导致浆料注入模具后产生沉淀，素坯上下成分不均一，后期烧结会产生坍塌、强度低等一系列缺陷。针对上述问题，研究通过控制浆料中引发剂及催化剂的用量将浆料凝固时间定量化。将温度传感器连接万用表，加入不同剂量的催化剂与光引发剂，测定浆料在固化过程中的温度变化，并转化为温度。β-磷酸三钙陶瓷浆料固化过程中素坯温度随时间变化曲线如图4-8所示。

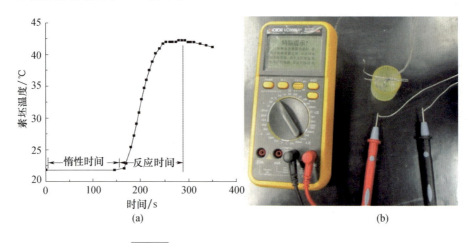

图4-8 陶瓷素坯温度与固化时间的关系

(a)陶瓷素坯温度随时间变化曲线；(b)温度测定装置。

图4-8(a)中初始温度在室温时的阶段称为惰性阶段，陶瓷浆料在该阶段没有发生固化反应，流动性较好，是浆料灌注的最佳阶段。当温度开始上升后，陶瓷浆料的流动性降低，并且出现絮状胶态物质，容易造成流道的堵塞，该阶段称为反应阶段。按优化后配方配制浆料，保持其他组分不变，改变引发剂过硫酸铵(1∶10稀释)及催化剂四氮四甲基乙二胺(1∶50稀释)用量，研究其对陶瓷浆料固化时间的影响，其结果如图4-9所示。随着催化剂与引发剂用量的增加，陶瓷浆料的固化时间逐渐降低，主要原因为在温度、pH不变的条件下，引发剂与催化剂用量的增加，以及在浆料中分解出的自由基浓度增加，加快了丙烯酰胺单体中双键的裂解与聚合速度，从而导致图4-8(a)中

所述的惰性时间缩短，陶瓷浆料加快固化进程。

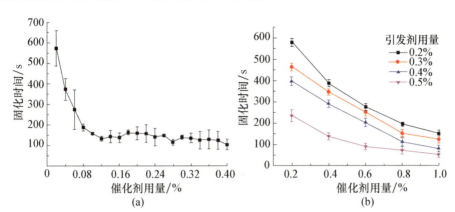

图 4-9　催化剂与引发剂对浆料固化时间的影响

(a)催化剂用量与固化时间关系；(b)催化剂用量与引发剂用量的关系。

凝胶注模法工艺的优点是通过胶化反应，利用有机物将高固相含量陶瓷浆料中的颗粒包裹，实现原位固化，该技术结合快速成形技术制造的三维空间复杂结构模具，能够制造复杂结构陶瓷素坯，具有成形精度高、反应迅速、素坯强度高等优点。优化陶瓷浆料配方后，确定合理的浆料固化时间，进行陶瓷浆料的配制与灌注，浆料在灌注前需置于真空环境除去内部气泡。陶瓷支架包括管道结构支架与多孔结构支架。多孔陶瓷支架灌注示意图如图 4-10 所示。

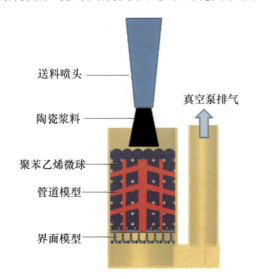

图 4-10　多孔陶瓷支架灌注示意图

其具体步骤如下。

①将树脂模具黏结于振动平台上,调节振动频率为30Hz。

②将浆料置于真空注型机中,调节搅拌速率为30~50r/min,搅拌5min,充分除去浆料中的气泡。

③依据模具的数量,预估灌注流程所需时间,选取合适的固化体系用量。

④开启振动平台,将陶瓷浆料注入模具,并保持2~4min。

制作非多孔陶瓷时依据上述步骤即可,但在灌注多孔陶瓷支架时,由于所采用的是聚苯乙烯微球做造孔剂(粒径为500~600μm),陶瓷浆料在自身重力作用下无法顺利进入模具。因此,在预先填充致孔剂后,需要采用循环灌注系统,即浆料在灌注的同时,从浇道口处进行真空吸附,促使陶瓷浆料的顺利灌注。

陶瓷浆料注入树脂模具负型,待其固化后,进行干燥、烧结等工艺流程。图4-11所示为光固化间接成形工艺制造的陶瓷支架素坯。

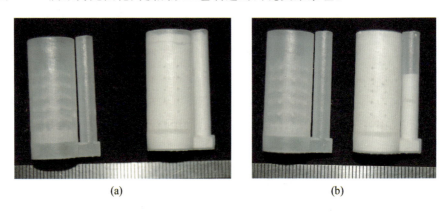

(a) (b)

图 4-11 光固化间接成形工艺制造的陶瓷支架素坯

(a)微管道陶瓷支架素坯;(b)多孔复合微管道陶瓷支架素坯。

### 7. 陶瓷素坯的干燥与烧结

目前常用的干燥工艺主要有自然烘干、干燥剂干燥及冷冻干燥等方法。陈张伟等对陶瓷素坯的冷冻干燥工艺进行了研究,研究结果表明,采用自然烘干的方式干燥,陶瓷素坯容易出现较多裂纹,且变形较严重;采用聚乙二醇(分子量400,液体)进行干燥,无变形产生,但受限于陶瓷素坯的厚度影响,无法完全脱去陶瓷素坯内部较深处的水分,而冷冻干燥工艺能够保证陶瓷素坯具有较低的收缩率，较高的脱水率及良好的结构保持性。因此，采用冷冻干燥工艺对陶瓷支架素坯进行干燥处理。冷冻干燥工艺包括物料预冻、升华、适当加热等过程，物料在升华过程中会导致自身温度的降低，为了加快升华速度，适当地加热是必需的。采用真空冷冻干燥机（VFD2000型，博医康实验仪器公司）实现陶瓷素坯的冷冻干燥，为达到较低干燥收缩率的目的，冷冻干燥工艺如下：预冻温度为-30℃，保温1h；1h升温至-20℃，保温4h；1h升温至-15℃，保温4h；3h升温到室温25℃，保温2h。

光固化直接成形陶瓷支架素坯中，主要包含两种物质：陶瓷颗粒及网络状聚丙烯酰胺凝胶。在陶瓷支架素坯烧结过程中，聚丙烯酰胺凝胶会发生氧化及氧化再分解反应，造成陶瓷支架素坯整体质量降低，通过对陶瓷素坯排胶过程进行失重-差热分析（空气环境），分析其在烧结过程中的物质失重速率，为制定合理的烧结工艺曲线提供依据。陶瓷素坯失重-差热曲线如图4-12(a)所示。由失重速率曲线（红色线）可知，在50℃出现快速失重，失重约为1%，素坯内部的结晶态水分开始气化；在190℃出现的快速失重峰代表聚丙烯酰胺凝胶产生氧化反应，在此温度失重约为2.4%；在370℃时出现的失重主要为上一阶段聚丙烯酰胺凝胶氧化物的产生分解，该过程一直持续到580℃；在495℃的失重峰同样为凝胶氧化物再分解过程。在素坯排胶过程中，快速失重伴随的是凝胶的膨胀，在此阶段加热速度不宜过快，因此需要在190℃、370℃、495℃加热时速度应放缓，并设置保温阶段。陶瓷素坯在600℃以后质量基本无变化，素坯整体失重约为23.2%，在聚丙烯酰胺凝胶完全排出后，此时陶瓷支架素坯内部依靠颗粒之间的初步融合维持素坯结构，因此需要快速烧结，并在最高烧结温度设置保温阶段。陶瓷素坯的烧结过程中升温速率的快慢、保温阶段的长短、末段烧结温度的高低对陶瓷支架的压缩力学性能有着较大影响，需制定多因素正交实验对其烧结工艺曲线进行优化选择，但是由于所制造的陶瓷支架必须具有生物相容性、合适的降解速率，对其末段烧结温度与材料成分的关系进行了测定，确定陶瓷支架的最高烧结温度不能超过1180℃，并确定最高烧结温度为1150℃时，材料成分与原始成分一致。因此，最终确定适合陶瓷素坯的烧结工艺曲线与陶瓷素坯的升温速率及保温时间相关。

依据上述分析，制定陶瓷支架素坯的烧结曲线如图4-12(b)所示。保温阶段的时间分别设定为 0.5h、1h、2h,升温速率分别设定为 50℃、120℃、200℃。对不同组分烧结的陶瓷支架进行压缩强度的测定,样件尺寸为 10mm×15mm,其结果如表 4-4 及图 4-13(c)所示。

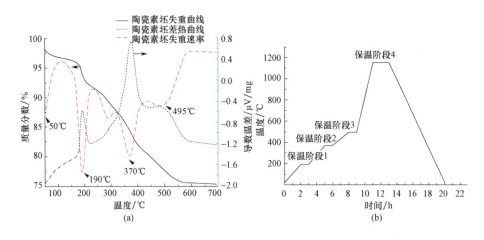

图 4-12 光固化直接成形陶瓷支架素坯的烧结工艺曲线制定

(a) β-磷酸三钙陶瓷支架素坯失重-差热曲线;
(b) 光固化直接成形陶瓷支架素坯烧结工艺曲线。

表 4-4 不同烧结工艺参数对陶瓷素坯的最大压缩强度的影响($n=3$)

| 保温时间/h | 升温速率/(℃/h) | | |
| --- | --- | --- | --- |
| | 50 | 120 | 200 |
| 0.5 | 27.63±1.21 | 25.11±1.51 | 20.19±0.76 |
| 1 | 28.41±1.95 | 27.53±0.97 | 25.33±1.89 |
| 2 | 32.72±2.05 | 32.89±1.25 | 29.54±1.20 |

结果表明,升温速率为 50℃/h,保温时间为 2h,与升温速率为 120℃/h,保温时间为 2h 所烧结的标准陶瓷试样的最大压缩强度相近,意味着两组中升温速率及保温时间均在烧结工艺参数对陶瓷素坯最大压缩强度的敏感性边缘区域。在 200℃/h 的条件下,样件压缩强度均小于其他两种升温速率组,主要原因为在 200℃/h 的快速升温过程中,陶瓷素坯内部的排胶过程反应过快,导致素坯的局部膨胀及开裂现象[图 4-13(d)],在压缩载荷条件下,相对于其他各组,更容易压溃。

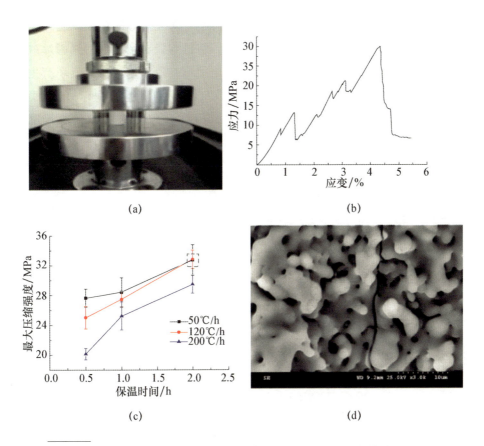

**图4-13** 陶瓷素坯烧结后最大压缩强度与升温速率及保温时间的关系（$n=3$）

(a) 标准陶瓷样件压缩；(b) 陶瓷样件压缩力学曲线实例；
(c) 保温时间及升温速率对最大压缩强度的影响；
(d) 200℃/h升温速率条件下陶瓷样件微观裂纹。

综上所述，在升温速率为50℃/h，保温时间为2h与升温速率为120℃/h，保温时间为2h条件下所烧结的陶瓷样件最大压缩强度相近，在各组中为最大，但120℃/h的升温速率缩短了陶瓷样件烧结总耗时，因此，选择120℃/h的升温速率，每阶段保温2h。

采用光固化间接成形工艺（凝胶注模法）制造的陶瓷支架，分为管道结构支架及多孔结构支架，管道结构支架采用树脂模具负型制造，而多孔结构支架采用聚苯乙烯微球作为造孔剂，如采用树脂制作多孔结构负型，在高孔隙率的需求下，树脂量过大，造成模具的清洗困难，容易造成孔道堵塞，不利于陶瓷素坯的灌注，因此采用填充聚苯乙烯微球致孔的方法更容易制造出高空隙率的多孔结构陶瓷支架。吴海华等对树脂-陶瓷型芯的脱模工艺进行了研究,脱模工艺的目的在于通过慢速升温,使得陶瓷素坯内部的聚丙烯酰胺凝胶缓慢烧失,减少树脂与素坯的热膨胀速率不一致而造成陶瓷素坯产生裂纹的风险。由于聚苯乙烯微球的热膨胀系数与模具所用的树脂材料的热膨胀系数相近,因此采用其脱模工艺参数[图4-14(a)],脱模完成后直接继续图4-12(b)所示的高温烧结阶段。

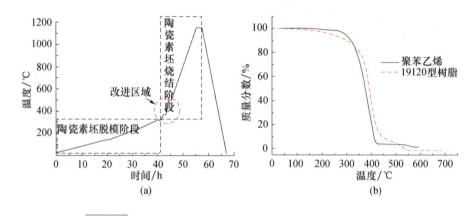

图4-14 光固化直接成形陶瓷支架素坯的烧结工艺曲线制定
(a)陶瓷素坯脱模及烧结工艺曲线图;
(b)聚苯乙烯及树脂材料的失重分析曲线。

尽管如此,在陶瓷素坯烧结完成后,仍然发现其表面与树脂接触部位存在脱皮现象,分析原因为陶瓷素坯在脱模后虽然消除了其大部分应力,但陶瓷素坯内部仍残存着聚丙烯酰胺凝胶、树脂及聚苯乙烯含量也并未完全消除。从其失重-差热曲线中也可看出,树脂在550℃才会完全分解[图4-14(b)],在陶瓷烧结阶段,残存树脂对陶瓷素坯表面有一定的剪切力,如果升温速率过快,那么会导致其表面剪切力较大,容易导致表层脱皮。因此,将陶瓷脱模工艺中的慢烧温度提高至550℃,对不同倾斜面的陶瓷素坯的表面脱皮情况进行评价,评价标准为其表面粗糙度,其结果如图4-15所示。

从图4-15可得知,改进后不同倾斜面的陶瓷样件其表面粗糙度与树脂模具表面粗糙度的走势基本一致,相对于改进前的陶瓷样件,其表面少了许多凹凸不平的皮层,仍然保持着台阶状表面形貌,表明将脱模温度提升至550℃后再进入快速烧结阶段的方式是可取的。树脂、改进前陶瓷样件表面、改进后样件表面的形貌如图4-16所示。

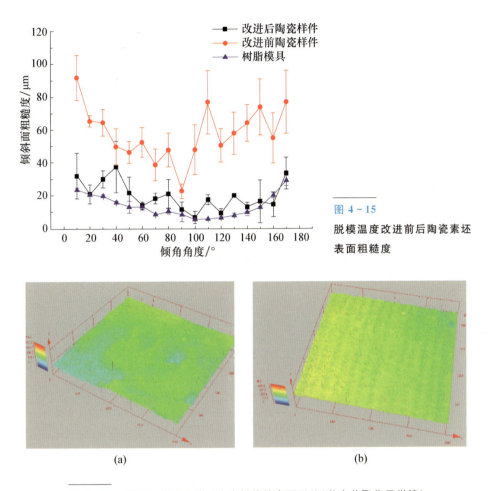

图 4-15 脱模温度改进前后陶瓷素坯表面粗糙度

图 4-16 烧结工艺改进前后陶瓷样件的表面形貌（激光共聚焦显微镜）
（a）改进前（脱皮，无层间轮廓）；（b）改进后（无脱皮，保持层间轮廓）。

目前采用光固化直接成形技术制造陶瓷零件的文献尚不多见，周伟召等对复杂陶瓷零件的光固化直接成形工艺进行了相关研究，制造出精度较高的叶片陶瓷铸型，该技术能够直接成形具有三维空间复杂结构的陶瓷零件素坯具有成本低、陶瓷制作周期短、操作过程自动化等优点，但仍存在以下几点不足：①陶瓷浆料黏度较高，在液面张力作用下，涂铺装置容易将素坯破坏；②制作具有丰富内腔的陶瓷零件时，内部陶瓷浆料无法溢出，会造成内腔堵塞等缺陷；③陶瓷浆料对于激光束产生散射，对陶瓷素坯整体成形精度具有一定的影响。而光固化间接成形技术（凝胶注模法）依托模具成形，能够克服上述缺点。吴海华等采用光固化间接成形技术制造出了氧化铝陶瓷为主体的型芯型壳一体化的航空叶片陶瓷模具,该陶瓷零件具有收缩率低、结构保持良好等优点。尽管如此,光固化间接成形技术相对于直接成形技术表现出以下若干不足:①树脂模具成本较高;②制造多孔陶瓷零件时,由于树脂模具经常堵塞,需采用致孔剂造孔,因此造成陶瓷零件在烧结过程中因致孔剂膨胀而出现破裂的风险增加;③工艺环节较多,陶瓷成形周期长;同时采用上述两种陶瓷零件制造工艺制造具有仿生界面结构及主体多孔结构的陶瓷支架,并在后面章节对其分别进行性能评价。

### 4.1.2　PEGDA水凝胶支架的光固化成形工艺

多层复合支架的制造与性能评价是目前骨-软骨组织工程研究的一个热点,研究在制造软骨层支架时,采用可光固化的PEG(400)DA溶液直接成形三维结构水凝胶支架(图4-17),通过对其固化单线、单层面及三维实体成形性的研究,优化工艺参数,制造具有较高精度的三维立体空间结构PEGDA水凝胶。

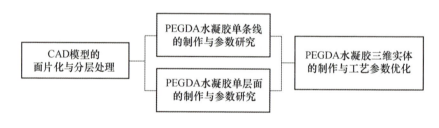

图4-17　光固化直接成形PEGDA水凝胶制造工艺流程

#### 1. 水凝胶材料的选择

水凝胶可分为天然材料、人工材料及两者的复合。天然材料,如胶原、壳聚糖、明胶、琼脂糖等虽然具有与人体组织相同或相近的化学成分,但由于非共价键交联,植入后在体液环境中存在着不稳定性。而人工材料,如聚氧化乙烯(PEO)、聚丙烯酸-2-羟乙酯(PHEA)、聚乙二醇二丙烯酸酯(PEGDA)等,具有生物相容性,通过化学交联,植入后在体内更加稳定,近年来在软骨组织工程的研究中得到广泛运用。PEGDA由于具有良好的生物相容性,在生物医学领域应用越来越广泛,以及其具有光敏集团,能够在UV光的照射下产生交联反应,形成水凝胶,该水凝胶能够允许氧气、养料及其他水溶性代谢产物的渗透。除此之外，PEGDA 水凝胶还具有与软组织相似的柔软性质。因此，研究采用 PEG(400)DA 溶液，运用光固化成形技术，制造三维空间结构的 PEGDA 软骨水凝胶支架。

### 2. PEGDA 水凝胶单线成形性研究

光固化技术成形三维结构实体的过程是一个线-线填充、面-面叠加的过程，因此，将对水凝胶三维成形最基本的成形单元——单线固化尺寸与水凝胶溶液体积分数、激光器曝光量、扫描速度的关系进行研究。

水凝胶单线的尺寸测量在光学显微镜下进行，因此需要合理的提取及夹持水凝胶单线，由于其制作后力学强度非常低，采用镊子夹取容易产生变形、断裂等缺陷，对实验测量结果会产生较大的误差，因此，采用直接固化水凝胶单线于高透光性玻璃底面的方式提取特征，采用注射器补液的方式，让溶液液面上升到与透光玻璃充分吸附，中间无气泡等杂质存在，激光束透过玻璃固化 PEGDA 水凝胶单线，由于吸附作用，水凝胶单线固化于透光玻璃底部，对其进行测量，有效保证了水凝胶单线的物理稳定性及测量结果的准确性。透光玻璃的透光率采用激光功率计进行测定，设定一束激光的功率为 $P$，采用激光功率计测量激光功率 $P'(n=5)$，将透光玻璃置于激光功率器与光源之间，再次测量激光功率 $P''(n=5)$，则玻璃的透光率为 $T=(P''/P')\times 100\%$，测得所使用的白光玻璃透光率为 $(92\pm 0.86)\%$。通过生成一组单线状支撑文件，调整支撑扫描速度，即可获取不同物理特征的 PEGDA 水凝胶单线。制作并提取水凝胶单线的实验示意图如图 4-18 所示。

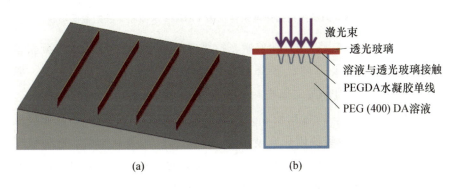

**图 4-18** 制作并提取水凝胶单线的实验示意图

(a)单线的 CAD 模型——实体支撑数据；(b)单线制作及提取示意图。

获取 PEGDA 水凝胶单线的具体步骤如下。

(1) 设计平底零件 CAD 模型，在其底面生成单线排布的支撑文件，单线间距为 5mm。

(2) 将模型导入光固化快速成形机，调整图 4-18 中透光玻璃水平，制作支撑文件。

(3) 取出包含有水凝胶单线的透光玻璃，用去离子水清洗后，置于 Nikon 光学显微镜进行单线形貌测量。

PEG(400)DA 溶液的单线光固化成形形貌尺寸与溶液的成分、激光器功率、扫描速度等因素有很大关系，研究配制体积分数 30%、40%、50%、60% 的 4 组不同体积分数的溶液，保持激光器功率为 100mW 不变，改变激光扫描速度 50mm/s、100mm/s、150mm/s、200mm/s、250mm/s、300mm/s、350mm/s。在光学显微镜下观察并测量其固化宽度与固化厚度尺寸，如图 4-19 所示为 4 组 PEG(400)DA 溶液在不同的激光扫描速度条件下所获得的 PEGDA 水凝胶单线的截面形貌，如图 4-20 所示为单线固化宽度 $C_w$ 与固化厚度 $C_d$ 的尺寸与激光扫描速度的变化关系曲线。

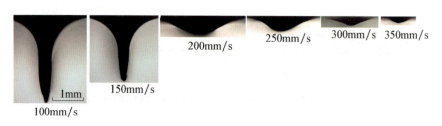

图 4-19 不同的激光扫描速度条件下的 PEGDA 水凝胶单线的截面形貌

从图 4-20 中可以得知，随着激光扫描速度的增加，PEGDA 水凝胶单线的固化宽度 $C_w$ 与固化厚度 $C_d$ 下降明显，当扫描速度小于 200mm/s 时，固化厚度 $C_d$ 大于固化宽度 $C_w$，而当扫描速度大于 200mm/s 时，固化厚度 $C_d$ 反而小于固化宽度 $C_w$。通过比较成分发现，随着 PEG(400)DA 成分在溶液中的体积分数增加，单线的固化宽度 $C_w$ 与固化厚度 $C_d$ 逐渐增大，这种显现与溶液本身的性质有关，溶液中 PEG(400)DA 含量增加，意味着可供反应的交联基团的数量增多，而促进光聚合的光引发剂的含量相对减少，此时溶液中更容易发生大分子长链聚合，从而导致单线固化宽度与固化厚度的增加。

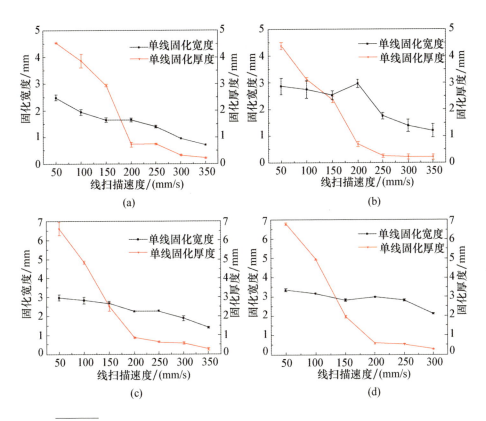

图 4-20 单线固化宽度与固化厚度的尺寸与激光扫描速度的变化关系曲线

(a) 30%；(b) 40%；(c) 50%；(d) 60%。

表 4-5 PEG(400)DA 溶液成分、激光曝光量与固化厚度的关系

| 项目 | | 30% | | 40% | | 50% | | 60% | |
|---|---|---|---|---|---|---|---|---|---|
| 扫描速度/(mm/s) | 曝光量/(mJ/cm²) | 固化厚度 | | | | | | | |
| | | 平均值/mm | 标准差/mm | 平均值/mm | 标准差/mm | 平均值/mm | 标准差/mm | 平均值/mm | 标准差/mm |
| 350 | 328.27 | 0.21 | 0.02 | 0.22 | 0.10 | 0.25 | 0.07 | — | — |
| 300 | 382.98 | 0.32 | 0.03 | 0.23 | 0.09 | 0.56 | 0.06 | 0.26 | 0.03 |
| 250 | 459.58 | 0.74 | 0.03 | 0.26 | 0.06 | 0.63 | 0.03 | 0.50 | 0.04 |
| 200 | 574.48 | 0.73 | 0.09 | 0.70 | 0.10 | 0.85 | 0.03 | 0.56 | 0.04 |
| 150 | 766.00 | 2.94 | 0.05 | 2.36 | 0.12 | 2.49 | 0.23 | 1.94 | 0.06 |
| 100 | 1148.90 | 3.85 | 0.25 | 3.10 | 0.07 | 4.82 | 0.08 | 4.93 | 0.04 |
| 50 | 2297.90 | 4.53 | 0.01 | 4.34 | 0.13 | 6.59 | 0.35 | 6.76 | 0.06 |

对于光敏材料，均具有反应自身固化特性的两个基本参数，即溶液临界曝光量及穿透深度。临界曝光量是指使溶液固化成凝胶状态所需的最低曝光量；穿透深度是指激光进入溶液后，曝光量下降至表面曝光量 $1/e$ 倍时的深度。这两个参数分别代表了溶液的固化难易程度与固化厚度的潜能，即可形成固化厚度的范围，固化厚度范围较大，则通过提升光斑扫描速度减小厚度的空间越大，成形效率提升空间越大。本实验中测得的单线固化厚度与扫描速度、曝光量之间的数据关系如表 4-5 所示。采用线性拟合工具对各数据点进行线性拟合，拟合直线截距为溶液的临界曝光量 $E_c$，斜率为溶液的穿透深度 $D_p$，拟合结果如图 4-21 所示。不同 PEG(400)DA 成分的溶液其临界曝光量 $E_c$ 与穿透深度 $D_p$ 如表 4-6 所示。

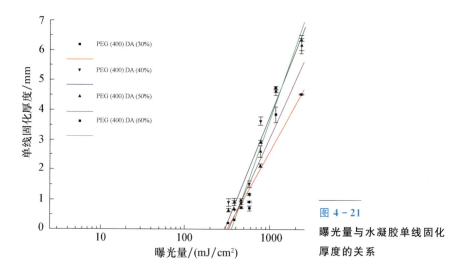

图 4-21 曝光量与水凝胶单线固化厚度的关系

表 4-6 四组溶液成分的临界曝光量 $E_c$ 与穿透深度 $D_p$

| PEG(400)DA 体积分数/% | 临界曝光量 /(mJ/cm²) | 穿透深度 /mm |
| --- | --- | --- |
| 30 | 301.30 | 5.87 |
| 40 | 316.03 | 7.34 |
| 50 | 324.76 | 5.93 |
| 60 | 346.51 | 9.28 |

### 3. PEGDA 水凝胶单层面成形性研究

PEGDA 水凝胶三维空间结构实体的形成由二维层-层叠加形成,当层与层之间的距离大于每层的厚度时,层与层之间由于没有形成实体连接,将产生脱离等现象,无法形成三维实体,层与层之间厚度过于紧密,层与层之间产生过固化现象,导致 PEGDA 水凝胶变得致密,吸水率降低。此外,由于层与层之间的叠加制作方式,水凝胶三维实体的成形精度与制作的层厚有很大关系。

由于 PEGDA 水凝胶二维单层面的强度较低,因此,水凝胶二维单层面的提取方式与制作单线时的提取方式相同(图 4-22),通过 PEG(400)DA 溶液的吸附,将水凝胶固化于透光玻璃的底面,从而提取出 PEGDA 水凝胶单层,采用去离子水冲洗后,在 Nikon 光学显微镜下观测其厚度及截面形貌轮廓。PEG(400)DA 溶液的单层固化深度与激光曝光量、线-线填充间距、线-线扫描方式三个因素有极大的关系,将就以上提到的三个因素,对不同的激光扫描参数下获取的 PEGDA 水凝胶单层的界面参数进行测量。通过不同截面尺寸的对比,优化 PEG(400)DA 溶液的单层面激光固化工艺参数。

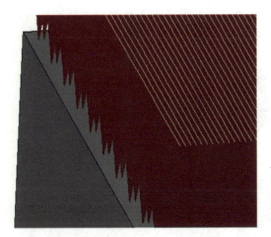

**图 4-22**
**PEG(400)DA 溶液面扫描方式获取单层水凝胶图**

配制体积分数 30%PEG(400)DA 溶液(其他组分溶液的情况与 30%相类似),保持激光器功率为 100mW,改变激光扫描速度与线-线间距(0.1mm、0.15mm、0.2mm、0.25mm),通过光学显微镜测量 PEGDA 单层水凝胶截面的成形厚度,如图 4-24 所示。

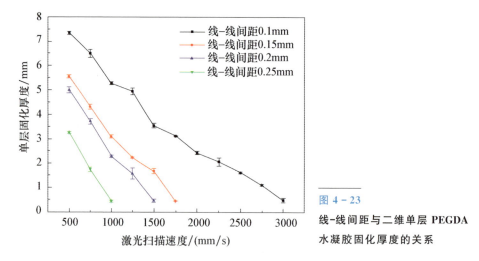

图 4-23 线-线间距与二维单层 PEGDA 水凝胶固化厚度的关系

从图 4-23 中可以得知，随着扫描速度的增加（曝光量的降低），二维单层 PEGDA 水凝胶的厚度同样表现出减小的趋势；在相同曝光量的条件下，线-线间距的增大，导致单层固化厚度的降低。在相同固化厚度的条件下，不同线间距及扫描速度所获得的二维单层水凝胶截面形貌如图 4-24 所示。当间距大于 0.1mm 时，各组二维单层水凝胶底面均出现不同程度的波浪起伏。对其进行二维平面观察（图 4-25），可知随着线-线间距的增大，二维单层的面填充由饱满变得稀疏，甚至坍塌。因此，在选择线-线间距时，必须小于 0.25mm 才能够形成较为底面平整的单层水凝胶。

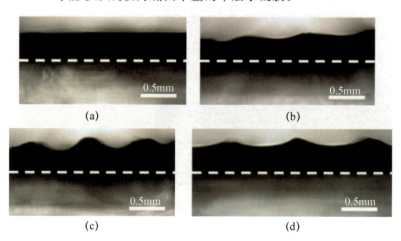

图 4-24 四组不同线-线间距的单层水凝胶固化形貌
(a) 0.1mm；(b) 0.15mm；(c) 0.2mm；(d) 0.25mm。

第 4 章　软骨-骨梯度支架增材制造与性能评价

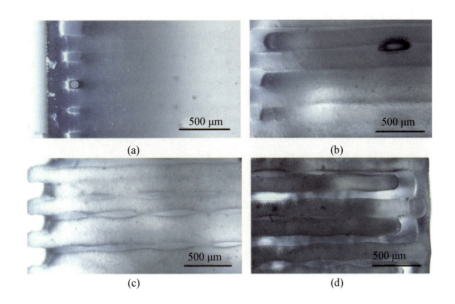

图 4-25　单层水凝胶二维平面轮廓
(a) 0.1mm；(b) 0.15mm；(c) 0.2mm；(d) 0.25mm。

表 4-7　不同填充线-线间距、扫描速度对二维单层 PEGDA 水凝胶成形厚度影响

| 填充线-线间距 扫描速度 /(mm/s) | 0.1/mm 平均值 /mm | 标准差 /mm | 0.15/mm 平均值 /mm | 标准差 /mm | 0.2/mm 平均值 /mm | 标准差 /mm | 0.25/mm 平均值 /mm | 标准差 /mm |
|---|---|---|---|---|---|---|---|---|
| 500 | 7.34 | 0.07 | 5.55 | 0.06 | 5.00 | 0.12 | 3.25 | 0.04 |
| 750 | 6.50 | 0.17 | 4.31 | 0.10 | 3.71 | 0.12 | 1.74 | 0.10 |
| 1000 | 5.27 | 0.06 | 3.08 | 0.07 | 2.27 | 0.05 | 0.42 | 0.04 |
| 1250 | 4.94 | 0.13 | 2.22 | 0.03 | 1.56 | 0.22 | — | — |
| 1500 | 3.53 | 0.09 | 1.67 | 0.11 | 0.45 | 0.06 | — | — |
| 1750 | 3.10 | 0.02 | 0.43 | 0.01 | — | — | — | — |
| 2000 | 2.42 | 0.07 | — | — | — | — | — | — |
| 2250 | 2.06 | 0.17 | — | — | — | — | — | — |
| 2500 | 1.61 | 0.03 | — | — | — | — | — | — |
| 2750 | 1.11 | 0.03 | — | — | — | — | — | — |
| 3000 | 0.48 | 0.10 | — | — | — | — | — | — |

由于 PEGDA 水凝胶在较低曝光量的条件下虽然成胶，但是其强度极低，近似于絮状，测量误差较大，因此，这里研究层厚在 0.4mm 以上的情况，因为单层成形厚度低于 0.4mm 的情况下，PEGDA 水凝胶已经不具有结构的保持能力。不同线－线间距条件下，二维单层水凝胶成形厚度如表 4－7 所示。当间距为 0.25mm 时，由于线－线交叠的部分较少，无明显的过固化区域，因此成形的厚度较薄，成形相同厚度水凝胶的条件下需要的曝光量更多。

在激光扫描固化二维单层 PEGDA 水凝胶时，由于 $X$-$X$ 或 $Y$-$Y$ 的扫描方式（图 4－26）的单向性，在垂直于扫描路径的方向，单层水凝胶容易产生翘曲变形、开裂等缺陷，此外，相对于 $X$-$Y$ 扫描方式，成形相同单层厚度的条件下，扫描速度较低，降低了零件的制作效率。通过测量在 $X$-$Y$ 扫描方式下固化成形的二维单层 PEGDA 水凝胶的厚度及其对应的扫描速度，可计算出此时的等效曝光量。

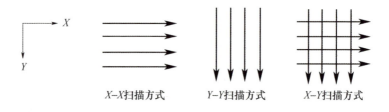

图 4－26　激光扫描路径的几种不同方式

#### 4. PEGDA 水凝胶三维实体成形性研究

从 4.1.1 节中可以得知，采用 $X$-$X$ 制作方式、激光扫描速度为 2750mm/s 与采用 $X$-$Y$ 制作方式、激光扫描速度为 5000mm/s 的固化厚度相近，本节将从不同的扫描方式对 PEGDA 水凝胶吸水率与压缩力学性能的角度对扫描方式进行选择。实验方案分别为：采用 $X$-$X$ 扫描方式，扫描速度为 2750mm/s；采用 $X$-$Y$ 扫描方式，扫描速度为 5000mm/s。分层厚度均为 0.6mm，每组制作 6 个样品，样品尺寸为 $\Phi10\times15$mm，分别测定其吸水率、压缩弹性模量，结果如图 4－27 所示。

图 4－27 中，采用 $X$-$X$ 及 $X$-$Y$ 扫描方式制造的 PEGDA 水凝胶具有相近的吸水率，且随着分层厚度的增加，呈现上升趋势，而 $X$-$X$ 方式制造的水凝胶弹性模量均小于 $X$-$Y$ 方式的结果且随着分层厚度的增加呈现递减趋势。分析原因为：$X$-$X$ 扫描方式以曝光量 $E$ 一阶段固化一定厚度的 PEGDA 水凝胶，

形成的单层水凝胶水分分布较均匀，而 $X-Y$ 扫描方式分两步以小于 $E$ 的曝光量分别固化水凝胶到达相同的厚度，形成的单层水凝胶水分分布呈现底层明显大于表层，但经过平均计算后，两种方式固化的 PEGDA 溶液的含量应该一致，其吸水率也应相近，但是，由于两阶段固化相对于单一阶段固化，其表层一定厚度的水凝胶相对于单一阶段固化的水凝胶，更具有致密结构，因此力学强度更加优良。综合考虑三维 PEGDA 水凝胶的吸水性及力学强度，在后文研究制造 PEGDA 水凝胶时均采用 $X-Y$ 扫描方式制作。

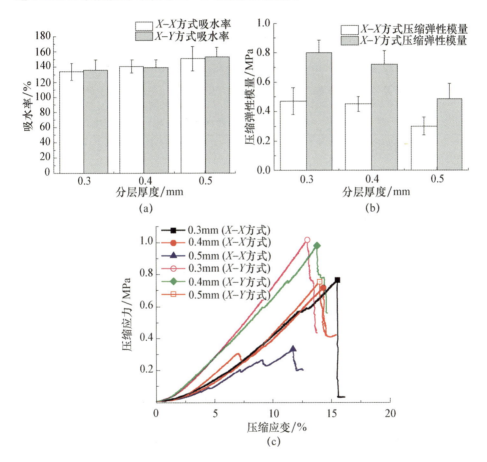

图 4-27 不同扫描方式下 PEGDA 水凝胶的吸水率与压缩弹性模量
(a) 水凝胶吸水率测定；(b) 水凝胶压缩弹性模量测定；(c) 水凝胶压缩力学曲线。

对光固化 PEGDA 水凝胶的单条线、二维单层面的工艺参数进行研究，并依据激光器曝光参数与水凝胶成形元素的关系（线、面），设定正交实验，对不同工艺条件下获得的 PEGDA 水凝胶斜面粗糙度进行测量。影响斜面成形精度的主要因素取决于单层水凝胶的成形厚度及三维 CAD 模型的分层厚度。因此，选定 PEGDA 水凝胶成形的三个因素：激光填充扫描速度、填充向量间距、实体分层厚度，激光器功率保持 100mW 不变。由于 PEG(400)DA 稀释于去离子水后，其成形厚度较大，当调节较高的激光扫描速度时，其单层形状保持性较差，而控制单层成形厚度约为 0.5mm 时，其形状保持较好。因此分层厚度 3 水平为 0.3mm、0.4mm、0.5mm，填充向量间距 3 水平为 0.1mm、0.15mm、0.2mm；PEGDA 水凝胶的二维单层厚度需大于分层厚度，才能保证层－层之间的稳固连接及三维成形过程的执行，因此将激光扫描速度水平设置为 4500mm/s、5000mm/s、5500mm/s。据此制定正交实验因素水平分布及实验组合如表 4-8 和表 4-9 所示。

表 4-8 实验因素水平表

| 影响因素 | 水平 1 | 水平 2 | 水平 3 |
|---|---|---|---|
| 激光扫描速度/(mm/s) | 4500 | 5000 | 5500 |
| 填充向量间距/mm | 0.1 | 0.15 | 0.2 |
| 分层厚度/mm | 0.3 | 0.4 | 0.5 |

表 4-9 光固化直接成形三维 PEGDA 水凝胶斜面粗糙度正交实验表

| 实验序号 | 影响因素 | | |
|---|---|---|---|
| | 激光扫描速度/(mm/s) | 填充向量间距/mm | 分层厚度/mm |
| 1 | 4500 | 0.1 | 0.3 |
| 2 | 4500 | 0.15 | 0.4 |
| 3 | 4500 | 0.2 | 0.5 |
| 4 | 5000 | 0.1 | 0.4 |
| 5 | 5000 | 0.15 | 0.5 |
| 6 | 5000 | 0.2 | 0.3 |
| 7 | 5500 | 0.1 | 0.5 |
| 8 | 5500 | 0.15 | 0.3 |
| 9 | 5500 | 0.2 | 0.4 |

由于分层厚度，在斜面处，形成类似台阶的表面截面轮廓，三维 PEGDA 水凝胶斜面粗糙度指的是 CAD 模型中与工作网板夹角不同时，其成形的台阶效应导致的面粗糙度。采用激光共聚焦显微镜对 10°、45°、90°斜面的粗糙度进行测量，其结果如表 4-10 和表 4-11 所示。

表 4-10　PEGDA 水凝胶不同倾斜角度的粗糙度正交实验（上轮廓，$n=3$）

| 实验序号 | 不同倾斜角度的粗糙度/μm | | |
| --- | --- | --- | --- |
| | 10 | 45 | 90 |
| 1 | 143.924 | 158.039 | 49.250 |
| 2 | 204.282 | 176.490 | 74.046 |
| 3 | 191.770 | 294.372 | 15.49 |
| 4 | 184.325 | 352.192 | 32.693 |
| 5 | 262.205 | 270.661 | 79.784 |
| 6 | 171.934 | 131.914 | 75.786 |
| 7 | 309.114 | 219.591 | 71.545 |
| 8 | 161.753 | 131.454 | 30.614 |
| 9 | 219.591 | 351.999 | 83.706 |

表 4-11　PEGDA 水凝胶不同倾斜角度的粗糙度正交实验（下轮廓，$n=3$）

| 实验序号 | 不同倾斜角度的粗糙度/μm | | |
| --- | --- | --- | --- |
| | 10 | 45 | 90 |
| 1 | 108.123 | 150.574 | 69.789 |
| 2 | 179.993 | 163.184 | 81.373 |
| 3 | 165.240 | 227.743 | 75.348 |
| 4 | 167.540 | 316.068 | 29.514 |
| 5 | 209.550 | 244.012 | 84.327 |
| 6 | 144.671 | 141.208 | 78.167 |
| 7 | 228.357 | 199.769 | 62.288 |
| 8 | 112.912 | 192.731 | 53.641 |
| 9 | 190.535 | 349.765 | 73.529 |

由图 4-28 可知，在分层厚度的影响下，实际制作出的 PEGDA 水凝胶

实体具有明显的台阶轮廓形貌（图4-29），当分层厚度越大，其现象也越明显。对斜面上轮廓的粗糙度数值（表4-10）中的正交实验结果进行极差分析[图4-30(a)、(b)]可知，在激光扫描速度、填充向量间距、分层厚度中，对斜面粗糙度影响最不显著的是填充向量间距，因为其极差相对于其他两个组总体来看较小，而对10°与45°斜面粗糙度影响最大的是CAD模型的分层厚度，原因为模型的分层厚度的大小直接影响台阶之间的间距，如图4-30(b)所示。

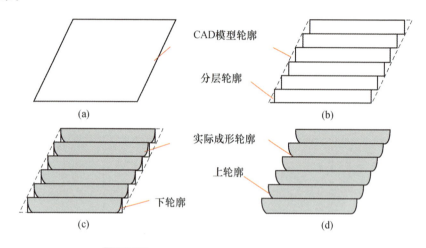

**图4-28 PEGDA水凝胶的三维制作示意图**

(a) CAD轮廓模型；(b) 分层后轮廓模型；
(c) 实际制作轮廓模型；(d) 最终成形轮廓模型。

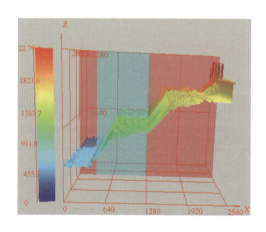 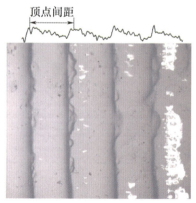

**图4-29 PEGDA水凝胶台阶轮廓形貌**

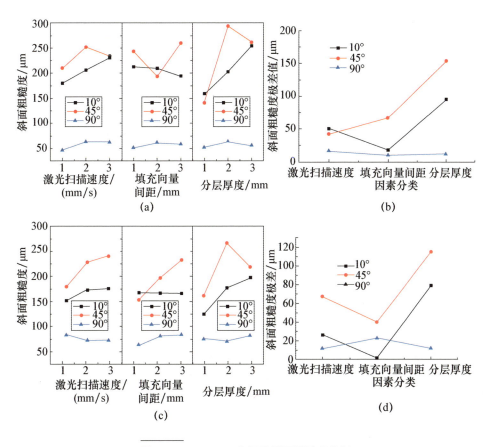

**图 4-30　PEGDA 水凝胶斜面粗糙度分析**

(a)水凝胶斜面粗糙度的效应分析(上轮廓)；(b)光固化工艺因素对斜面粗糙度的极差分析；
(c)水凝胶斜面粗糙度的效应分析(下轮廓)；(d)光固化工艺对斜面粗糙度的极差分析(下轮廓)。

表 4-11 为斜面下表面的粗糙度测量数值，同样对其进行效应分析与极差分析[图 4-30(c)、(d)]可知，其结果与上轮廓分析的结果相似，对于下轮廓斜面粗糙度影响最不显著的为填充向量间距，而对其影响最显著的是分层厚度。

从图 4-30(a)中得知，①当制作 10°斜面，如果使上轮廓粗糙度更小，可选择的参数为：激光扫描速度，水平 1；填充向量间距，水平 2、3；分层厚度，水平 1；② 当制作 45°斜面，如果使其粗糙度更小，可选择的参数为：激光扫描速度，水平 1；填充向量间距，水平 2；分层厚度，水平 1；③ 当制作 90°斜面，如果使其粗糙度更小，可选择的参数为：激光扫描速度，水平 1、

2、3；填充向量间距，水平1、2、3；分层厚度，水平1、2、3。

从图4-30(c)中得知，①当制作10°斜面，如果使下轮廓粗糙度更小，可选择的参数为：激光扫描速度，水平1；填充向量间距，水平2、3；分层厚度，水平1；②当制作45°斜面，如果使其粗糙度更小，可选择的参数为：激光扫描速度，水平1；填充向量间距，水平1；分层厚度，水平1；③当制作90°斜面，如果使其粗糙度更小，可选择的参数为：激光扫描速度，水平1、2、3；填充向量间距，水平1、2、3；分层厚度，水平1、2、3。

经分析可知，当制作三维结构PEGDA水凝胶时，为了获得较小的面粗糙度，可以选择的因素水平组合为：激光扫描速度为4500mm/s，水平1；填充向量间距为0.1mm或0.15mm，水平1、2；分层厚度为0.3mm，水平1。

### 4.1.3　PEGDA水凝胶/β-磷酸三钙复合支架的制作工艺

在骨软骨组织工程中，制造软骨支架与骨支架的复合体是支架制造技术的热点问题之一，制造有材料分层，结构分层的骨软骨复合支架，有利于骨软骨组织的修复与功能的恢复。目前主要的复合方式有黏结、手术缝合线缝合、结构嵌入等方式，单纯依靠黏结或手术缝合线缝合的方式进行支架复合，无法保证复合支架之间的黏结强度，容易产生脱落等现象，无法为细胞提供贴附位置，无法提供稳定的力学刺激，不利于软骨组织的原位形成，因此，主要探索界面结构，通过直接曝光法将PEGDA水凝胶支架与陶瓷支架直接复合，其中PEGDA水凝胶由于吸附作用，渗入界面结构的宏观孔道与微观陶瓷颗粒间孔隙，通过类似触角的结构，吸附于陶瓷表面与孔道内壁，形成机械嵌入与化学键结合等多重理化作用复合的黏结力。与K. S. ALLAN、Celeste Scotti等的文献相比，具有工艺自动化水平高，能够定制化成形三维结构一体化的水凝胶/陶瓷支架等工艺优势。采用光固化直接曝光成形的方式将PEGDA水凝胶固化于具有第2章所设计的界面结构的陶瓷支架，其原理示意图如图4-31所示。

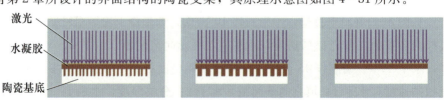

图4-31　PEGDA水凝胶/β-磷酸三钙陶瓷界面复合原理示意图

水凝胶/陶瓷之间产生的黏结力主要有以下两个部分组成：①机械力，根据传统机械理论，PEG(400)DA 分子渗入陶瓷界面处颗粒间隙并在激光曝光条件下产生原位固化反应，形成 PEGDA 水凝胶，填充于颗粒间隙之间，同时，排出了陶瓷和水凝胶之间的空气，形成了较高强度的黏结效果；②吸附力，陶瓷表面具有良好的润湿性，能够促使 PEG(400)DA 分子与陶瓷颗粒表面接触，形成范德瓦耳斯力，增强了复合材料之间的黏结力。

在对制造的圆柱形陶瓷支架界面复合 PEGDA 水凝胶的工艺中，能否保证水凝胶与陶瓷支架间的对准影响着复合支架植入后与缺损部位的适配性。针对水凝胶与陶瓷支架的复合制造，本节提出嵌套对准工艺，即对水凝胶三维模型投影后制造一个内腔形貌与其模型外轮廓一致的圆环状水凝胶固定物，然后套入陶瓷支架，调整陶瓷界面位置，将水凝胶固化于其表面及孔道结构中，其示意图如图 4-32(a)所示。

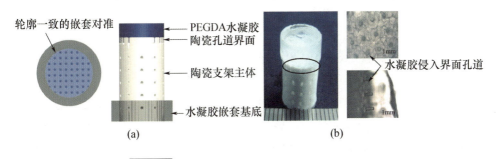

**图 4-32　PEGDA 水凝胶/陶瓷复合支架的制造**

(a) 水凝胶/陶瓷复合支架制造与对准工艺示意图；
(b) PEGDA 水凝胶/陶瓷复合支架的制造。

在制作水凝胶与陶瓷支架的复合支架时，其具体步骤如下。

(1) 设计需求的 PEGDA 水凝胶支架 CAD 模型，设定水凝胶支撑为 0.1mm。

(2) 设计圆环状基底，其内轮廓与水凝胶 CAD 模型在光固化快速成形机上的投影轮廓一致。

(3) 调整光固化快速成形机网板升降台，于其上制作水凝胶基底，并将陶瓷支架嵌套于其内腔中。

(4) 调整升降台位置，使陶瓷界面与液面相平齐，浸润 15~20min。

(5) 先期以 100mW，XYSAT 方式 4500mm/s 扫描速度，0.1mm 填充向

量间距制作前两层 PEGDA 水凝胶，使其充分侵入陶瓷界面孔道结构中，并与陶瓷表面紧密接触，再根据制作要求调整所需的激光扫描工艺参数。

采用激光曝光固化成形 PEGDA 水凝胶及与包含界面结构的陶瓷支架复合，具有工艺操作简捷、周期短、对准精度高、能够制作三维空间结构软骨支架等优点，通过此种新工艺制造的水凝胶/陶瓷支架如图 4-32(b)所示。由图 4-32 可知，在陶瓷界面孔隙部位，PEG(400)DA 溶液反应生成水凝胶，并嵌入界面，形成钉状物，该种结构有利于增强水凝胶/陶瓷之间的剪切强度；此外，陶瓷表面与 PEGDA 水凝胶保持完全贴合，达到了研究目的之一——制造具有较高黏结强度的 PEGDA 水凝胶/陶瓷多层复合骨软骨组织工程支架，后文对陶瓷支架、PEGDA 水凝胶、PEGDA 水凝胶/陶瓷多层复合支架进行多方面的性能检测与评价，提出适用于骨软骨组织工程的合适的结构、材料及形态的 PEGDA 水凝胶/β-磷酸三钙多层复合支架。

## 4.2 软骨-骨支架的性能评价

通过光固化直接成形技术及间接成形技术制造出多孔复合管道陶瓷支架，陶瓷支架具有设计的界面结构；采用光固化成形技术制造出 PEGDA 水凝胶支架，并使其直接成形于陶瓷界面结构，形成骨软骨组织工程多层复合支架。将从以下几个方面对所制造的陶瓷支架、水凝胶支架、水凝胶/陶瓷复合支架进行性能评价。

(1)形貌观测：采用扫描电子显微镜(SEM)、光学显微镜、显微 CT、激光共聚焦显微镜等测量设备，对所制造的三维结构支架进行形貌、成形精度等测量，并与设计模型进行对比，确定制造工艺的精度保持能力。

(2)成分检测：采用 X 射线衍射仪(XRD)、能谱仪(EDS)、红外光谱仪(FIR)等设备对支架成分进行检测，确定支架制造工艺流程中无材料污染，制造的支架满足生物学要求。

(3)孔隙率与压缩强度测定：对陶瓷支架进行孔隙率测定，并结合压缩力学强度测试，确定孔隙率与陶瓷机械性能的关系。

(4)吸水率与压缩强度的测定：对 PEGDA 水凝胶进行吸水率测定，并结合压缩力学强度测定，确定水凝胶成分、吸水率、力学强度的关系。

（5）剪切力学强度测定：对制造的水凝胶/陶瓷复合支架进行界面剪切强度测试，研究不同界面结构对两相剪切材料强度的影响。图 4-33(a)～(c)所示分别为陶瓷支架、PEGDA 水凝胶支架、水凝胶/陶瓷复合支架的性能检测流程图。

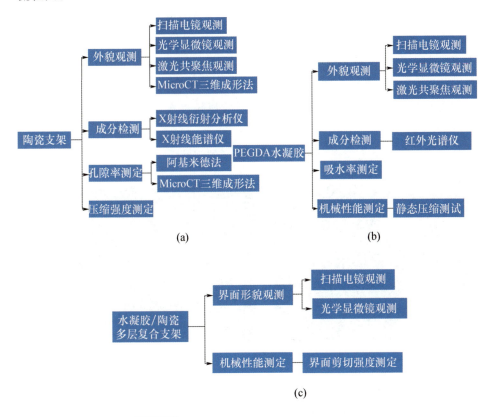

**图 4-33　骨软骨组织工程支架性能评价流程**
（a）陶瓷支架性能检测流程图；（b）PEGDA 水凝胶性能检测流程图；
（c）水凝胶/陶瓷复合支架性能检测流程图。

## 4.2.1　陶瓷骨支架的性能评价

### 1. 陶瓷支架形貌观测

具有界面结构的三维陶瓷支架结构，界面结构能够复合及固定水凝胶支架，形成一种过渡层结构。界面结构的存在，在稳定软骨支架的同时，能够在植入后修复初期通过界面管道为软骨支架部分提供一定的血液供应，促使钙化软骨层的形成,因此界面结构的成形与否一定程度上影响支架植入后的支架稳定与组织的再生。在陶瓷支架的制造工艺中,由于陶瓷支架素坯包含一定体积的聚丙烯酰胺等有机物胶体,因此陶瓷素坯经过高温烧结后的收缩是导致陶瓷支架尺寸偏差的最主要因素。由于光固化直接成形工艺中激光束光斑扫描陶瓷浆料液面时,其中的陶瓷颗粒会对激光束产生散射作用,导致其周围未被曝光的部分也发生固化反应,造成结构的偏差,不仅如此,陶瓷浆料在支架素坯内部的滞留,以及原位固化,同样导致孔隙结构的堵塞等现象;在光固化间接成形工艺中,树脂模具的成形精度、树脂模具与陶瓷素坯成分的反应而导致的掉粉现象等同样会造成支架成形精度的降低。

图 4-34 所示为陶瓷界面孔道及粗糙度的观测。

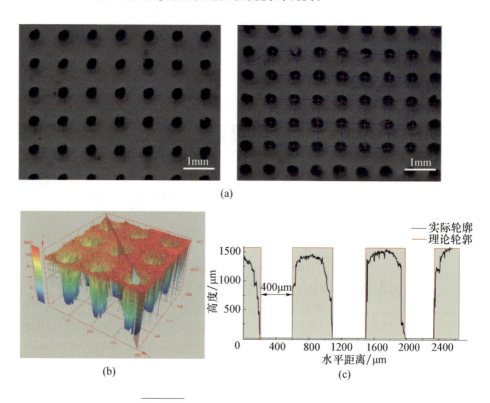

**图 4-34 陶瓷界面孔道及粗糙度的观测**

(a)陶瓷界面孔道结构分布的观察(光学显微镜照片);
(b)陶瓷界面孔隙三维形貌(激光共聚焦照片);(c)陶瓷界面孔隙界面轮廓曲线。

从图 4-34 中可以看出，陶瓷界面孔隙结构的孔径尺寸及排布状态与 CAD 模型基本一致，孔径分布如图 4-35 所示，不同面孔隙率陶瓷界面的孔隙间距如表 4-12 所示。结果表明，圆形孔径与设计值相比，整体扩大范围为 0～0.75mm，其中 80% 的孔径扩大 0～0.05mm，主要原因为陶瓷素坯与树脂接触处，树脂模具对陶瓷表面粉体有吸附作用，容易产生掉粉现象，从图 4-34(c) 中陶瓷界面实际轮廓与理论轮廓也可看出此种现象。

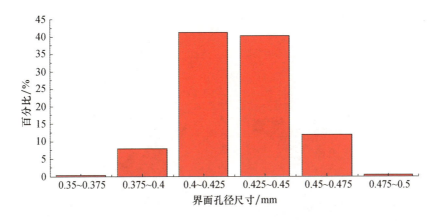

图 4-35　陶瓷界面圆孔孔径尺寸分布

表 4-12　陶瓷界面的圆孔间距尺寸（$n=5$，平均值）

| 项目 | 陶瓷界面圆孔间距 | | | | | |
| --- | --- | --- | --- | --- | --- | --- |
| | 5%/mm | 10%/mm | 15%/mm | 20%/mm | 25%/mm | 30%/mm |
| 设计模型 | 1.59 | 1.16 | 0.92 | 0.79 | 0.71 | 0.64 |
| 树脂负型 | 1.55 | 1.18 | 0.95 | 0.75 | 0.68 | 0.66 |
| 陶瓷模型 | 1.47 | 1.03 | 0.86 | 0.65 | 0.59 | 0.53 |
| 树脂负型偏差/% | -2.52 | +1.72 | +3.26 | -5.06 | -4.23 | +3.13 |
| 陶瓷模型偏差/% | -7.55 | -11.20 | -6.52 | -17.72 | -16.90 | -17.19 |

骨组织工程陶瓷支架多孔结构有利于细胞渗入、血管侵入及骨组织的再生，有利于新生组织与周围组织环境的融合，加快关节力学功能的恢复。孔径大小直接影响营养物质的交换与传输，以及代谢产物的排出。若孔径过小，细胞无法进入，血液供应不足，则支架内部无法有效地长出新生组

织，原因在于细胞积累于陶瓷表面，堵塞孔道，最终导致内部的新生组织坏死；孔径过大，将导致血液在支架内部的流速较大，壁面剪切力增大，细胞无法稳定地贴附在陶瓷表面上，不利于细胞的增殖与迁移。因此，合理的孔径大小是多孔结构设计所考虑的主要因素之一，文献报道，能够促使骨长入与支架在植入后力学强度相匹配的合理孔径尺寸范围应该为400～800μm，因此，设计孔径尺寸为1000μm，连通径尺寸为600μm的多孔结构，如图4-36所示。

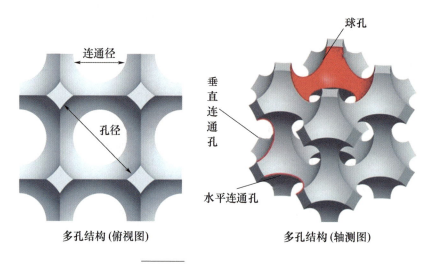

图4-36 陶瓷支架多孔部分

为了评价陶瓷支架制作完成后多孔结构的完整性及尺寸收缩状况，观察支架的微小孔隙结构，采用扫描电子显微镜(SEM，Hitachi S-3000N，日本)，微米X射线三维成像系统(显微CT，YXLON Y.Cheetah，德国)对陶瓷支架多孔结构进行形貌观测。光固化直接成形与间接成形陶瓷支架的多孔结构如图4-37所示。在CT成形的三维实体图像中，按照图4-36中的三个尺寸要素——球孔孔径、垂直连通孔径、水平连通孔径，结合SEM图片，对陶瓷支架内部多孔结构进行尺寸测量，结果如图4-38(a)和图4-39所示。

从图4-38(a)中可以看出，采用光固化直接成形技术制造的多孔陶瓷支架的孔径分布主要在600～650μm、700～850μm，基本符合组织工程多孔陶瓷支架的孔径范围需求(400～800μm)，但是，从图中同样可以看出，陶瓷支架内部存在一些超出设计尺寸(1000μm)的孔径，出现这种现象的主要原因为多孔陶瓷支架的叠层制造过程中，存在着薄弱 CAD 特征，即在刮板涂铺装置运动过程中容易被破坏的素坯部位[图 4 – 38(b)]，这些薄弱特征最终消失，形成类似的倒圆角，造成陶瓷支架内部部分多孔结构尺寸相对于设计尺寸偏大，支架多数结构相对于设计尺寸均有不同程度的缩小，主要是陶瓷颗粒对激光的散射及部分残余浆料的固化导致。此外，图 4 – 39(a)中出现两个尺寸集中的峰，可能的原因为陶瓷素坯中的内部的残余陶瓷浆料无法完全排除，在素坯表面固化，而靠近外部的多孔结构能够在冲洗、超声分散的作用下充分除尽残余浆料，因此导致陶瓷支架靠近表面的多孔结构较内部的多孔结构尺寸稍大。

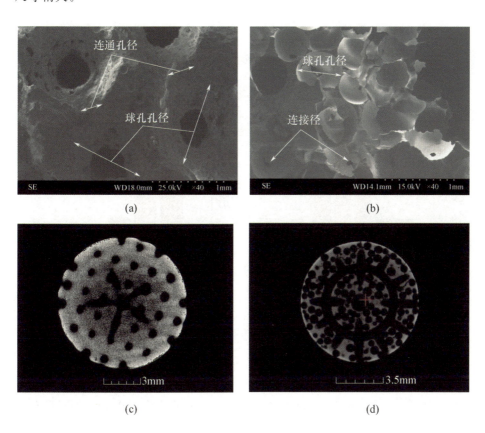

**图 4 – 37　多孔陶瓷支架微观结构**
(a)直接成形陶瓷支架多孔结构(SEM)；(b)间接成形陶瓷支架多孔结构(SEM)；
(c)直接成形陶瓷支架多孔结构(CT)；(d)间接成形陶瓷支架多孔结构(CT)。

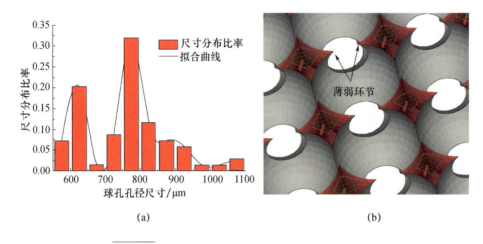

图 4-38 光固化直接成形陶瓷支架的球孔孔径分布

(a)球形孔孔径尺寸分布;(b)陶瓷素坯多孔结构薄弱环节。

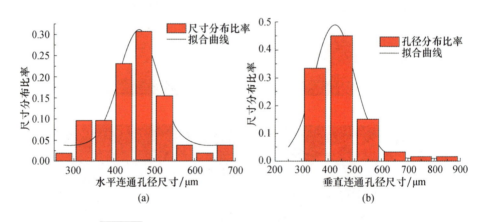

图 4-39 光固化直接成形陶瓷支架的水平连通孔径分布

(a)水平连通孔孔径尺寸分布;(b)垂直连通孔孔径尺寸分布。

从图 4-39 中可以得知,陶瓷支架多孔结构的水平连通孔径、垂直连通孔径尺寸 80% 以上分布于 300~500 μm,稍小于设计值 600 μm,与球形孔径情况相似,由于薄弱特征的存在,连通孔径存在部分扩大的尺寸,此外,发现部分病态连通孔径,即在薄弱特征部位没有形成连通孔径,相邻两个球形孔直接贯通。

光固化直接成形技术能够制造出多孔陶瓷结构,成形效果良好,而采用光固化间接成形技术制造较高孔隙率的多孔陶瓷支架时，往往需要依托致孔剂，原因在于较高孔隙率的支架树脂负型存在着未固化树脂材料无法从负型模具中完全排出，导致陶瓷浆料灌注较困难，无法完全填充模具中的空腔结构。不仅如此，较高空隙率陶瓷支架意味着模具中树脂含量较高，而树脂材料由于热膨胀等热力学行为，经常会因热应力导致陶瓷支架破裂。因此采用光敏树脂制作陶瓷支架管道负型，采用具有较低热膨胀系数的聚苯乙烯微球作为致孔剂材料（粒径分布 500～600 μm），制造陶瓷支架的多孔结构。由于颗粒粘接的良好与否直接影响孔与孔之间的连通，因此连通孔径在间接成形支架多孔结构中至关重要。采用 CT 对聚苯乙烯微球形成的微孔进行连通孔径形貌观察与尺寸测量，测量结果如图 4-40 所示。

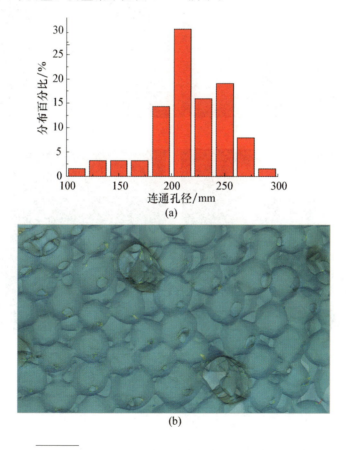

**图 4-40　光固化间接成形陶瓷支架多孔结构孔径分布**

(a)连通孔径尺寸分布；(b) 多孔结构的形态。

徐尚龙等研究提出一种仿生多管道网络结构，该结构仿照皮质骨内哈弗微管道系统设计，并对其管道间夹角、管道辐射数量等进行了优化设计。研究认为，合理的管道结构能够在支架内形成良好的血液循环供应系统，并且能够控制流速在合理的范围内，有利于新生组织的形成与生长。本节研究采用光固化直接成形与间接成形技术制造支架内部管道系统，陶瓷支架内部管道系统如图4-41所示。

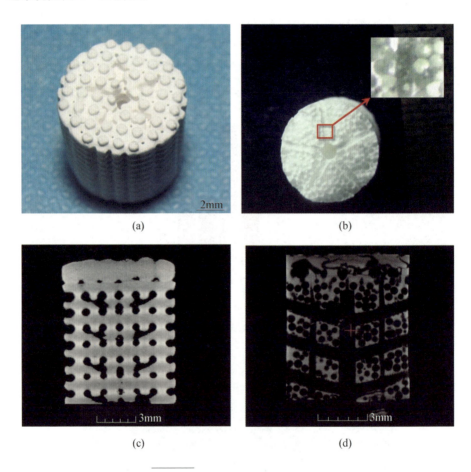

图4-41 管道复合多孔陶瓷支架

(a)光固化直接成形陶瓷支架；(b)光固化间接成形陶瓷支架；
(c)陶瓷多孔管道结构(直接成形)；(d)陶瓷多孔管道结构(间接成形)。

从图4-41中可以看出，光固化直接成形制造的陶瓷支架管道结构并不明显，原因为陶瓷多孔结构与管道结构大面积接触，在陶瓷光固化成形工艺中,由于激光散射及浆料的残留,管道结构成形效果较差;而在间接成形工艺中,实行的是致孔剂与树脂负型脱模工艺,致孔剂与树脂材料是小面积接触,因此管道结构在多孔结构支架中较为明显。依据后期动物实验的需求,采用光固化间接成形技术制造包含界面结构及管道结构的陶瓷支架,利用显微 CT 提取支架管道结构,并将其与设计模型进行尺寸对比。支架管道结构设计模型与陶瓷模型如图 4-42 所示。

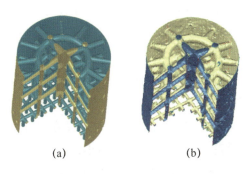

图 4-42

支架管道结构设计模型与陶瓷模型

(a) CAD 设计模型;

(b) 陶瓷支架 CT 数据。

从管道模型的结构特征出发,对其进行以下 4 个方面的尺寸评价:①竖直管道入口径、出口径尺寸、管道间距,如图 4-43(a)、(b)所示;②辐射状管道入口径、出口径尺寸、管道层间距,如图 4-43(a)、(c)所示;③辐射管道夹角尺寸,如图 4-43(c)所示;④环形管道孔径尺寸,如图 4-43(c)所示。

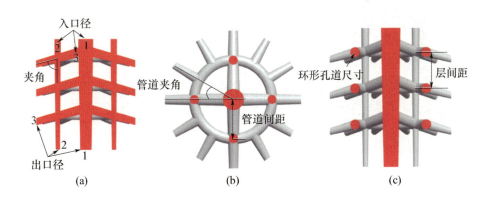

图 4-43　陶瓷支架管道网络结构

(a)管道夹角模型;(b)管道辐射模型;(c)环形管道截面。

将陶瓷支架树脂模具内部微管道 CT 数据与设计的 CAD 模型对比,分析结果如图 4-44 所示。从图 4-44 中可以得知,树脂模具与设计模型之间

的偏差范围为 $-0.708\sim0.976$，但 95% 集中于 $-0.23\sim0.23$ mm 内。将最终烧结成形的陶瓷支架与设计模型对比，对其进行整体三维偏差分析及从出口向入口每隔 0.5 mm 截取截面进行二维偏差分析，分析结果如图 4-44(b) 所示。从图 4-44(b) 中可以得知，陶瓷支架的 CAD 模型与陶瓷支架成品偏差范围为 $-3.354\sim3.383$，但 98% 点云数据的偏差绝对值集中于 $-0.705\sim0.705$ mm，其余的为陶瓷支架外壁与模型的偏差，由于陶瓷支架点云数据从 CT 中导出时空间分布均匀，因此统计结果表明，陶瓷支架经过烧结后，其内部管道结构与支架 CAD 模型的偏差小于陶瓷支架外径的偏差。从图 4-45(a)、(c)、(e)、(g) 中也可以看出，CT 数据中支架内部点云与 CAD 模型中管道截面轮廓的偏差较小，而外轮廓明显小于 CAD 模型的外轮廓，分析原因可能为陶瓷支架素坯烧结过程中，其内部的有机物经过碳化、烧失等过程，其内部的孔隙被陶瓷颗粒填充，在高温烧结条件下，陶瓷颗粒支架产生融合的现象，因此陶瓷支架整体表现出缩小的趋势。但是，支架内部，由于树脂模具尺寸相对于设计尺寸偏大，支架管道的收缩趋势被抵消，因此管道特征尺寸相对于设计尺寸偏差很小，这个特征与陶瓷光固化直接成形工艺有着明显的区别。

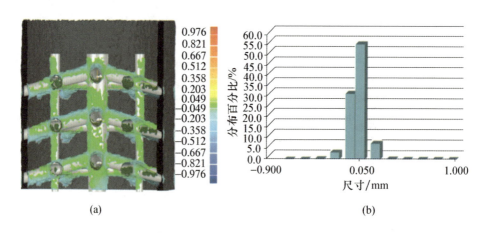

图 4-44　树脂模具与设计原型偏差色谱图

(a) 树脂模具与设计的管道模型偏差；(b) 尺寸分布范围。

上述提及的 4 个方面的尺寸测量结果如表 4-13 和表 4-14 所示。由表 4-13 可知，陶瓷支架的管道尺寸特征相对于设计尺寸均有所偏大，而定位尺寸特征相对于设计尺寸有所变小（灰色部分），原因在于陶瓷支架素坯中含有部分的聚丙烯酰胺有机物，高温条件下会烧失，陶瓷颗粒间距减小、融合，填充原有的有机物空间，因此支架整体的定位及外形尺寸呈现缩小趋势。陶瓷支架的外径相对于设计尺寸收缩为8.5%。

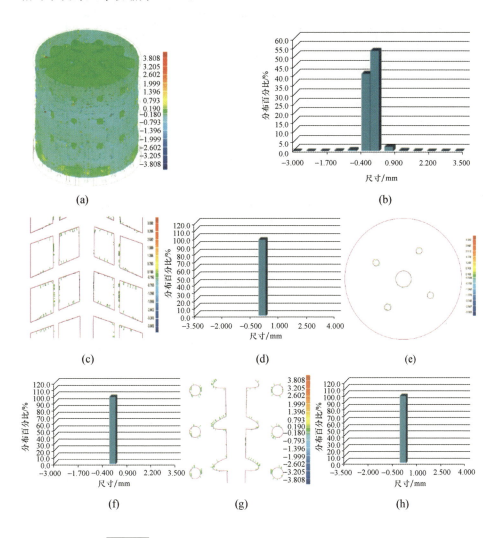

图4-45 陶瓷支架不同部位截面与设计尺寸偏差色谱图

（a）陶瓷支架三维模型偏差色谱；（b）陶瓷支架整体尺寸偏差分布图；

（c）、（e）、（g）陶瓷支架二维管道模型偏差色谱；

（d）、（f）、（h）陶瓷支架二维管道尺寸偏差分布图。

表4-13 陶瓷支架管道尺寸与设计尺寸偏差值①($n=5$,平均值)

| 项目 | 管道纵截面结构[图4-11(a)] | | | | | | |
|---|---|---|---|---|---|---|---|
| | 入口径1 /mm | 入口径2 /mm | 入口径3 /mm | 出口径1 /mm | 出口径2 /mm | 出口径3 /mm | 夹角 /(°) |
| 设计模型 | 1.38 | 0.526 | 0.765 | 1.045 | 0.38 | 0.62 | 75 |
| 树脂负型CT模型 | 1.45 | 0.59 | 0.81 | 1.24 | 0.45 | 0.97 | 72.20 |
| 陶瓷支架CT模型 | 1.39 | 0.56 | 0.77 | 1.11 | 0.37 | 0.75 | 73.10 |
| 树脂负型偏差/% | +5.10 | +12.20 | +5.90 | +18.70 | +18.40 | +56.45 | -3.70 |
| 陶瓷支架偏差/% | +0.72 | +6.07 | +0.65 | +6.22 | -2.63 | +20.96 | -2.53 |

注:"+"表示尺寸相对于设计尺寸偏大;"-"表示尺寸相对于设计尺寸偏小。

表4-14 陶瓷支架管道尺寸与设计尺寸偏差值②($n=5$,平均值)

| 项目 | 管道横截面结构 [图4-11(b)] | | 环形管道截面结构 [图4-11(c)] | |
|---|---|---|---|---|
| | 管道间距 /mm | 管道夹角 /(°) | 环形孔道尺寸 /mm | 层间距 /mm |
| 设计模型 | 3.45 | 30 | 0.68 | 2.45 |
| 树脂负型CT模型 | 3.24 | 29.98 | 0.85 | 2.99 |
| 陶瓷支架CT模型 | 3.36 | 30.12 | 0.76 | 2.42 |
| 树脂负型偏差/% | -7.50 | -0.070 | +25.00 | +22.04 |
| 陶瓷支架偏差/% | -2.61 | +0.40 | +11.76 | -1.22 |

注:"+"表示尺寸相对于设计尺寸偏大;"-"表示尺寸相对于设计尺寸偏小。

2. 陶瓷支架成分检测

本节对比不同骨支架材料,并最终选择β-磷酸三钙陶瓷粉末作为骨支架制造的原材料,该材料存在着另外一种相——α-磷酸三钙(α-TCP),而α-TCP在组织环境中难以降解,因此,采用X射线衍射分析法对在不同温度烧结时的材料成分与原始材料成分进行对比,确保陶瓷支架在高温烧结条件下,保持β-TCP成分不变。材料检测分组如表4-15所示。采用设备为多功能粉末衍射仪(XPert Pro,荷兰帕纳科公司),精度为1%。

表 4-15　不同工艺阶段的陶瓷支架成分变化

| 项目 | 原始粉末 | 干燥后 | 1150℃烧结后 | 1180℃烧结后 |
|---|---|---|---|---|
| 成分 | β-TCP | β-TCP | β-TCP | β-TCP，α-TCP |
| 质量分数/% | 100 | 100 | 100 | 42.73，57.27 |

从表 4-15 中可以看出，陶瓷支架原材料纯度高，在成形、干燥工艺阶段没有受到污染，成分均为 β-磷酸三钙，在高温烧结阶段中，1150℃条件下材料成分仍然保持不变，但在 1180℃条件下，材料出现 α-磷酸三钙，并且占材料的主要部分，原因为材料超过某一温度后，其内部原子空间排布方式发生变化。通过 XRD 成分检测，确定陶瓷支架的最高烧结温度为 1150℃，确保陶瓷支架的生物相容性与降解性能。XRD 结果如图 4-46 所示。

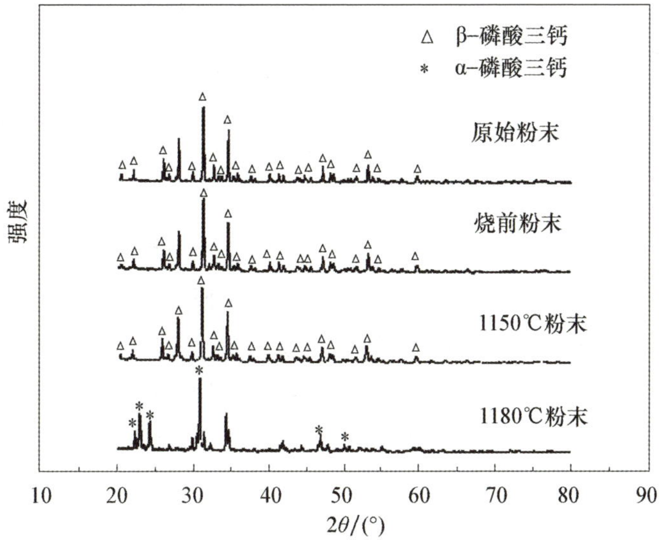

图 4-46　各组不同工艺状态的 XRD 图谱

### 3. 陶瓷支架孔隙率测定

陶瓷支架的多孔特征能够保证支架与周围组织环境的物质交换，便于细胞的渗入、迁移，最终有利于组织的长入及新生组织与周围组织的融合。采用显微 CT 法及液体浸润法对所制造的陶瓷支架进行孔隙率的测定与计算。显微 CT 法是指采用 CT 设备获取陶瓷支架的三维模型，通过软件测量其三维实体体积 $V_1$，计算其表观体积 $V_2$（将陶瓷支架当作实体时的体积），则孔隙率

为 $P_{CT}=(V_1/V_2)\times100\%$；液体浸润法是指将浸泡有多孔陶瓷材料的二甲苯溶液置于低压条件下，使液体充分进入支架内部，测定进入支架内部液体的质量并计算出体积。具体步骤如下：①采用超声波清洗机清洗陶瓷支架 2h，置于烘箱中烘干(12h)；②在空气环境中称量支架干重 $m_1$，置于浸渍液中，在 7.09kPa 下浸润 20min，常压下后继续浸润 10min；③取出陶瓷支架，刷去表面液体后，在空气环境中称量湿重 $m_2$，在浸渍液中测量悬重 $m_3$；④依据式(5-1)计算陶瓷支架孔隙率，每个试样测量三次，测量 5 个试样。

$$P=[(m_2-m_1)/(m_2-m_3)]\times100\% \quad (5-1)$$

分别对光固化直接成形多孔陶瓷支架与间接成形的多孔陶瓷支架依据上述两种方法进行孔隙率测定，测定结果如表 4-16 所示。

表 4-16 不同结构陶瓷支架孔隙率测定($n=5$)

| 孔隙率 | 光固化直接成形多孔陶瓷 | 光固化间接成形多孔陶瓷 | 光固化直接成形管道陶瓷 |
| --- | --- | --- | --- |
| 理论孔隙率/% | 72 | 16 | 16 + 微球造孔 |
| CT 法孔隙率/% | 66.25±1.26 | 20.81±0.66 | 78.49±5.25 |
| 浸润法孔隙率/% | 65±2.30 | 18±1.20 | 76±4.40 |

表 4-16 表明，采用 CT 法测定的数据均大于浸润法测定的数据，主要原因在于 CT 法是基于图像获取后的体素进行计算，得出所选区域的体积，具有计算精度高等优点，而采用浸润法测定时，对于闭气孔则无法吸附液体，存在着一定的测量死角。此外，从测出的数据中可以看出，光固化直接成形的陶瓷支架孔隙率小于设计值，这是由于本节中光斑散射造成的陶瓷支架尺寸偏小所致；而光固化间接成形陶瓷支架相对设计值有一定的偏大，也是由于本节中提到的陶瓷与树脂材料接触处的掉粉引起的尺寸稍微放大所致。表 4-4 中浸润法数值与 CT 法数值可近似看作多孔陶瓷支架的连通率(开孔隙率)，对比两种不同工艺制造的多孔陶瓷支架中可以得知，光固化直接成形陶瓷支架的连通率(98.11%)大于间接成形的多孔陶瓷支架(96.83%)，其原因可从 4.1.1 节中获得：直接成形中球孔之间的连接径远远大于间接成形中微球之间的点接触。

由于陶瓷支架植入后主要承受关节的压力，因此对支架的压缩力学强度进行测定。所采用的设备为深圳市新三思材料检测有限公司生产的 8503 型微机控制电子万能实验机，实验加载速度为 0.5mm/min，温度为室温。压缩强度测定结果如图 4-47 所示。

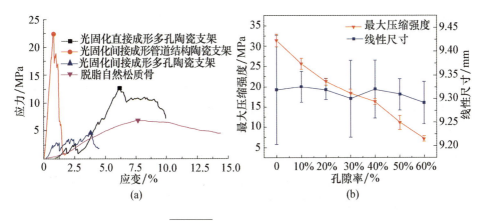

**图 4-47　压缩强度测定结果**

(a)不同结构陶瓷支架的压缩强度曲线；(b)陶瓷压缩强度与孔隙率的关系。

孔隙率与陶瓷支架力学性能是一对相互影响的因素，较高的孔隙率通常表现出力学强度不足等缺陷，对不同孔隙率的陶瓷支架进行压缩强度测定，对最终制造成形的多孔结构支架进行力学测定，并与自然脱钙骨支架进行对比分析。

管道结构陶瓷支架由于孔隙率较低（20.81%），最大压缩强度可达 22.5MPa；光固化直接成形多孔陶瓷支架孔隙率在 66.25% 时最大压缩强度为 12MPa，而光固化间接成形陶瓷支架孔隙率在 78.49% 时，最大压缩强度为 5MPa±0.32MPa，其最大压缩强度小于自然松质骨的压缩强度；相对于间接成形陶瓷支架内部多孔结构的无序排列，直接成形的陶瓷支架具有规则空间排布的多孔结构，拥有更好的抗压能力。此外，陶瓷支架相对于自然人体脱脂松质骨，具有较高的压缩强度，但是塑性较差。随着陶瓷支架孔隙率的提高，支架的最大压缩强度呈现递减趋势。陶瓷支架的压缩力学性能测试表明，采用两种工艺方法制造的陶瓷支架在适当的孔隙率条件下，其抗压性能满足支架植入后的力学需求，有利于构建功能化的骨软骨组织修复。

## 4.2.2　PEGDA 水凝胶软骨支架的性能评价

### 1. PEGDA 水凝胶形貌观察

研究采用光固化直接成形技术制造软骨组织工程支架，所采用的材料为

PEG(400)DA 溶液，PEGDA 水凝胶支架植入后作为软骨支架，应具有一定的空间结构，有利于营养物质的交换，但是与传统工艺中对胶原、壳聚糖等天然材料进行冷冻干燥致孔的方式不同，PEGDA 水凝胶本身具有网络结构，有利于物质的传输。在第 3 章中对其工艺参数进行优化后，制造出二维图案 PEGDA 水凝胶及具有空间三维结构的 PEGDA 水凝胶，采用光学显微镜对其进行形貌观测，采用扫描电镜对其微观孔隙结构进行观测，如图 4-48 所示。软骨支架在植入后外形应与关节植入部位曲面相匹配，有利于关节之间的外形配合，减小棱角摩擦，避免软骨支架的破坏，同时有利于促使修复组织最终成形厚度均一性。采用逆向工程的方法，获取兔膝关节曲面，基于其几何特征构建 PEGDA 水凝胶的 CAD 模型图[图 4-49(a)]，采用光固化技术制造完成后，采用显微 CT 对其外形貌轮廓进行提取，将其与设计曲面模型进行偏差分析[4-49(b)]。图 4-49 中宽度设计值为 1.5mm，固化后其宽度值为 1.52mm±0.01mm。从图 4-48 中可以看出，相对于设计尺寸，二维水凝胶轮廓有所增大。分析认为，PEGDA 水凝胶固化分为填充扫描与轮廓扫描，填充扫描完成后形成的水凝胶对随后进行的轮廓扫描激光束有一定的反射作用，造成轮廓尺寸偏大。从图 4-49 中可以看出，含水 PEGDA 水凝胶支架冷冻干燥后，由于冰晶的升华，产生交错状管道结构，便于细胞与纤维的长入，营养物质的交换传输。

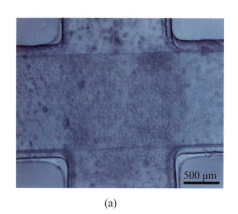
(a)

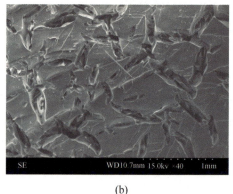
(b)

图 4-48　水凝胶结构

(a) PEGDA 水凝胶二维图案结构；(b) PEGDA 水凝胶微观结构。

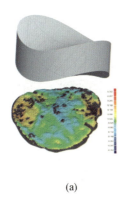
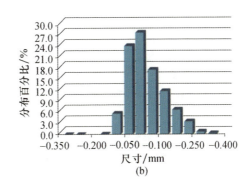

**图 4-49　PEGDA 水凝胶曲面与 CAD 设计曲面的偏差色谱**
（a）PEGDA 水凝胶偏差色谱图；（b）尺寸偏差分布图。

从图 4-49 中可得知，采用光固化快速成形技术直接制造的 PEGDA 水凝胶的成形精度较高，与设计模型的偏差集中于 $-0.05\sim0.25$mm，主要原因为制作 PEGDA 水凝胶时对其 CAD 模型进行分层处理，层厚设置为 0.4mm，导致外轮廓相对于设计值产生偏差。其偏差数值计算结果表明，PEGDA 水凝胶的三维结构成形性满足软骨支架植入后与受损区域轮廓相匹配的需求。

### 2. PEGDA 水凝胶成分检测

PEGDA 水凝胶是一种具有高度生物相容性的材料，在组织工程领域有着广泛的应用，其主链分子为聚乙二醇，但在侧链接枝了丙烯酸酯基团，它具有 C═C 双键，通过侧链的聚合，能够形成性能稳定的 PEGDA 水凝胶。采用 PEG(400)DA 溶液在光引发剂 I-1173（2-羟基-甲基苯基丙烷-1-酮）的作用下，形成双键连接，所采用的光引发剂具有生物相容性。PEGDA 水凝胶制作完成后进行冷冻干燥，研磨成粉末状样品，溴化钾压片处理，采用红外光谱仪[VERTEX 70 红外光谱仪，布鲁克光谱仪器公司（BRUKER OPTICS）]对其进行材料成分分析，并与原始成分中的 PEG(400)DA、I-1173 成分进行对比分析结果如图 4-50 所示。

单体与光引发剂 I-1173 的化学式如下。

$$H_2C=CH-\overset{O}{\overset{\|}{C}}-(OCH_2CH_2)_n-O-\overset{O}{\overset{\|}{C}}-CH=CH_2$$

结果表明,光引发剂Ⅰ-1173中3500cm$^{-1}$处的—OH接到PEGDA水凝胶上,而PEG(400)DA溶液在1635cm$^{-1}$处的—C=C—双键在PEGDA水凝胶中减弱,此时双键发生断裂交联反应,1750cm$^{-1}$为C=O双键的强吸收峰。由红外光谱检测结果可知,PEG(400)DA溶液与光引发剂Ⅰ-1173溶液混合,在355nm波长的照射下,能够合成具有生物相容性的PEGDA水凝胶溶液。

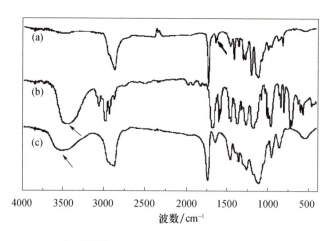

图4-50 PEGDA水凝胶红外光谱分析
(a) PEG(400)DA单体;(b) Ⅰ-1173;(c) PEGDA水凝胶。

### 3. PEGDA水凝胶的吸水率测定

自然软骨具有丰富的含水量,具有一定的渗透压力,能够缓冲关节压力,支撑关节的运动能力。采用光固化制造的PEGDA水凝胶内部网络结构具有含水保水能力,将对不同组分的PEG(400)DA溶液成形的水凝胶进行吸水率的测定,并与自然软骨进行对比。分别测定体积分数为30%、40%、50%、60%的PEG(400)DA溶液固化成形的水凝胶,对其充分溶胀后,进行烘干,称量其干重$W_干$,浸入去离子水中,每隔5s取出,取出表面溶液,测量其湿重$W_湿$,其吸水率公式为$P=(W_湿-W_干)/W_湿$。PEGDA水凝胶的吸水率测试结果如图4-51和表4-17所示。

图4-51和表4-17结果表明,随着溶液中PEG(400)DA单体体积分数的增加,水凝胶的初始吸水溶胀速率降低,在15~20s后均达到溶胀平衡;同时,水凝胶的吸水率呈现递减的趋势,当PEG(400)DA体积分数为30%

时，制造的水凝胶在各组中具有较高的吸水率，为 66.03%。低浓度 PEG(400)DA 溶液形成的水凝胶具有较高的吸水速率与吸水率，原因在于低浓度的 PEG(400)DA 溶液在激光曝光条件下，由于分子浓度较低，产生的链长度与高浓度溶液相比更长，形成的同体积的水凝胶，其内部网络结构更加疏松，因此具备吸收更多水分的能力，吸水速率也更快。表 4-17 显示 30% PEG(400)DA 溶液制造的水凝胶能够吸收自身 1.91 倍的水分。

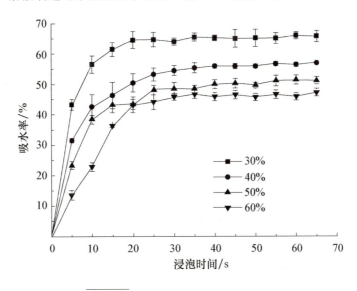

图 4-51　PEGDA 水凝胶吸水率测试

表 4-17　PEGDA 水凝胶溶胀率($n=5$)

| PEGDA 体积分数/% | 吸水率/% |
| --- | --- |
| 30 | 66.03±1.20 |
| 40 | 56.95±0.23 |
| 50 | 51.38±1.52 |
| 60 | 47.24±1.33 |

#### 4. PEGDA 水凝胶静态压缩力学测定

作为骨软骨组织工程复合支架的软骨支架部分，PEGDA 水凝胶必须具有与自然软骨相近的力学性能，复合支架植入后，在循环关节力学刺激下，有利于骨软骨组织的修复与缺损部位功能的再生。因此，本节对所制造的不同组分的 PEGDA 水凝胶进行静态力学的测定，计算其弹性模量。采用微机控制万能实验机（CMT6503 型，深圳市新三思材料检测有限公司）测试直径为 10mm，高度为 15mm 的标准圆柱水凝胶，测试速率为 0.5mm/min，每个样品压缩至 35% 应变，温度为室温。不同组分 PEGDA 水凝胶的静态压缩力学曲线如图 4-52（a）所示。对每个力学测定获得的曲线进行如下处理：在 Origin 绘图软件中对力学曲线中 10%、30%，以及整个曲线进行斜率拟合分别命名为初段弹性模量、末段弹性模量、平均弹性模量。

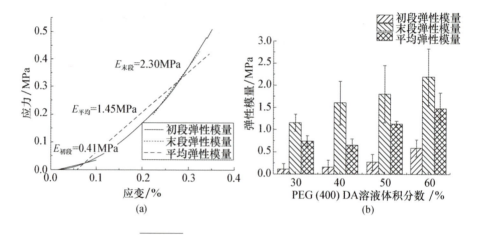

**图 4-52　PEGDA 水凝胶压缩强度测定**

(a) 弹性模量计算曲线示例；(b) 不同组分水凝胶弹性模量。

PEGDA 水凝胶弹性模量如图 4-52(b) 所示，其具体数值如表 4-18 所示。结果表明，随着 PEG(400)DA 溶液浓度的提高，成形的水凝胶的初段、末段、平均弹性模量均增加，其中，平均弹性模量均大于 0.5MPa，处于自然软骨弹性模量范围之内（自然软骨为 0.444～17.3MPa）。由此可知，在 PEG(400)DA 溶液浓度较低时，形成的 PEGDA 水凝胶网络结构更加疏松，其弹性模量小于其他组。因此，结合本节中获得的 PEGDA 水凝胶吸水率测定结果，可以得知，随着 PEG(400)DA 溶液体积分数的增加，其光固化成形的 PEGDA 水凝胶内部网络结构由疏松变得致密，吸水率降低，压缩弹性模量增加。当体积分数为 30% 时，其吸水率达 66.03%，平均压缩弹性模量为 0.74MPa±0.12MPa。与自然软骨的吸水率及弹性模量相近（80%，0.4～

14MPa），符合骨软骨组织工程支架的需求。

表 4-18 PEGDA 水凝胶压缩弹性模量（$n=5$）

| PEG(400)DA 体积分数/% | 初段弹性模量/MPa | 末段弹性模量/MPa | 平均弹性模量/MPa |
| --- | --- | --- | --- |
| 30 | 0.11±0.08 | 1.16±0.18 | 0.74±0.12 |
| 40 | 0.15±0.12 | 1.60±0.40 | 0.65±0.14 |
| 50 | 0.26±0.10 | 1.81±0.62 | 1.12±0.07 |
| 60 | 0.58±0.13 | 2.19±0.63 | 1.49±0.34 |

采用光固化直接成形 PEGDA 水凝胶，通过研究曝光量与实体单元的成形尺寸的关系（线、面、体），优化 PEGDA 水凝胶三维成形的激光工艺参数，能够成形较高精度的三维结构，与 Arcaute Karina 等的研究结果相比，具有更小的单层成形厚度（本书中为 0.4mm，文献中为 0.62mm）。PEGDA 水凝胶具有较高的吸水率及良好的力学性能（吸水率 66.03%±1.20%，弹性模量 0.74 对制造的 PEGDA 水凝胶进行了成分检测、吸水率及静态压缩强度的测定等方面的性能评价。结果表明，30% 成分制造的 PEGDA 水凝胶具有较高的吸水率、与自然软骨相近的力学性能，其成分为具有生物相容性的 PEGDA 聚合物，作为软骨支架，具有承担一定的关节载荷冲击的能力。

### 4.2.3 水凝胶/陶瓷复合支架的性能评价

骨/软骨复合支架之间需具有稳定的黏结，植入后能够稳定的维持一定的时间，才能保证在组织修复过程中为细胞贴附、增殖、长入提供着位点。因此，骨软骨复合支架植入后，软骨支架能否稳定存在很大程度上决定了修复效果的良好与否。

由于复合材料复合后，植入状态为湿态，无法执行第 2 章提到的剪切测试方法 1、拉伸测试、扭转测试，依据测试方法 2 对复合材料进行剪切强度测定，骨软骨复合支架测定夹具设计如图 4-53 所示。采用光固化曝光法直接将 PEGDA 水凝胶成形于第 2 章所设计的界面结构上，依托其圆孔形结构，以及陶瓷表面陶瓷颗粒间孔隙，增强复合材料之间的黏结力。其剪切测试结果如图 4-54 所示。结果表明，随着界面圆孔面孔隙率的增加，其最大剪切强度呈现增加的趋势。当陶瓷界面孔隙结构的面孔隙率达到 30% 时，其最大剪切强度值达到 0.36MPa，与自然骨软骨剪切强度相近，有利于骨软骨复合支架植入后的稳定性，对于关节的运动与摩擦磨损能够起到一定的支撑作用，有利于缺损关节的功能恢复。

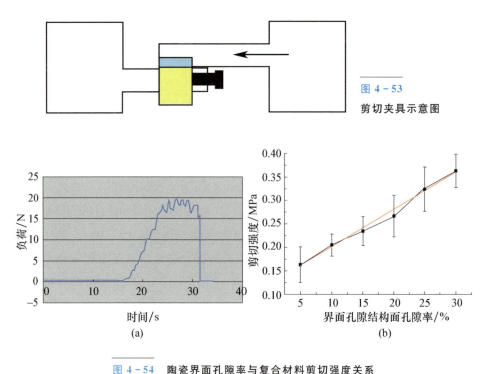

图 4-53 剪切夹具示意图

图 4-54 陶瓷界面孔隙率与复合材料剪切强度关系
(a) 剪切力学曲线实例；(b) 界面结构面孔隙率与剪切强度的关系。

从图 4-54 中可以得知，PEGDA 水凝胶与陶瓷支架复合后，两者之间的剪切强度与界面孔隙的面孔隙率呈现出线性关系，在 Origin 绘图软件中对其进行线性拟合，其拟合公式为 $P_{shear} = 0.123 + 0.79 \times S_{porosity}$。

对剪切后陶瓷表面进行微观结构电镜观察（图 4-55），可以发现在水凝胶与陶瓷之间存在着类似触角的黏结现象[图 4-55(a)、(b)]，水凝胶渗入颗粒之间 1~2μm 的孔隙内；在陶瓷界面表面 10~15μm 的孔隙内，同样填充着 PEGDA 水凝胶。正是由于这些微细黏结结构的存在，PEGDA 水凝胶/陶瓷复合材料之间的剪切强度大于胶原/陶瓷复合支架之间的剪切强度。PEG(400)DA 溶液渗入陶瓷颗粒间孔隙结构及宏观圆孔形陶瓷界面结构后，原位固化成形，能够以机械嵌锁方式及低压吸附等理化方式维持水凝胶/陶瓷界面的稳定。对水凝胶/陶瓷复合支架界面的黏结强度进行了剪切力学测试。结果表明，界面面孔隙率为5%，其剪切强度为0.16MPa±0.05MPa，界面面孔隙率为30%，其剪切强度为0.36MPa±0.04MPa，远大于Celeste Scotti等研究的胶原软骨支架与骨支架的黏结强度(0.013MPa±0.002MPa)，主要原因为冷冻干燥法制造的胶原支架与骨支架表面的接触面积较小，在湿态条件下容易脱落，因而抗剪强度较低，而PEGDA水凝胶能够深入陶瓷支架表面微观孔隙结构中，并通过界面孔隙增强两者之间的剪切强度。

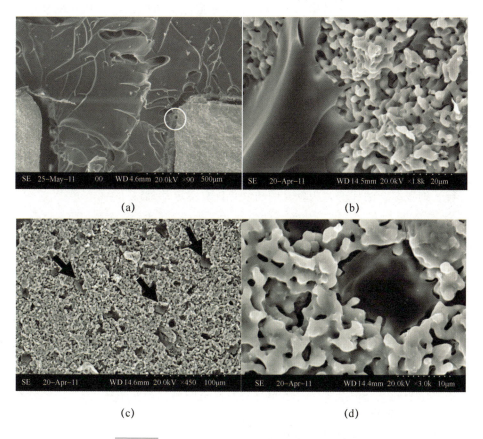

图 4-55　**PEGDA 水凝胶/陶瓷微观界面结构观察**
(a) PEGDA 水凝胶渗入界面管道；(b) PEGDA 水凝胶与陶瓷颗粒的微观黏结；
(c) 陶瓷微观孔隙结构形貌；(d) PEGDA 水凝胶填充陶瓷微观孔隙。

## 4.3 基于增材制造的 PEG/β-TCP 支架修复兔膝关节骨软骨缺损的实验

双相骨/软骨复合体得到学者们越来越多的关注，组织工程支架提供的力学支撑与刺激对干细胞增殖分化和之后相应的细胞外基质的分泌起着重要的作用。国际软骨修复协会（international cartilage repair society，ICRS）对动物实验及临床的软骨修复研究的组织学评价指南中指出，以下软骨修复指标至关重要：修复软骨是否透明软骨；关节软骨的表面是否光滑完整；修复组织是否具有区域组织性、Ⅱ型胶原、Ⅰ型胶原、胶原纤维排列是否合适；是否形成保持透明软骨基质的特殊细胞外基质形态；修复组织与周围软骨是否具有良好的侧向结合；修复软骨与软骨下骨结合是否良好，潮线结构有无再生；软骨下骨板及其下的骨组织是否具有正常结构。根据指南要求，将增材制造的骨软骨复合支架植入到骨骼发育成熟的新西兰白兔右膝关节滑车骨软骨绝对缺损（直径为 4.8mm，深度为 7.5mm）中进行修复研究，对骨软骨修复进行了细致综合的评价，为软骨的功能化修复奠定基础。

### 4.3.1 材料与方法

将烧结好的包含骨软骨界面设计的 β-TCP 生物陶瓷支架定位在光固化网板上，定位校准后，将体积分数为 30% 的 PEG 水凝胶直接光固化在陶瓷支架上形成骨软骨复合支架。所有植入材料，术前均使用双蒸水超声振荡洗涤，湿态分装后，[60]Co 辐照消毒（第四军医大学辐射中心）备用。6 月龄雄性新西兰白兔 40 只，体重为 2.5~3.5kg，由西安交通大学实验动物中心提供。所有动物实验均获西安交通大学实验动物管理委员会同意，实验遵循《实验动物保护与应用指南》实施。

缺损尺寸的选择对骨软骨修复的评价至关重要，新西兰白兔的绝对缺损大小是直径 3mm，文献推荐尺寸为 5mm，选择建立直径 4.8mm 大小骨软骨绝对尺寸缺损，在兔右侧股骨远端滑车关节面进行缺损模型制备，每只动物制备一个缺损。40 只动物分别于 1、2、4、8、16、24、52 周取材，实验组（E）每个时间点取 5 个样本，假手术组（S）每个时间点 5 个样本，24 周取材 5

个空白对照组样本(C)。

图4-56所示为兔髌骨关节面暴露及骨软骨缺损制备。

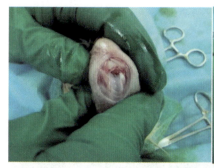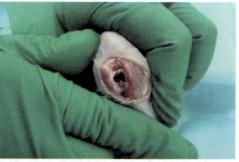

图4-56 兔髌骨关节面暴露及骨软骨缺损制备

## 4.3.2 评价手段

### 1. 大体外观评价

实验组和假手术组分别于术后16周、24周、52周,对照组于术后24周采用安乐死方法处死动物取材($n=5$),对软骨修复的中长期修复情况进行大体观察。根据Wayne评分体系,从新生软骨缺损覆盖范围、颜色、缺损边界及表面情况4个方面进行评价,共计16分。由三位经训练的专业技术人员在双盲条件下实施,结果以均数±标准差来表示。

### 2. Micro-CT扫描及三维重建

分别于术后1、2、4、8、16、24、52周对标本进行取材,用10%的福尔马林固定5天,使用Inveon Micro CT(西门子,德国)对取材的标本进行扫描(图4-57),扫描条件为:360°扫描,电压为30kV,电流为500μA,曝光时间为3000ms。新生软骨及软骨下骨三维结构用Mimicsl 3.0软件(Materialize,比利时)进行重建,重建精度为41.76μm。以髌骨关节滑车面关节骨软骨缺损修复区域为中心,应用MedCAD模块选取直径4.8mm、高度10mm的圆柱形区域,如图4-58(a)所示,作为整体感兴趣区域(total volume of interests,VOI-T),对区域内图像进行分割,其中灰度值范围分别为:软组织(-700~155)、钙化软骨层(15661)、软骨下骨(661462)、陶瓷材料(≥1463),通过区域分割，分析陶瓷之间内骨长入情况；选取陶瓷部分，分析陶瓷支架在整个修复过程中的降解情况。

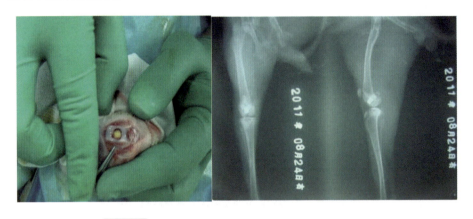

图 4-57　支架植入及术后 X 光片显示支架植入位置

### 3. 新生软骨下骨骨量分析

以骨软骨复合支架上方新生的软骨下骨为研究对象，通过对新生的软骨下骨的骨体积与缺损内骨迁移面积进行分析，来表示软骨下骨的骨量变化。

新生软骨下骨感兴趣区域选择：在之前建立的整体感兴趣区域范围内，应用 MedCAD 模块选取直径 4.8mm、高度 6mm 的圆柱形区域，两个感兴趣区域的圆柱形底面及圆心相互重合，且圆柱形的轴相互重合，作为陶瓷感兴趣区域（ceramic volume of interests，VOI－C）[图 4-58(a)]；对整体感兴趣区域（VOI－T）和陶瓷感兴趣区域（VOI－C）做布尔减运算，得到新生软骨下骨感兴趣区域（volume of interests of repaired subchondral bone，VOI－Bone）[图 4-58(a)]。对新生软骨下骨感兴趣区域（VOI－Bone）蒙版（Mask）进行阈值分割（thresholding），得到新生软骨下骨蒙版，进行三维重建，得到新生软骨下骨骨体积（subchondral bone volume），如图 4-58(a) 所示。

将新生软骨下骨骨迁移面积定义为，新生的软骨下骨在缺损范围内垂直方向的投射面积，为感兴趣面积（area of interests，AOI）；此投射面积在骨缺损横截面积所占的百分比则定义为软骨下骨骨迁移面积百分比。具体步骤为：使用 IPP 软件（image-pro plus software，media cybernetics，Inc）对软骨下骨迁移面积图像进行标尺校正（calibration）[图 4-58(b)]，然后对迁移的软骨下骨的前沿部分（类似向缺损中央伸出的骨舌）进行记录，将记录的线条封闭形成一个整体面积的部分(未被新生的软骨下骨占据的面积,红色部分)[图 4-58(b)],转化为独立对象(convert AOI to object)[图 4-58(b)],使用 Count/Size 命令计算红色部分面积[图 4-58(b)],然后计算得到软骨下骨迁移面积占缺损的百分比,从而得到软骨下骨迁移面积百分比(subchondral bone migration area percentage)。

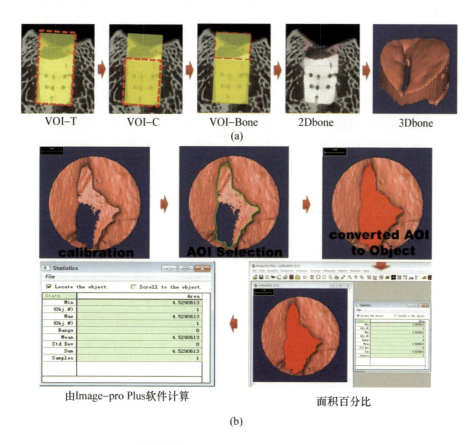

图 4-58 新生软骨下骨定量分析流程图

(a)软骨下骨骨体积;(b)软骨下骨迁移面积百分比。

### 4. 新生软骨下骨骨质量分析

从重建的三维模型中,应用布尔运算选取感兴趣的新生软骨下骨部分(图 4-58),得到新生软骨下骨的微结构参数:骨体积分数(bone volume fraction,BVF)、骨表面积分数(bone surface area fraction,BSAF)、骨小梁厚度(trabecular thickness，Tb. Th）、骨小梁数量（trabecular number，Tb. N）及标识骨小梁之间平均距离的骨小梁分离度（trabecular spacing，Tb. Sp）。

### 5. 组织学染色

取术后 16 周、24 周、52 周实验组及假手术组样本和 24 周对照组样本行组织学染色，对修复软骨情况进行观察。10%甲醛固定样本 48 h，然后置于 10% EDTA 中脱钙 3 个月，针刺法确定脱钙完全，用石蜡包埋、4 μm 厚薄层切片，进行番红 O/固绿特殊染色。根据 Wayne 评分体系，从新生软骨基质、细胞分布、表面光滑度、番红 O 着色情况及番红 O 着色范围 5 个方面对染色切片进行评价，共计 19 分。由三位经训练的专业技术人员在双盲条件下实施评价。同时，根据国际软骨修复协会评分体系，从组织形态、基质染色、组织完整性、软骨细胞分布、钙化软骨层完整性及潮线结构是否形成、软骨下骨形成、缺损填充、表面结构组织学评价、植入材料基底结合情况、植入材料侧向结合情况和炎症反应共 11 个对染色切片进行评价，共计 45 分，由三位经训练的专业技术人员在双盲条件下实施评价。

### 6. 免疫组织化学染色

采用免疫组织化学染色来确定新生组织中特异性成分的表达，如 II 型胶原蛋白为透明软骨特征性蛋白，I 型胶原蛋白用来表示新生组织中有无纤维软骨成分混杂，而 X 型胶原蛋白为钙化软骨层特征性蛋白，表示新生软骨组织的成熟程度，CD31 用来揭示新生软骨组织中是否存在退化的情况。

### 7. 力学性能测试

力学测试用来评价修复组织的生物力学特征，其中非侧限压缩实验用来评价新生软骨的压缩模量，而蠕变实验用来评价新生软骨组织的黏弹性能。方法为：用切割机分割骨软骨圆柱形复合体（直径为 3mm，高度为 5mm），浸泡于含有蛋白酶抑制剂的 PBS 溶液中，在力学测试之前，将样本放于 PBS 中室温下静置 4 h 使其充分平衡。使用力学实验机（SANS，型号 8503，美国）进行非侧限压缩实验，加载速度为 1mm/min，记录实验数据，得到应力－应变曲线，计算前 10%变形范围的曲线斜率，得到压缩模量值。

### 8. 生化检测

按照 Biocolor 试剂盒要求（Biocolor，英国），对 24 周、52 周取材修复的组织，用 0.175mg/mL 浓度的木瓜蛋白酶（Sigma）65℃过夜消化样品（0.2M 磷酸盐缓冲液，pH 为 6.4，0.1M 醋酸钠，0.005M 盐酸半胱氨酸，0.01M $Na_2EDTA$）。用 Blyscan™ Glycosaminoglycan Assay Kit（B1000，Biocolor，英国）试剂盒检测糖胺聚糖的生成量，酶标仪检测样品 656nm 吸光度，根据标准样品（牛气管硫酸软骨素，100 μg/mL）建立标准曲线，得到样品中糖胺聚糖的含量。按照 Biocolor 试剂盒要求（Biocolor，英国），对 24 周、52 周取材修复的组织，0.1mg/mL 胃蛋白酶（Sigma）（0.5M 醋酸溶液）4℃过夜消化样品，来提取新生组织中的胶原成分，用 Sircol™ assay Kit（S1000，Biocolor，英国）试剂盒检测胶原生成的量，酶标仪检测样品 555nm 吸光度，根据标准样品（牛皮肤胶原蛋白，500 μg/mL）建立标准曲线，获取样品中胶原蛋白的生成量。

### 9. 聚乙二醇水凝胶红外傅里叶成分检测

在仿生复合支架植入 52 周前后，对聚乙二醇水凝胶进行红外傅里叶检测，来确定水凝胶成分在植入过程中是否发生变化。具体而言，用手术刀小心将水凝胶支架从新生的骨软骨复合体中分离出来，经冷冻干燥，研磨成粉末状，取适量样品（约 1%）与干燥的溴化钾粉末均匀混合，压片处理为饼状，用红外傅里叶检测仪（Vetex70，布鲁克，德国）进行检测，实验条件为：室温，穿透模式，范围为 500～4000 $cm^{-1}$，精度为 4 $cm^{-1}$，平均重复测量 64 次。

### 10. 统计学方法

采用 SPSS17.0 统计学软件（SPSS Inc.，芝加哥，美国）进行分析。数据以均数±标准差表示，组间及组内各时间点间比较采用单因素方差分析及 Tukey post-hoc 分析，两两比较采用 $t$ 检验；采用 Pearson 相关分析软骨下骨骨体积、软骨下骨迁移面积、骨微参数间及与软骨修复（外观大体评分与组织学评分）之间的相关性；在存在相关关系的情况下，对其进行曲线估计及回归分析来表征两者之间相关关系程度。检验水准 $\alpha = 0.05$。

### 4.3.3 实验结果

整个观察期内实验组与假手术组均未见软骨支架脱层、明显免疫排斥反应及感染等并发症。在本研究中,每只动物的左侧膝关节均施行与实验组相同的切开脱位缝合等手术操作,作为假手术对照组,分别定义为 S1、S2、S4、S8、S16、S24 和 S52。鉴于各假手术对照组在大体外观及组织学染色上无明显差别,本研究中选取假手术组 S24 为代表性假手术组与各实验组及空白对照组进行比较。

#### 1. 大体外观评价

本研究着重对软骨修复的中长期修复效果进行观察。16 周时,实验组 75% 的缺损区域由白色半透明组织覆盖,新生组织表面与假手术组相比略粗糙,大部分缺损边界尚清晰可见;24 周时,整个缺损区域均被软骨样组织覆盖,新生软骨组织表面较光滑但表面略高,尚有一半缺损边界较明显;52 周时,新生软骨组织具有透明软骨的特征,呈白色半透明样,表面光滑,缺损边界已不可见。而对照组缺损区由暗红色纤维样组织填充,表面粗糙,整个缺损边界明显,如图 4-59 所示。

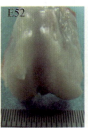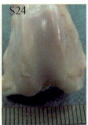

图 4-59 新生软骨大体外观

根据 Wayne 评分体系,修复软骨外观方面,16 周时,修复的软骨组织尚不完整,与假手术组相比存在较大差异($P<0.001$);24 周时,修复的软骨组织质量与 16 周相比明显改善($13.8333 \pm 0.9832$,$P=0.019$);52 周时,新生软骨组织外观评分无明显改善($P=0.764$),但仍与假手术组尚存在差距($P=0.018$)(表 4-19),表明随着修复推进,16 周至 24 周修复组织外观明显改善,达到较高的修复水平,而中后期则外观方面无明显变化。各时间点实验组均

明显优于空白对照组(7.0000±0.8944),差异有统计学意义。各时间点实验组评分与相应假手术组相比均存在差异($P<0.05$)。

表 4-19 实验组和假手术组术后 Wayne 大体观察评分($n=5, \bar{x}$)

| 组别 | 16 周 | 24 周 | 52 周 | 统计值 |
| --- | --- | --- | --- | --- |
| 实验组 | 10.0000±4.4721[①] | 13.8333±0.9832[②] | 14.6000±1.1212[③] | $F=9.026$<br>$P=0.001$ |
| 假手术组 | 15.5000±0.5477 | 15.6667±0.5164 | 15.8333±0.4083 | $F=0.682$<br>$P=0.521$ |
| 统计值 | $F=24.267$<br>$P<0.001$ | $F=16.351$<br>$P=0.002$ | $F=6.719$<br>$P=0.018$ | — |

① VS. 24 周,$P=0019$;② VS. 52 周,$P=0.764$;③ VS. 16 周,$P=0.001$。

#### 2. 组织学染色及评分

组织学番红 O/固绿染色结果显示,16 周修复组织学评分与 24 周有明显差异,而 24 周与 52 周则无明显差异,表明随着修复推进,16 周至 24 周修复组织质量明显改善,24 周时修复组与假手术组之间无明显差异,较空白组相比明显改善,而中后期整体评分方面无明显变化。

由于标本组织包埋过程需经过脱钙及二甲苯脱水等操作,β-磷酸三钙陶瓷支架中的钙磷颗粒被脱钙液去除,在组织学切片上只留下空的痕迹,而聚乙二醇水凝胶则被二甲苯脱去,水凝胶的位置在沙番 O/固绿染色切片中以红色虚线框标示,而脱钙后的陶瓷周围被长入的骨组织所包绕(图 4-60)。16 周时,修复软骨组织尚不完全,修复组织以透明样和纤维软骨混合而成,细胞排列尚不规律,可见细胞呈柱状排列与集簇排列,部分修复组织可见裂隙;潮线是位于非钙化软骨层与钙化软骨层之间的嗜碱性的分界线,是软骨成熟的一个重要的标志性指标,潮线结构与钙化软骨层对骨软骨缺损的成功修复具有重要意义。24 周时,新生软骨组织质量较前明显改善,细胞呈柱状排列,排列更加规律,软骨表面变得与正常软骨一样光滑,但尚未见潮线结构出现;52 周时,新生软骨组织情况与 24 周时相同,但潮线结构横贯出现于缺损区域内。而对照组主要由纤维样组织组成,染色着色甚少,未见明显成软骨细胞出现,如图 4-60 所示。

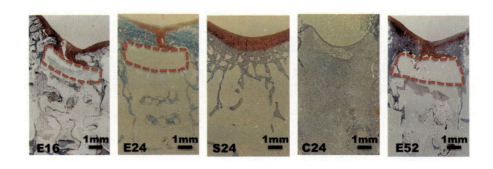

**图 4-60** 新生骨软骨组织学染色沙番 O/固绿染色,红色虚线部分为 PEG 水凝胶位置

Wayne 及 ICRS 组织学评分结果均显示(图 4-61),16 周时,修复的软骨组织尚不完整,与假手术组相比存在较大差异;24 周时,修复的软骨组织质量与 16 周相比明显改善;52 周时,新生软骨组织评分无明显改善。各时间点实验组均明显优于空白对照组,差异有统计学意义。

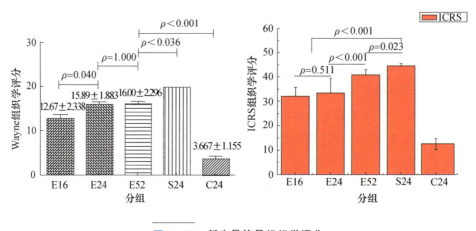

**图 4-61** 新生骨软骨组织学评分

综上,在一年的长期修复过程中,修复的关节软骨得到明显的改善,提示骨软骨绝对缺损修复的短期、中期和长期修复修复效果得到持续的改善。新生软骨逐渐从透明软骨/纤维软骨混合状态转化为透明软骨为主的组织(52 周)。

### 3. 免疫组织化学染色

新生软骨Ⅱ型胶原蛋白从 16 周开始即呈阳性表达,与假手术组相当(图 4-62);新生软骨Ⅰ型胶原蛋白 16 周时新生组织呈阳性表达(图 4-63),

24周与52周时均呈阴性表达，表达水平与假手术对照组相当；潮线结构下方的钙化软骨层在生理情况下表达 X 型胶原（Col - X），X 型胶原的表达方面，16周时则少见十型胶原表达（图 4 - 64），从 24 周开始新生软骨内 X 型胶原蛋白呈阳性表达，而空白对照组未见特异性 X 型胶原的表达。在一年的修复过程中，新生软骨 CD31 均呈阴性表达（图 4 - 65），未见软骨退化现象。

图 4 - 62　新生软骨Ⅱ型胶原蛋白免疫组织化学染色（IHC - Col - Ⅱ）

图 4 - 63　新生软骨Ⅰ型胶原蛋白免疫组织化学染色（IHC - Col - Ⅰ）

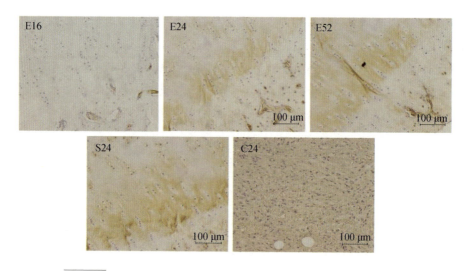

图 4-64 新生软骨 X 型胶原蛋白免疫组织化学染色(IHC-Col-X)

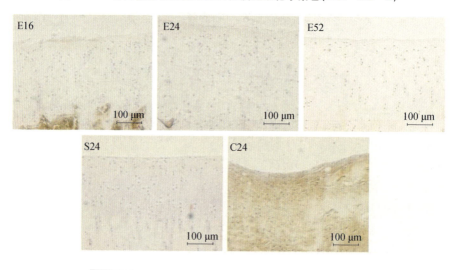

图 4-65 新生软骨 CD31 组织化学染色(IHC-CD31)

4. 生化检测

Biocolor 生化成分结果显示,24 周时新生软骨的 GAG 含量达到 $(0.3413 \pm 0.06286)\mu g/mg$ 湿重,达到假手术组的 85.325%,新生软骨糖胺聚糖成分与假手术组无明显区别;52 周时新生软骨的 GAG 含量达到 $(0.2790 \pm 0.07431)\mu g/mg$ 湿重,达到假手术组的 69.75%,出现小幅下降,不及假手术组,需结合组织学综合分析。52 周时,新生软骨胶原蛋白含量达到 $(51.4456 \pm 21.66122)\mu g/mg$ 湿重,与假手术组无统计学差异(图 4-66)。

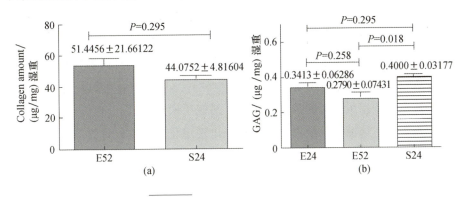

图 4-66　新生软骨组织生化检测

5. 力学性能分析

非侧限压缩实验结果显示(图 4-67),新生软骨的压缩弹性模量处在不断改善过程中。24 周后新生软骨的力学性能已与假手术组软骨力学性能无统计学差异,且优于空白对照组新生组织力学性能。蠕变实验结果显示(图 4-67),52 周新生软骨的平衡弹性模量达到 2MPa,高于自然软骨,渗透系数降至与正常软骨相同的数量级,数值上仍高于自然软骨。提示修复一年的软骨开始具备自然软骨的黏弹性特征,初步恢复软骨的液相承载功能。

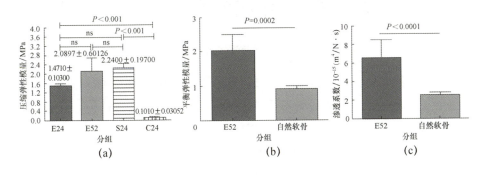

图 4-67　新生软骨生物力学性能分析

6. 新生骨软骨与周围组织结合情况

新生软骨如周围软骨组织的侧向结合是组织工程构建的重要挑战,在一年的软骨修复过程中,如图 4-68 所示,R 为新生修复软骨(repaired cartilage),

N为周围自然软骨（native cartilage），16周时新生软骨与周围软骨之间尚存在明显边界，如图4-68中箭头所示，侧向结合未实现，存在孔隙，且两者之间的组织形态存在明显区别，新生组织软骨未见细胞规则排列出现；至24周时，新生软骨与周围软骨初步实现侧向结合，结合界面处软骨下骨尚不连续，软骨下骨处于逐步整合的过程中；至52周时新生软骨与周围软骨组织的边界逐渐消失，形成与周围组织连续的骨软骨界面，与假手术组接近。而空白对照组周围软骨则出现蛋白聚糖染色缺失，周围软骨出现退化，新生软骨与周围软骨结合情况不佳。

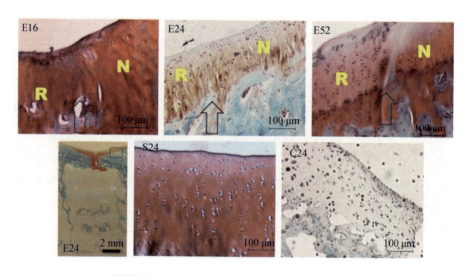

图4-68 新生骨软骨与周围组织侧向结合情况

新生骨软骨的垂直方向的结合也是软骨再生面临的重要挑战。在整个体内修复过程，骨软骨垂直界面整合逐步改善，具体而言，如图4-69所示。16周时新生软骨与软骨下骨之间直接沟通，可见软骨下骨骨髓腔与新生软骨之间直接接触，新生骨软骨界面之间尚不完整；24周时新生软骨与软骨下骨之间呈梳齿状结合，新生软骨深入软骨下骨较多，两者之间初步形成具有较好结合的骨软骨界面，但与正常骨软骨界面尚有差别，未见明显钙化软骨层形成；至52周时，新生软骨与软骨下骨之间形成明显的骨软骨界面，可见明显潮线结构形成，出现钙化软骨层的形成，形成具有透明软骨特征的结合良好的骨软骨界面，接近假手术组骨软骨垂直界面情况。而空白对照组新生软骨呈纤维组织特征，未见明显软骨下骨和明显骨软骨界面形成。

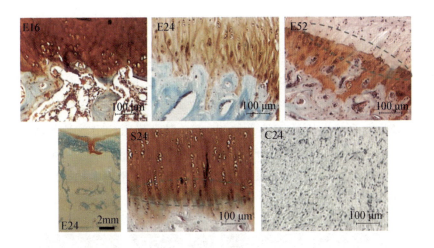

图 4-69 新生骨软骨垂直方向结合情况

本书将骨支架内骨长入以上的缺损内新生骨定义为新生软骨下骨。如图 4-70 所示,随着修复时间的延长,新生软骨下骨逐渐成熟。具体而言,16 周时软骨下骨部分充满红蓝相间的软骨内骨化现象,其中红色部分为软骨组织,而蓝色部分为软骨内骨化形成的软骨下骨组织,形成的软骨下骨结构尚不成熟;24 周时软骨下骨部分呈蓝色,可见部分骨髓腔形成,软骨下骨结构处在不断改建中,结构与正常软骨尚存在差异,未见漩涡样结构形成;52 周时形成与假手术组类似的漩涡样编织骨形态,软骨下骨呈成熟软骨下骨状态。而空白对照组则以纤维组织为主,未见蓝染的软骨下骨形成。

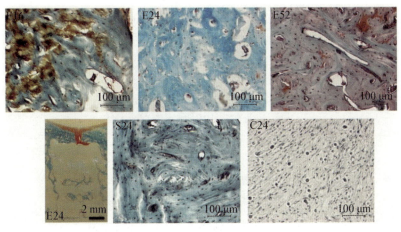

图 4-70 新生软骨下骨情况

### 7. 新生软骨下骨骨量变化及其与软骨修复的关系

从骨软骨修复的1周至24周，软骨下骨骨体积逐渐从2.200mm³增加至17.97mm³[图4-71(b)]，新生的软骨下骨持续性地从缺损四周逐渐向缺损中央推进[图4-71(b)]，至24周和52周，迁移的软骨下骨的前沿相互接近，逐渐汇合。24周时的新生软骨下骨骨体积与16周时相比较出现显著增加[$P=0.019$，图4-71(b)]，而52周时新生软骨下骨的骨量则未见明显增加（$P=0.991$，图4-71(b)）。24周和52周时软骨下骨的生成量均显著高于空白对照组（C24）（$P<0.001$，图4-71）。

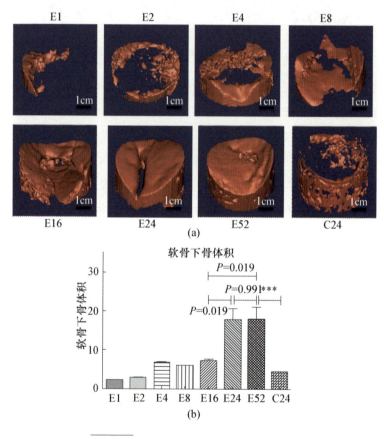

**图4-71 新生软骨下骨骨体积变化情况**

（a）软骨下骨体积；（b）软骨下骨骨体积变化。

将软骨下骨骨迁移面积定义为缺损内新生的软骨下骨三维重建模型在缺损正上方向的垂直投影面积，然后计算该面积占总缺损面积的百分比[图4-

58(b)],来反映修复的软骨下骨向缺损内迁移的程度,与新生软骨下骨骨体积一起,全面揭示新生软骨下骨的形成规律。

实验结果显示,与新生软骨下骨骨体积一样,软骨下骨骨迁移面积更直观地反映出骨迁移的趋势[图4-72(a)],新生的软骨下骨持续性地从缺损四周逐渐向缺损中央迁移,至24周和52周,迁移的软骨下骨的前缘相互接近,逐渐汇合。其中,在修复的早期阶段(植入后4周),软骨下骨迁移面积百分比迅速增加至53.33%(图4-72(b)),然后在植入后第8周出现短暂平衡,软骨下骨向缺损中央的迁移量未增加,出现暂时性的迁移量的减少,但与第4周相比,并无明显统计学差异($P=0.051$,图4-72(b)),至24周后达到一个平台期,此后至52周,新生软骨下骨的迁移面积百分比无明显变化(E24 VS. E16,$P=0.019$;E24 VS. E52,$P=0.991$,图4-72(b))。

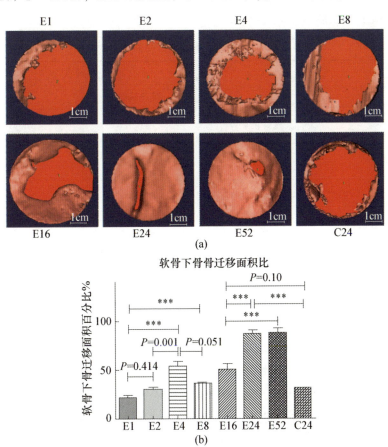

图4-72 新生软骨下骨迁移面积变化情况

综上，软骨下骨骨体积与骨迁移面积百分比均提示，新生软骨下骨确定逐渐从缺损四周持续性地向缺损中央推进。

对以上表征软骨下骨生成骨量的两个指标的时间依赖性行为进行统计学分析，发现软骨下骨骨体积与软骨下骨骨迁移面积百分比均与时间因素高度相关(皮尔逊相关系数 $r=0.799$，$P<0.001$，表4-21)。其中，软骨下骨骨体积与时间因素的回归分析显示，$r^2$(决定系数)线性回归 $r^2$ 为 0.638，二次项 $r^2$ 为 0.731，立方 $r^2$ 为 0.796，均满足 $P<0.001$(表4-20)；软骨下骨骨迁移面积百分比与时间因素的回归分析显示，$r^2$(决定系数)线性回归 $r^2$ 为 0.639，二次项 $r^2$ 为 0.761，立方 $r^2$ 为 0.800，均满足 $P<0.001$，如表4-20所列。软骨下骨骨体积和软骨下骨迁移面积均呈时间依赖性，软骨下骨骨体积与骨迁移面积百分比均提示，随着时间推移，新生软骨下骨逐渐从缺损四周向缺损中央迁移。

表4-20 软骨下骨骨量随时间的变化情况

| 项目 | | 时间点 | |
| --- | --- | --- | --- |
| | | 回归系数 | P值 |
| 软骨下骨骨体积 | 线性回归 $r^2$ | 0.638 | <0.001 |
| | 二次项 $r^2$ | 0.731 | <0.001 |
| | 立方 $r^2$ | 0.796 | <0.001 |
| 软骨下骨迁移面积 | 线性回归 $r^2$ | 0.639 | <0.001 |
| | 二次项 $r^2$ | 0.761 | <0.001 |
| | 立方 $r^2$ | 0.800 | <0.001 |

鉴于以上骨软骨绝对缺损修复过程中观察到的软骨下骨的生成规律，将新生软骨下骨骨体积与软骨下骨骨迁移面积百分比，分别与软骨修复的大体外观及组织学 Wayne 评分进行统计学相关分析，探讨软骨下骨重建与软骨修复之间是否存在内在的相关性，为实现骨软骨的功能化修复提供可行的修复策略。如表4-21所列，软骨下骨骨体积与软骨大体外观与时间及软骨修复之间存在正相关关系($r=0.865$，$P=0.001$)；与此同时，软骨下骨骨迁移面积百分比也与软骨大体外观 Wayne 评分存在相似的正相关关系($r=0.923$，$P=0.001$)。然而，这两个标识软骨下骨骨量的指标与新生软骨组织学 Wayne 评分之间未见相关关系($P>0.05$)。

表 4-21 软骨下骨骨量与时间及软骨修复评分之间的正相关关系

| 项目 | 软骨下骨骨体积 | | 软骨下骨迁移面积百分比 | |
|---|---|---|---|---|
| | r | P 值 | r | P 值 |
| 时间 | 0.799 | <0.001 | 0.799 | <0.001 |
| 大体外观评分 | 0.865 | 0.001 | 0.923 | <0.001 |
| 组织学评分 | 0.649 | 0.059 | 0.520 | 0.152 |

#### 8. 新生软骨下骨骨质量变化及其与软骨修复的关系

骨的改变主要包括量和质变化，前者是指骨的数量或体积，而后者指骨的微结构、骨胶原、骨基质矿化及微骨折的发生和修复能力。两者协同全面反映骨的改变情况。

在实验组修复过程中，新生软骨下骨处于不断改建重建中（图 4-73(a)），骨体积分数（BVF）、骨表面积分数（BSAF）、骨小梁数目（Tb. N）在第 2 周时首次出现明显增高，4~8 周时恢复至正常软骨下骨水平，16 周时再次出现明显升高过程，52 周恢复至正常水平；2 周、16 周与其余时间点比较差异均有统计学意义（$P<0.05$），2 周、16 周之间无明显差异，无统计学意义（$P>0.05$）。而骨小梁分离度（Tb. Sp）的变化规律与 BVF、BSAF、Tb. N 变化规律相反，第 2 周、第 16 周显著低于其余各时间点，差异有统计学意义（$P<0.05$）；2 周、16 周之间无明显差异，无统计学意义（$P>0.05$）。骨小梁厚度（Tb. Th）在整个修复过程中变化不明显，仅 24 周时出现升高（$P=0.022$），52 周时逐渐恢复至正常水平。

对软骨下骨微结构参数与软骨修复外观及染色 Wayne 评分进行皮尔逊相关分析，结果显示：骨体积分数（BVF）、骨表面积分数（BSAF）、骨小梁厚度（Tb. Th）、骨小梁数目（Tb. N）和骨小梁分离度（Tb. Sp）与修复软骨大体评分及组织学评分间均存在相关关系，其中骨体积分数、骨小梁厚度、骨小梁数目与大体评分高度相关，骨体积分数、骨小梁分离度与大体评分中度相关；骨体积分数、骨表面积分数、骨小梁厚度、骨小梁数目、骨小梁分离度与组织学评分均中度相关，如表 4-22 所列。回归分析显示，各软骨下骨微结构参数对软骨修复大体评分均有影响；骨小梁厚度对新生软骨组织学评分无明显影响，其余 4 个参数对组织学评分均有影响，如表 4-23 所列。

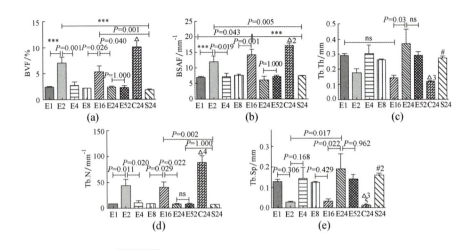

图 4-73 新生软骨下骨骨微结构参数变化情况

(a)BVF;(b)BSAF;(c)Tb.Th;(d)Tb.N;(e)Tb.Sp。

表 4-22 软骨下骨微结构参数与软骨修复的相关关系

| 参数 | 大体外观评分 | | 沙番 O/固绿组织学评分 | |
|---|---|---|---|---|
| | Pearson's r | P 值 | Pearson's r | P 值 |
| BVF | -0.755 | 0.019 | -0.778 | 0.014 |
| BSAF | -0.911 | 0.001 | -0.765 | 0.016 |
| Tb.Th | 0.804 | 0.009 | 0.656 | 0.055 |
| Tb.N | -0.802 | 0.009 | -0.760 | 0.018 |
| Tb.Sp | 0.755 | 0.019 | 0.702 | 0.035 |

表 4-23 软骨下骨微结构参数与软骨修复的回归分析

| 参数 | 大体外观评分 | | 沙番 O/固绿组织学评分 | |
|---|---|---|---|---|
| | 回归系数 | P 值 | 回归系数 | P 值 |
| BVF | 0.571 | 0.019 | 0.605 | 0.014 |
| BSAF | 0.830 | 0.001 | 0.585 | 0.016 |
| Tb.Th | 0.646 | 0.009 | 0.431 | 0.055 |
| Tb.N | 0.643 | 0.009 | 0.577 | 0.018 |
| Tb.Sp | 0.570 | 0.019 | 0.493 | 0.035 |

### 9. 复合支架材料植入前后情况

为揭示聚乙二醇水凝胶在整个修复过程所起到的作用,对植入后 52 周的样品中的水凝胶进行了成分及力学性能的检测。植入的聚乙二醇水凝胶在整个修复过程中留在植入部位的原位,如图 4-70 中红色虚线框中标示,图 4-74 中的黄色部分即为留在原位的水凝胶。支架植入 52 周后及植入前的傅里叶红外光谱(FTIR)成分检测结果(图 4-74)显示,水凝胶各峰归属如下:1640cm$^{-1}$ 处为酰胺键中的双键的吸收Ⅰ带与吸收Ⅱ带,提示大多数 $-C=C-$ 双键已被聚合;1730cm$^{-1}$ 归属于 PEGDA 中酯键的 $C=O$ 伸缩振动吸收峰;3453cm$^{-1}$ 的吸收峰是 PEGDA 中 N-H 键的振动吸收峰。植入后 52 周的水凝胶的傅里叶红外光谱典型各峰位置均与植入前的水凝胶的 FTIR 频谱保持一致,如图 4-74 所示。

此外,力学压缩实验也显示,52 周植入的聚乙二醇水凝胶的力学性能与其植入前的初始状态无统计学差异,力学抗压性能保持稳定,如图 4-74 所示。聚乙二醇水凝胶的力学性能及成分在整个修复过程均保持稳定,为骨软骨修复提供了仿生的力学环境,而陶瓷支架则逐步降解,与长入的骨形成锚定关系,将骨软骨复合支架固定在缺损内,为骨软骨修复提供了稳定的修复环境,促进骨软骨的功能化修复。

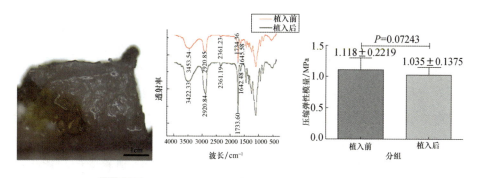

图 4-74 聚乙二醇水凝胶植入前后成分及力学性能变化

在一年的修复过程中,β-磷酸三钙陶瓷支架处于持续的降解过程中(图 4-75),陶瓷支架残存百分比从 16 周的 91% 至 24 周的 86%,逐渐降低至 52 周的 66%。与此同时,陶瓷骨支架内结构内骨长入量也逐渐增加,黄绿色部分为长入的骨,与陶瓷支架结构形成较好的锚定关系。综上,陶瓷支架降解与骨长入相伴随,与周围组织形成锚定关系,为骨软骨修复提供了稳定的修复环境，促进骨软骨的功能化修复。

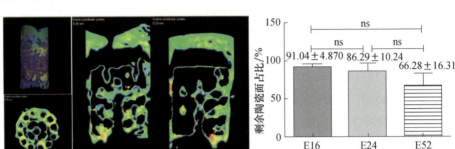

图 4-75　陶瓷支架降解二维 CT 图像分析及陶瓷支架降解率

软骨功能化修复的力学匹配至关重要，同时将相应组织生长所需的力学刺激传递至对应的空间位置是实现组织再生的一个最具吸引力的策略。然而，如何在同一个组织工程支架中实现力学性能的空间和时间的可控分布被证实是极具挑战性的难题。同样，精确控制骨软骨复合体的外形轮廓是一个亟待解决的重要问题。本研究制备了具有良好界面结合、外观轮廓与力学性能仿生双相 PEG/β-TCP 复合支架，通过分别控制水凝胶和陶瓷支架的力学性能，使之分别与软骨和软骨下骨的力学性能实现相应匹配。动物实验结果表明，新生软骨具备白色透明样外观、消失的边界；强沙番 O 组织着色、细胞分层规律排列、潮线结构形成、钙化软骨层形成、Ⅱ 型胶原强阳性表达及 Ⅰ 型胶原的阴性表达和软骨下骨重塑；52 周新生软骨的平衡弹性模量达到 2MPa，渗透系数降至与正常软骨相同的数量级，开始具备自然软骨的黏弹性特征，初步恢复软骨的液相承载功能。因此该支架能修复骨软骨绝对尺寸缺损，修复的软骨不发生脱层并发症，修复的软骨在外观、组织学及力学性能上均呈透明软骨特征，初步实现软骨的功能化修复，具有良好的骨软骨修复应用前景。

水凝胶-陶瓷支架为骨软骨修复提供了仿生的力学环境，促进骨软骨的功能化修复。但仿生力学环境对骨软骨修复的影响程度到底如何，通过何种分子机制作用，是本书未涉及的部分，将在此后进行更多具体的深度设计的实验对此进行研究，如将具有不同力学性能的聚乙二醇水凝胶支架植入动物膝关节骨软骨缺损中建立修复模型，研究力学环境对组织再生的更具体细节的影响情况，为实现组织再生提供理论基础。

## 参考文献

[1] 张维杰. 骨软骨仿生界面对软骨修复与软骨下骨重建的作用[D]. 西安:西安交通大学,2015.

[2] 朱林重. 水凝胶/陶瓷复合关节支架界面仿生设计与制造工艺研究[D]. 西安:西安交通大学,2012.

[3] GAO J,DENNIS J E,SOLCHAGA L A,et al. Tissue-engineered fab-rication of an osteochondral composite graft using rat bone marrow-derived mesenchymal stem cells[J]. Tissue Engineering,2001,7(4):363-371.

[4] SCHAEFER D,MARTIN I,SHASTRI P,et al. In vitro generation of osteochondral composites[J]. Biomaterials,2000,21(24):2599-2606.

[5] 边卫国. 仿生软骨/骨梯度组织工程支架的制造与性能评价[D]. 西安:西安交通大学,2011.

[6] JIE J,TANG A,ATESHIAN G A,et al. Bioactive Stratified Polymer Ceramic-Hydrogel Scaffold for Integrative Osteochondral Repair [J]. Annals of Biomedical Engineering,2010,38(6):2183-2196.

[7] FUKUDA A,KATO K,HASEGAWA M,et al. Enhanced repair of large osteochondral defects using a combination of artificial cartilage and basic fibroblast growth factor[J]. Biomaterials,2005,26 (20),4301-4308.

[8] HARLEY B A,LYNN A K,WISSNER G Z,et al. Design of a multiphase osteochondral scaffold Ⅲ:Fabrication of layered scaffolds with continuous interfaces[J]. Journal of Biomedical Materials Research,2010,92A(3):1078-1093.

[9] WOJCIECH S,BARNABAS H S T,KRZYSZTOF J K,et al. Repair and regeneration of osteochondral defects in the articular joints[J]. Biomolecular Engineering,2007,24(5):489-495.

[10] 孔丽君,敖强,王爱军,等. 仿生多层纳米羟基磷灰石/壳聚糖复合支架对兔骨缺损的修复[J]. 中国组织工程研究与临床康复,2007,11(5):815-819.

[11] HAO X,JIANKANG H,KUN G,et al. Preparation and Properties of Silk Fibroin/Gelatin Porous Scaffold for Liver Tissue Engineering [J]. Journal of XI'AN JIAOTONG UNIVERSITY,2011,45(11):121-126.

[12] CAI Q,YANG J,BEI J,et al. A novel porous cells scaffold made of polylactide‐dextran blend by combining phase‐separation and particle‐leaching techniques [J]. Biomaterials,2002,23(23):4483-4492.

[13] FERGAL J,O'BRIENA A,BRENDAN A,et al. Influence of freezing rate on pore structure in freeze‐dried collagen‐GAG scaffolds[J]. Biomaterials,2004,25(6):1077-1086.

# 第 5 章
# 韧带-骨支架梯度结构设计与优化

自然韧带-骨界面为材料成分、结构和力学性能梯度过渡的多孔界面结构，其在韧带与骨之间形成稳固的连接。通过对自然韧带-骨界面进行测试和分析，提出了仿生韧带-骨界面的三相结构，针对制造的韧带移植物与宿主骨的初期固定问题，提出了倒刺牙形结构固定钉的固定方式，后期通过宿主骨长入骨支架孔洞及骨支架降解生成新生骨组织，达到韧带-骨支架与宿主骨通道牢固稳定的生物固定，韧带-骨支架仿生界面将再生的韧带与骨组织进行连接，达到韧带与骨支架的生物连接。设计了韧带-骨支架的结构，通过有限元分析不同结构骨支架所能承受的最大拉伸力及不同过盈量固定钉的固定效果，确定了骨支架的结构及固定钉的过盈量范围，综合设计与分析结果，提出一种优化的韧带-骨支架结构。

## 5.1 自然韧带-骨界面微观结构分析

为仿生设计提供依据，通过电子计算机断层扫描（CT）、扫描电镜和组织切片等方法研究了自然韧带-骨界面的结构形态。取猪自然膝关节，沿着韧带纤维方向切开为横向，垂直韧带纤维的方向切开为纵向。取材后，将韧带-骨界面试样放在 4℃、4% 多聚甲醛 PBS 溶液中浸泡 72h 进行固定，同时，去除试样内部的油脂，观察微观结构时便于进行喷铂处理。随后预冻 2h，冷冻干燥 72h 去除试样中的水分。对冻干后的自然韧带-骨界面进行 CT 扫描观察，随后对韧带及韧带-骨界面样品进行喷铂（40mA，60s）处理，用扫描电子显微镜（SEM）在 5kV 的加速电压下观察自然韧带-骨界面与韧带表面的微观形貌。

韧带 SEM 结果如图 5-1 所示。韧带主要由直径为 70~250 μm 的韧带纤维束近似平行排列而成，其平行排列的方向与韧带承受拉伸力的方向相一致，韧带纤维束又由直径为 20 μm 的近似波浪状排列的亚纤维组成。

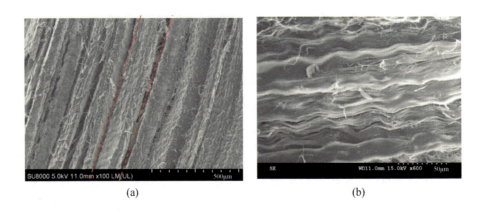

图 5-1 自然韧带微观结构观察

(a)前交叉韧带 SEM 观察(放大 100 倍);(b)前交叉韧带 SEM 观察(放大 600 倍)。

图 5-2 CT 扫描结果表明,自然韧带与骨的连接为多层结构的复合体,可以分为韧带、韧带-骨界面、皮质骨和松质骨 4 层结构。对韧带-骨界面的横向进行 SEM 观察,可以看到韧带向骨过渡经历韧带、韧带-骨界面、骨三层结构,韧带-骨界面的厚度为 200~400 μm,胶原纤维束以近似平行的嵌入韧带-骨界面。

将样品切成 5 μm 的厚度并且用苏木精-伊红(H-E)染色,组织学 H-E 染色结果显示,韧带通过纤维软骨层与骨组织进行连接,纤维软骨层可以进一步分为非钙化纤维软骨层和钙化纤维软骨层。

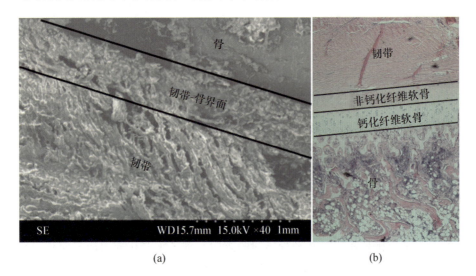

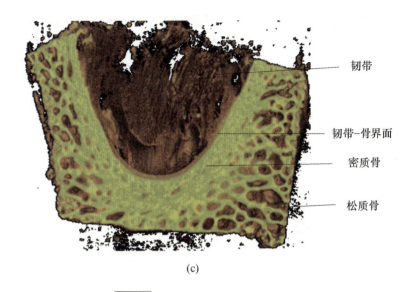

**图 5-2 自然韧带—骨界面结构观察**
(a) 自然韧带-骨界面 SEM 观察；(b) 自然韧带-骨界面 H-E 染色观察；
(c) 自然韧带-骨界面 CT 重建观察。

对自然韧带-骨界面的观察表明，自然韧带-骨界面经历了从软质韧带向硬质骨组织的过渡，从线性纤维结构组成的韧带组织向多孔骨小梁组成的骨组织的转变，起到了刚性逐渐过渡、减缓应力集中的作用。并且，从 CT 结果也可以看出，自然韧带与骨的连接处为凹进结构，显著增加了韧带与骨组织的接触面积，有助于增强两者之间的连接强度。

## 5.2 韧带-骨支架结构设计与优化

为了减小韧带移植物与宿主骨组织两种软硬特性不同的材料直接连接引起的载荷传递与应力集中等问题，将韧带移植物设计为韧带-骨多层支架的结构形式，如图 5-3 所示。其中，与宿主骨固定钉分布于骨支架的两侧，通过其倒刺牙形结构实现韧带-骨支架与宿主骨通道的初期固定，韧带支架部分由近似平行排列的聚乳酸纤维组成，韧带-骨支架的骨支架部分与自然骨组织相类似，为 β-TCP 粉体烧结而成的多孔陶瓷结构，骨支架与宿主骨组织的骨-骨愈合提供韧带-骨支架与宿主骨的长期生物结合。韧带-骨界面将韧带与骨支架进行初期连接，起到减缓应力集中的作用。模拟自然韧带－骨界面结构，将韧带－骨界面设计为仿生钙化纤维软骨层、仿生非钙化纤维软骨层和仿生骨层三相结构，为韧带－骨界面多组织的再生提供环境。

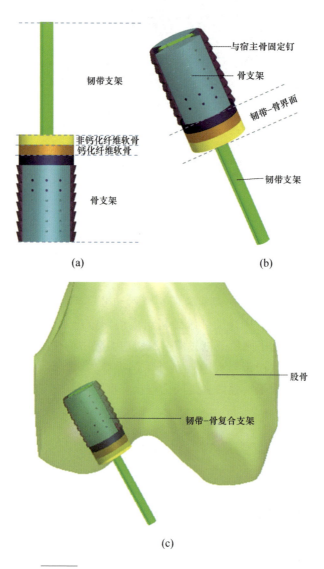

图 5-3　韧带-骨支架设计及植入骨通道示意图
（a）韧带－骨支架主视图；（b）韧带－骨支架结构图；
（c）韧带－骨支架植入骨通道。

## 5.2.1 韧带-骨界面设计

韧带-骨仿生界面将软质韧带支架与硬质骨支架进行连接，从与韧带连接处到与骨连接处材料成分由有机物向无机物过渡，微观孔隙结构由大变小，起到与自然韧带-骨界面相同的减缓应力集中的作用。

韧带-骨支架的设计尤其以韧带-骨界面为主，应仿照自然韧带-骨界面在材料成分、结构及力学特性方面的变化。模拟自然韧带-骨界面结构，将韧带-骨界面设计为三相结构，如图 5-4 所示。模拟自然骨的成分，仿生骨层Ⅲ相设计为有机物：无机物 = 7：3，此时，支架的力学性能最佳。有机物采用 PLGA，无机物采用 $\beta$-TCP，PLGA 溶液常用的浓度范围为 10%～20%，将灌注的 20%PLGA + 8.5%$\beta$-TCP（PLGA：$\beta$-TCP = 7：3）仿生骨层作为骨支架的一部分。自然钙化纤维软骨与非钙化纤维软骨的成分相比主要是含有钙和磷元素，$\beta$-TCP 的主要成分即是钙和磷，因此，在仿生钙化纤维软骨层Ⅱ中加入 $\beta$-TCP 粉体，将灌注的 15%PLGA + 2.64%$\beta$-TCP（PLGA：$\beta$-TCP = 8.5：1.5）用来模拟自然韧带-骨界面的钙化纤维软骨层，10%PLGA 用来模拟自然韧带-骨界面的非钙化纤维软骨层。韧带-骨仿生界面材料成分和浓度的梯度变化会引起界面结构和力学性能的变化，因此，韧带-骨界面的设计在材料成分、微观结构及力学性能方面都是变化的，仿照了自然韧带-骨界面。

韧带-骨界面与骨支架的连接强度通过灌注的交界面溶液Ⅲ相流入骨支架的孔通道及灌注的交界面材料与骨支架之间的黏结力提供。仿生骨层与仿生钙化纤维软骨层及仿生钙化纤维软骨与仿生非钙化纤维软骨层是通过界面溶液固化后的分子间引力提供牢固连接。

## 5.2.2 骨支架与韧带-骨界面连接处的结构设计与优化

骨支架的作用有两个：一是便于连接韧带支架；二是实现韧带-骨支架与宿主骨的生物固定。骨支架应设计为带有相互连通管道的结构以便于营养传递、代谢物排出和细胞的长入。支架植入后期，宿主骨组织长入骨支架孔洞，实现韧带-骨支架与宿主骨的永久生物固定。骨支架的结构应便于实现与韧带支架进行牢固可靠的连接，并在保证骨支架强度的同时，尽量增大骨支架的孔隙率。

为选择骨支架在与韧带-骨界面连接处较优的结构，利用 ABAQUS/Standard 软件对带有不同结构骨支架的韧带-骨支架进行有限元分析。由于韧带移植物主要承受拉伸力,因此研究由不同结构骨支架制作的韧带-骨支架所能承受的最大拉伸力。为实现韧带支架与骨支架的连接,在骨支架与韧带-骨界面连接处设计了三种典型的结构(凹进、凸出及平结构)进行对比,如图5-5所示。

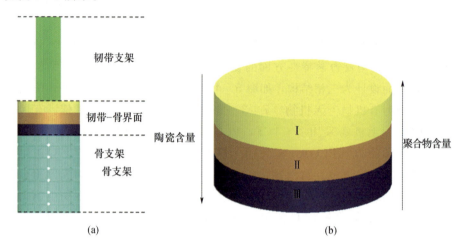

图5-4 韧带-骨界面设计
(a)韧带-骨界面连接韧带与骨支架;(b)韧带-骨界面三相结构设计。

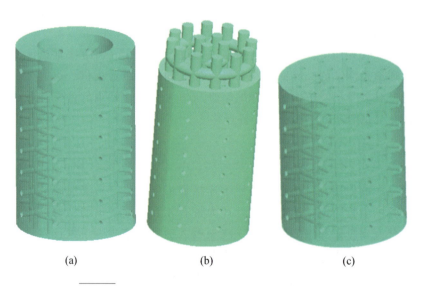

图5-5 骨支架在与韧带-骨界面连接处的结构设计
(a)凹进结构;(b)凸出结构;(c)平结构。

对韧带-骨界面的三相材料分别进行压缩力学测试,测定各相材料的参数,结果表明,Ⅰ、Ⅱ和Ⅲ相材料的弹性模量分别为 9.7MPa±0.48MPa、12.0MPa±0.90MPa 和 27.0MPa±0.21MPa。β-TCP 的泊松比为 0.28,压缩力学实验测得其弹性模量为 1228.94MPa±148.64MPa,具体参数设置如表 5-1 所列。

表 5-1 有限元分析参数设置

| 类型 | 弹性模量/MPa | 泊松比 |
| --- | --- | --- |
| (Ⅰ)仿生非钙化纤维软骨层 | 9.7 | 0.36 |
| (Ⅱ)仿生钙化纤维软骨层 | 12.0 | 0.34 |
| (Ⅲ)骨层 | 27.0 | 0.32 |
| (Ⅳ)骨支架 | 1228.94 | 0.28 |

由于韧带支架不易建模,因此将韧带支架部分简化来建立分析模型。整个分析模型为对称结构,故采用 1/4 对称单元建立分析模型,以节省计算时间。由于骨支架内部为相互连通的管道结构,不易划分成六面体单元,因此选择将其划分为四面体单元网格,二阶四面体 C3D10M 单元类型可以同时解决复杂的几何外形与接触问题,因此,选择骨支架的单元类型为 C3D10M,单元尺寸设置为 0.4mm。韧带-骨界面(Ⅰ)和(Ⅱ)部分划分为六面体单元,单元尺寸设置为 0.3mm。骨支架的底端设为全约束,1/4 模型的对称面各自施加对称边界条件,各部件之间建立绑定约束连接,在支架的顶端施加 150N 的拉力,相当于在整个支架上施加 600N 的力,具体载荷与约束条件如图 5-6 所示。

对不同结构骨支架制作的韧带-骨支架进行有限元分析拉伸测试之后,对整个支架承受的最大变形,陶瓷骨支架承受的应力状态进行了统计,如图 5-7 和图 5-8 所示。由分析结果可知,在承受同等拉伸载荷时,有界面结构(凹进结构和凸出结构)骨支架相比无界面结构(平结构)骨支架所受最大变形显著减小。韧带-骨仿生界面所受变形由仿生非钙化纤维软骨向仿生骨层逐渐减小,韧带-骨支架在骨支架与韧带-骨界面处所受应力最大。凹进结构骨支架所受的最大应力最小,因此选择凹进结构作为骨支架的最终结构。

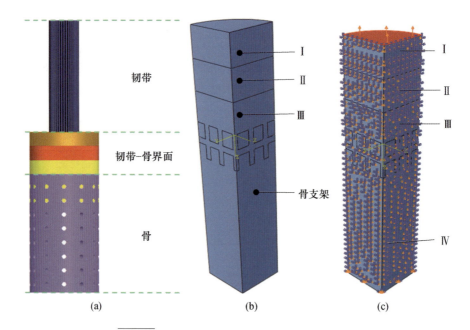

图 5-6 韧带-骨支架有限元分析模型及条件设置

(a)分析原型；(b)分析模型；(c)载荷与边界条件。

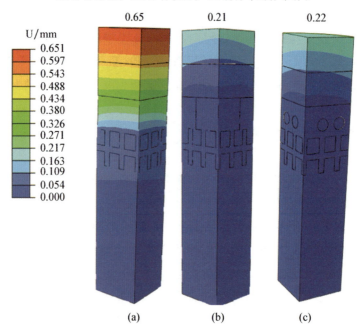

图 5-7 韧带-骨界面承受最大变形统计结果

(a)凹进结构；(b)凸出结构；(c)平结构。

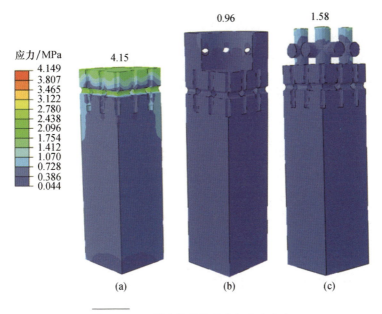

图 5-8　不同连接结构骨支架应力分布

(a)凹进结构；(b)凸出结构；(c)平结构。

结合不同结构骨支架有限元分析的结果，将骨支架与韧带-骨仿生界面连接处设计为凹进结构。同时，考虑与宿主骨通道的固定问题，将骨支架的两侧设计为凹进缺口结构。以提高韧带支架与骨支架的结合强度为目标，最终将骨支架设计为中间大孔，两侧对称凹进缺口，顶端凹进的多孔结构，如图 5-9 所示。

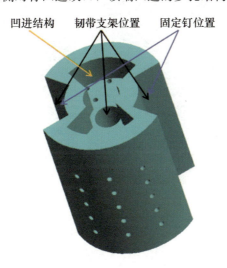

图 5-9　骨支架最终结构设计

其中，韧带支架从骨支架的中间大孔穿入，从两侧凹进缺口穿出，同时两侧对称凹进缺口是与宿主骨固定钉的制作位置。在保证韧带-骨支架与宿主骨通道固定效果的前提下，骨支架外表面与宿主骨通道的接触面积越大，越有利于韧带-骨支架与宿主骨通道的愈合及后期牢固的生物固定。

### 5.2.3　与宿主骨固定钉的结构设计

可靠的固定有助于韧带移植物和宿主骨的愈合，与宿主骨固定钉主要用于韧带-骨支架植入初期与宿主骨通道的固定。为了便于与陶瓷骨支架进行连接，同时保证与宿主骨通道的固定强度，采用倒刺牙形结构固定钉与宿主骨通道进行固定。固定钉在骨支架的两侧对称放置，使得韧带-骨支架双侧对称受力，如图 5-10 所示。其中，倒刺牙形结构的根部与骨支架的外径相同，倒刺牙形结构的尖部比骨支架半径大 0.7mm，保证韧带-骨支架植入骨通道后与骨通道的过盈配合（过盈量为 0.7mm），在韧带-骨支架承受拉伸力时，固定钉的倒刺牙形结构会插入宿主骨通道，实现韧带-骨支架与骨通道牢固的连接。

骨支架设计为双管道结构，一级管道结构便于营养和代谢物的传递，二级管道结构用于固定钉材料进入，增加与宿主骨固定钉与陶瓷骨支架的结合力，同时起到对陶瓷骨支架的保护作用。

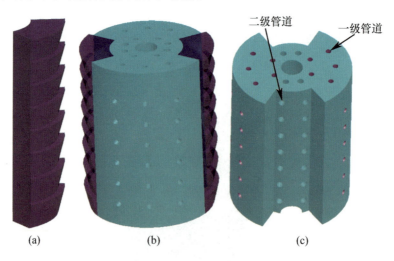

**图 5-10　与宿主骨固定钉结构设计**

(a) 单侧固定钉；(b) 双侧固定钉结合骨支架；(c) 骨支架双级管道设计。

## 5.2.4 与宿主骨固定钉的结构优化

与宿主骨固定钉的过盈量为固定钉的齿外径比骨通道直径大的尺寸,如图5-11(c)所示,是影响韧带-骨支架与宿主骨通道初期固定效果的最主要因素,固定钉过盈量越大则支架与宿主骨通道的固定效果越好,如图5-11(d)所示。为了在保证支架不会发生破裂的情况下,选择固定钉的最大过盈量,采用有限元分析与宿主骨固定钉与骨支架整体压入骨通道的效果,在骨支架和与宿主骨固定钉可以承受的应力范围之内确定与宿主骨固定钉的最大过盈量,以提高韧带-骨支架与宿主骨通道的初期固定效果为目标。

整个模型为对称模型,取1/4模型进行优化分析。线性单元仅在单元的脚点处布置节点,二次单元在每条边上都有中间节点。线性四面体单元的精度很差,为提高分析精度,在网格划分时使用了自由网格划分技术,那么四面体单元类型应选择二次单元。二次完全积分单元和二次缩减积分单元不能用于接触分析,如果模型中存在接触,那么应使用线性六面体单元及修正的二次四面体单元,而不能使用其他单元。C3D10M为修正的二次四面体单元,适用于大变形或接触问题,分析模型中存在接触,而且是默认的硬接触关系,四面体二次单元的精度很高,所以骨支架单元类型选择为C3D10M,单元尺寸设置为0.6mm。

采用六面体线性完全积分单元(C3D8)得到的分析结果很差,如果模型所关心部位没有大的扭曲,使用非协调单元(C3D8I)可以用较小的代价得到较高的精度。所以,与宿主骨固定钉和宿主骨通道采用C3D8I单元类型,单元尺寸设置为0.4mm。PCL泊松比为0.47,压缩力学实验测得其弹性模量为237.39MPa±13.65MPa,宿主骨通道的参数设置为弹性模量500MPa,泊松比为0.25。

即使一个装配件的两个区域在空间位置上是相互接触的,ABAQUS软件也不会自动识别两者之间的位置关系,因此需要使用Interaction(相互作用)来进行定义其接触关系。接触对由主面和从面组成,主面节点可以穿越从面节点,而从面节点不会穿越主面节点。其中Tie(绑定约束)是将模型的两个面或集合牢固地黏结在一起,在分析的整个过程中这两个面或集合不会分开。Contact(接触约束)定义是两个相互摩擦的表面之间的相互作用。

接触问题比较难收敛,因此先给固定钉与骨支架较小的位移以平稳建立与宿主骨通道的接触关系,当接触条件建立起来之后再施加较大的位移,将整个支架压入骨通道。分析时,对固定钉与骨支架施加位移15mm。分析中应选择刚度较大、网格较粗的面作为主面。因此,将固定钉外表面与宿主骨通道内表面(主面)设置为接触约束,摩擦系数设置为0.2,骨支架与宿主骨通道内表面(主面)设置为接触约束,摩擦系数设置为0。固定钉内表面(主面)和骨支架缺口部位外表面设置为绑定约束。

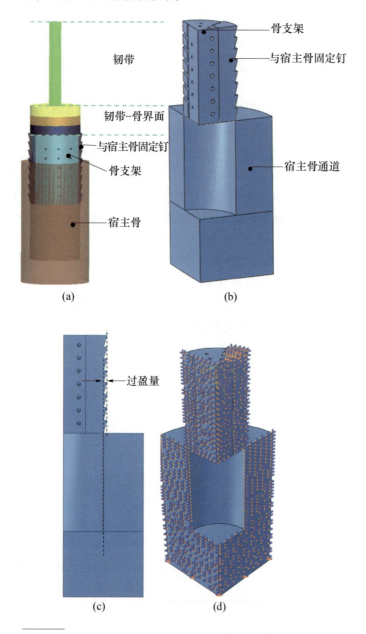

图 5-11 不同过盈量固定钉压入骨通道有限元分析模型及设置
(a)分析原型;(b)分析模型;(c)固定钉过盈量;(d)载荷与边界条件设置。

选择与宿主骨固定钉的过盈量为 0.1mm、0.3mm、0.5mm 和 0.7mm 对支架压入骨通道过程进行对比分析。

由分析结果图 5-12 和图 5-13 可知，当固定钉过盈量为 0.1mm、0.3mm、0.5mm 时，陶瓷骨支架、固定钉和宿主骨通道均不会发生断裂。但是，当固定钉过盈量为 0.7mm 时，固定钉压入骨通道时与宿主骨通道接触的初始位置所受最大应力达到 86.36MPa，超过宿主骨的应力极限（皮质骨压缩强度为 100~150MPa，松质骨则为 50MPa），会造成宿主骨通道的部分破裂。当固定钉过盈量为 0.7mm 时，陶瓷骨支架所受最大应力为 58.75MPa，超过陶瓷骨支架的应力极限。

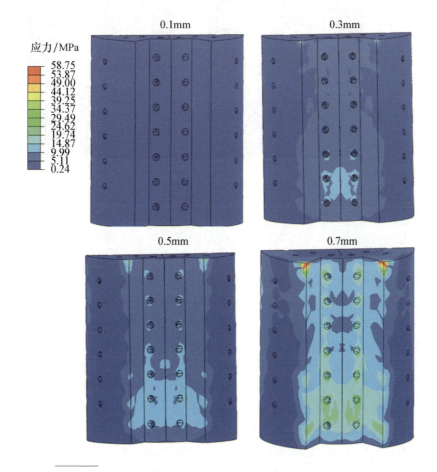

图 5-12 不同过盈量固定钉压入骨通道时骨支架应力分布与结果

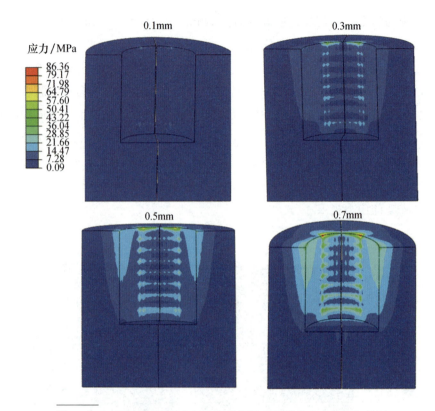

**图 5-13** 不同过盈量固定钉压入骨通道时骨通道应力分布与结果

由固定钉的分析结果图 5-14 和图 5-15(a)可知，固定钉所受应力最大处为固定钉齿的边缘位置。如果边缘位置的固定钉发生破裂，就会导致在宿主骨通道产生磨屑，容易引起膝关节的炎症反应。因此，在固定钉的边缘处，改为较小的圆角设计，在对固定效果影响较小的情况下，又减小了与宿主骨固定钉破裂发生的可能性。对与宿主骨固定钉压入骨通道的整个过程进行有限元分析发现，当固定钉所有齿的过盈量相同时，固定钉与宿主骨进行接触的齿所受最大应力逐渐减小，尤以与宿主骨进行接触的第一个齿所受应力最大。一是因为在与宿主骨固定钉植入过程中，由于固定钉的齿相比骨道直径要大，前一个齿植入后会造成骨道相应的扩大；二是因为前面的齿与宿主骨通道的植入距离相对后面的齿要大，较大的植入距离造成较大的受力变形。陶瓷骨支架的最大应力发生在与韧带-骨界面连接处的两侧凹进缺口位置。其他应力较大处为固定钉的齿所对应的骨支架径向部位。骨通道所受应力集中在与宿主骨固定钉齿的接触位置，最大应力发生在固定钉与骨通道接触的初始位置。

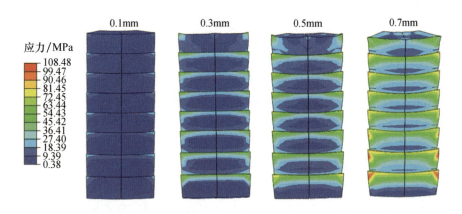

图 5-14　不同过盈量固定钉压入骨通道时固定钉应力分布与结果

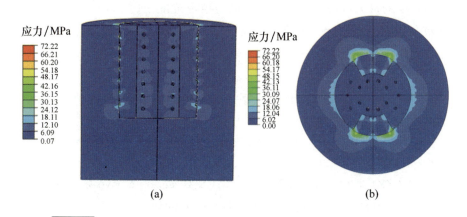

图 5-15　固定钉过盈量为 0.5mm 压入骨通道时韧带-骨支架应力分布
(a)主视图；(b)俯视图。

在将支架压入骨通道的过程中，固定钉会受到宿主骨通道的挤压作用而压缩，如图 5-15(b)所示。固定钉的收缩使对应的骨支架受到挤压力而发生变形，趋向于和骨通道进行接触，减小骨支架外表面和宿主骨通道的间隙。

## 5.2.5　韧带-骨支架的优化设计

经过有限元分析优化，设计了优化的韧带-骨多层支架结构。其中，骨支架部分直径为 10mm，高度为 15mm，设计为双管道结构：一级管道内部连通孔直径为 0.5mm，二级管道内部连通孔径设计为 0.6mm。并且，骨支架在与韧带-骨界面连接处设计为凹进结构，凹进结构高度为 3mm。骨支架中间大孔直径为 2mm，两侧设计为对称凹进缺口结构，用于与韧带纤维连接及制作与宿主骨固定钉。与宿主骨固定钉相比骨支架外径过盈量设计为0.5mm。综合考虑双级管道设计及尽量增大陶瓷骨支架与宿主骨的接触面积，与宿主骨固定钉的宽度设计为占韧带－骨支架的1/6，陶瓷骨支架的宽度占韧带－骨支架的5/6。

研究了自然韧带－骨界面的结构，模拟自然韧带－骨界面结构设计了仿生韧带－骨多层支架，既可以实现与宿主骨通道的初期固定，又为牢固生物固定的实现提供了可能。

利用有限元软件分析了不同结构骨支架所对应的最大应力及不同过盈量与宿主骨固定钉植入骨通道的效果。结果表明，与自然韧带－骨界面结构相近的凹进结构可以提供韧带与骨支架更为牢固的连接。分析了不同过盈量固定钉与骨支架压入骨通道的效果表明，随着固定钉过盈量的增加，固定钉和宿主骨承受的最大应力逐渐变大。在应力极限范围之内，确定固定钉过盈量不超过0.5mm时骨支架不会发生破裂。

## 参考文献

[1] 张文友.面向生物固定的韧带-骨多层支架制造与力学性能研究[D].西安:西安交通大学,2014.

[2] 李彬,吴海山.韧带-骨交界处组织理化特性及相关组织工程学策略[J].中国矫形外科杂志,2008,16(18):1399-1418.

[3] SPALAZZI J P,DAGHER E,DOTY S B,et al. In vivo evaluation of a multiphased scaffold designed for orthopaedic interface tissue engineering and soft tissue－to－bone integration[J]. Journal of Biomedical Materials Research Part A,2008,86A(1):1-12.

[4] 边卫国.仿生软骨/骨梯度组织工程支架的制造与性能评价[D].西安:西安交通大学,2011.

[5] COOPER J A,LU H H,KO F K,et al. Fiber－based tissue－engineered scaffold for ligament replacement:design considerations and in vitro evaluation[J]. Biomaterials,2005,26(13):1523-1532.

[6] NOYES F R,BUTLER D L,GROOD E S,et al. Biomechanical analysis of human ligament grafts used in knee－ligament repairs and reconstructions[J]. Journal of Bone and Joint Surgery－American Volume,1984,66(3):344-352.

[7] MILANO G,MULAS P D,ZIRANU F,et al. Comparison of femoral fixation methods for anterior cruciate ligament reconstruction with patellar tendon graft:a mechanical analysis in porcine knees[J]. Knee Surgery, Sports

Traumatology, Arthroscopy, 2007, 15(6): 733-738.

[8] LIU H F, FAN H B, TOH S L, et al. A comparison of rabbit mesenchymal stem cells and anterior cruciate ligament fibroblasts responses on combined silk scaffolds[J]. Biomaterials, 2008, 29(10): 1443-1453.

[9] SAMUELSSON K, ANDERSSON D, AHLDÉN M, et al. Trends in surgeon preferences on anterior cruciate ligament reconstructive techniques[J]. Clinics in Sports Medicine, 2013, 32(1): 111-126.

[10] SPALAZZI J P, DOTY S B, MOFFAT K L, et al. Development of controlled matrix heterogeneity on a triphasic scaffold for orthopedic interface tissue engineering[J]. Tissue Engineering, 2006, 12(12): 3497-3508.

[11] VINCENZO G, FILIPPO C, AMBROSIO L. Bioactive scaffolds for bone and ligament tissue[J]. Expert Review of Medical Devices, 2007, 4(3): 405-418.

[12] LU H H, COOPER J A, MANUEL S, et al. Anterior cruciate ligament regeneration using braided biodegradable scaffolds: in vitro optimization studies[J]. Biomaterials, 2005, 26(23): 4805-4816.

# 第 6 章
# 韧带-骨梯度支架增材制造与性能评价

韧带-骨支架包括韧带支架、骨支架、韧带-骨界面及与宿主骨固定钉，并且在各组分之间形成牢固的结合。通过对韧带-骨支架的制造方法及工艺研究，提出了韧带-骨支架中韧带支架、骨支架、韧带-骨界面及与宿主骨固定钉的具体制造方法。通过对韧带-骨支架与宿主骨固定钉的结构工艺及力学强度评价，证实固定钉可解决实现韧带-骨支架与宿主骨通道的初期固定问题。通过对韧带-骨支架中韧带-骨界面的成分、结构及力学性能评价，证实韧带支架与骨支架的长期固定通过韧带-骨仿生界面多组织的再生实现。通过对韧带-骨支架的细胞相容性评价，证实该支架有利于细胞的黏附、生长和增殖。通过有限元分析与优化确定了最佳的支架结构参数，通过体内实验证实了韧带-骨支架有利于植入物与自体骨组织的融合生长，并在韧带与自体骨组织间再生了与自然韧带-骨界面相似的梯度组织，从而为实现韧带-骨"生物固定"奠定了实验基础。

## 6.1 韧带-骨支架的制造工艺与方法

### 6.1.1 韧带-骨支架的制造工艺路线

这种新型韧带-骨支架包括韧带支架、骨支架、韧带-骨界面及与宿主骨固定钉。针对上述优化的韧带-骨支架结构，重点对其制造方法及工艺进行了研究，探索出韧带-骨界面及与宿主骨固定钉的制造方法。韧带-骨支架具体制造流程为：编织 PLA 纤维得到韧带支架，光固化成形技术结合凝胶注模法制造陶瓷骨支架，与韧带支架进行连接之后压入带有熔融状固定钉材料的固定钉硅胶模具，待熔融状固定钉材料凝固后，脱模得到与宿主骨固定钉。通过向韧带-骨仿生界面处灌注不同浓度和比例的聚合物/陶瓷混合材料溶液,并结合冷冻干燥的方法制造韧带-骨界面,最终形成韧带-骨支架。其具体制造工艺路线如图 6-1 所示,制造流程如图 6-2 所示。

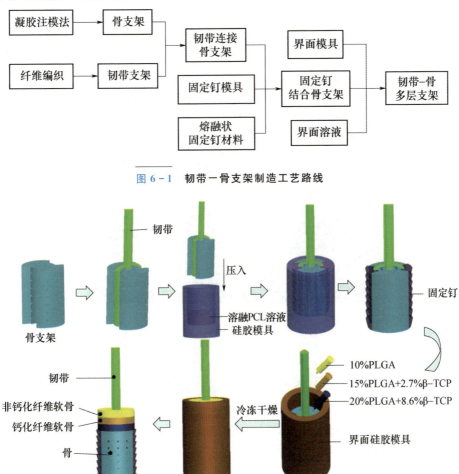

图 6-1 韧带-骨支架制造工艺路线

图 6-2 韧带-骨支架制造流程

## 6.1.2 韧带-骨支架中韧带支架的制造方法

由于聚乳酸(polylactic acid,PLA)纤维具有良好的力学特性、生物可吸收性和生物可降解性,降解产物为 $CO_2$ 和 $H_2O$ 等优点,并且已经被美国 FDA 批准使用,因此,韧带-骨支架以 PLA 纤维为例制作韧带支架,主要对单根韧带纤维和由韧带纤维编织而成的韧带支架进行了微观结构观察和力学性能方面的测试。

自然前交叉韧带纤维束直径为 100～250 μm，以近似平行的方式排列。经过对单根韧带纤维 SEM 微观结构观察(图 6 - 3)，实验中所用单根 PLA 纤维束直径为 150～300 μm，每根 PLA 纤维束由 40～60 根直径为 20 μm 的亚纤维组成，与自然韧带纤维类似的直径和排列方式有助于提供相似的力学性能，如图 6 - 3 所示。

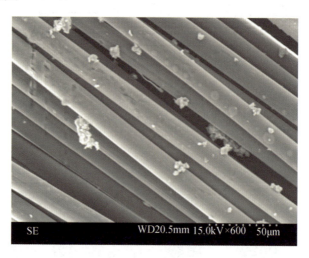

图 6 - 3　单根 PLA 纤维 SEM 观察

评价韧带支架性能的主要指标为刚性、破裂拉伸力和蠕变。破裂拉伸力是指韧带支架可以承受的最大拉伸力，韧带的主要生物功能为抗拉伸载荷，因此需要测试韧带支架的破裂拉伸力。模拟自然 ACL 的长度，将韧带支架的有效距离设置为 30mm ± 1mm，拉伸实验速率设为 2mm/min，拉伸力大于 0.5N 时，开始记录力 - 位移曲线。首先对单根纤维进行拉伸力学实验测试，确定单根纤维可以承受的最大拉伸力，然后对多根纤维进行拉伸实验，每次实验样品为 5 个，得到纤维可以承受的最大拉伸力 $y$ 与根数 $x$ 呈线性关系 $y = 5.84x + 1.82$，如图 6 - 4 所示。根据以后实验中不同动物所需承受的最大拉伸力，可以根据纤维力与根数的关系选用相应根数的纤维，使得在韧带 - 骨支架的拉伸过程中保证韧带支架能够提供足够的拉伸力。最终采用 150 根 PLA 纤维进行编织成为韧带支架，如图 6 - 5 所示。

刚度是指单位变形所需要的力，表征材料抵抗变形的能力。刚度对于韧带支架非常重要：如果刚度太小，韧带支架抵抗变形的能力就弱。自然韧带纤维刚度为(137.82 ± 31.15)N/mm，改变韧带纤维的根数和编织参数(如缠绕匝数等)可以改变韧带支架的刚度，随着纤维根数的增加，其刚性增加。在韧带支架制作过程中,将150根纤维按1匝/cm的参数缠绕时刚度为$(86.69±4.35)$N/mm,相比自然韧带纤维的刚度偏小,仍需提高。蠕变量表征材料抵抗循环载荷的能力,韧带支架承受循环载荷之后的蠕变量为$(3.01±0.62)$mm。相比自然韧带的刚性和蠕变量较小,主要是选用纤维的根数较少,增加纤维的根数可以提高其性能。

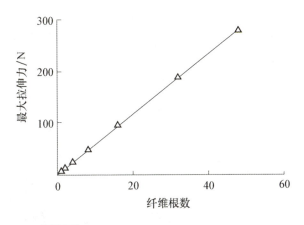

图6-4　PLA纤维破裂拉伸力与根数的关系

图6-5　编织的韧带支架

### 6.1.3　韧带-骨支架中骨支架的制造方法

骨支架的制造采用光固化成形技术结合凝胶注模法,使用陶瓷材料为β-磷酸三钙(β-TCP)粉体。骨支架的制造流程如图6-6所示,具体制造方法为:运用三维绘图软件设计所需要的骨支架模型,通过布尔运算生成骨支架负型树脂模具,利用光固化成形技术制造骨支架负型树脂模具,树脂材料类型为SPR6000。配制陶瓷混合浆料,陶瓷浆料配方如表6-1所列。具体配制过程以33g陶瓷粉体为例:取15mL去离子水(溶剂)、2g丙烯酰胺(有机单体)、0.25g N,N-二甲基丙烯酰胺(交联剂)分别放入纸杯中,使用超声波进行辅助分散,搅拌至丙烯酰胺和N,N-二甲基丙烯酰胺完全溶解于去离子水中,制成预混液。将2g过硫酸铵溶于10mL去离子水中,取0.5mL作为引发剂,将0.5mL的N,N,N,N-四甲基甲酰胺溶于25mL去离子水中,取0.3mL作为催化剂。向预混液中加入33g β-磷酸三钙,然后加入0.15g聚丙烯酸铵(分散剂)并搅拌及超声处理成为均匀液体,依次加入0.5mL引发剂,0.3mL的催化剂,搅拌均匀为陶瓷混合浆料。

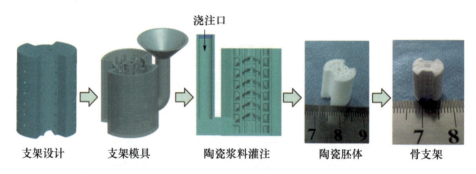

图6-6 骨支架的制造流程

表6-1 陶瓷浆料配方

| 类型 | 品名 | 剂量 |
| --- | --- | --- |
| 溶剂 | 去离子水 | 15mL |
| 有机单体 | 丙烯酰胺 | 2g |
| 交联剂 | N,N-二甲基双丙烯酰胺 | 0.25g |
| 粉体 | β-磷酸三钙 | 33g |
| 分散剂 | 聚丙烯酰胺 | 0.15g |
| 引发剂 | 过硫酸铵 | 0.1g |
| 催化剂 | N,N,N,N-四甲基酰胺 | 0.001g |

将陶瓷混合浆料灌注到骨支架负型树脂模具中,由于骨支架负型树脂模具内部管道结构较复杂,应将陶瓷混合浆料从设计的浇注口位置进行灌注,使陶瓷混合浆料从骨支架负型树脂模具内部从下往上流,并且整个灌注过程

应在振荡机上进行,以保证灌注过程中气泡的完全排出及陶瓷混合浆料充满整个骨支架负型树脂模具。之后,丙烯酰胺单体发生聚合反应生成丙烯酰胺胶体,将β-磷酸三钙包裹固化,切除骨支架负型树脂模具的浇注口,成为陶瓷胚体。随即放入50℃、100%湿度环境中72h进行原位反应,之后放入60℃环境下干燥24h去除水分。在烧结炉内按不同的升温速率从室温开始高温烧结至1150℃。高温烧结,可以将骨支架负型树脂模具气化及排除骨支架制造过程中的有机单体、交联剂、分散剂、引发剂和催化剂等有机物,同时,陶瓷颗粒凝结强度增加成形为骨支架(图6-6)。

成形的骨支架如图6-7所示。骨支架的主体外径设计值为12.50mm,高度为15.00mm,内部孔洞尺寸为$\phi$0.5mm。由于光固化成形树脂模具的加工误差及上述烧结工艺引起的陶瓷收缩,成形的骨支架主体外径变为9.89mm±0.09mm,径向收缩率为20.88%,高度变为11.79mm±0.30mm,轴向收缩率为21.40%,孔洞结构尺寸为533.24μm±30.05μm,孔洞直径放大6.65%。对制造的骨支架管道结构进行观察(图6-7),可以看到骨支架管道结构之间相互连通性良好,有利于营养和代谢的传递。对骨支架进行SEM微观结构观察,烧结成形的陶瓷颗粒之间结合致密。

由于陶瓷胚体成形后含有水分,导致陶瓷胚体进行高温烧结时容易开裂,因此必须对陶瓷胚体进行干燥处理以去除水分。原干燥工艺为将陶瓷胚体直接放入-20℃低温环境中预冻,冷冻干燥24h后放在高温烧结炉内进行烧结。而陶瓷混合浆料固化后的原位反应需要吸收水分,因此,陶瓷胚体的干燥工艺由原来的冷冻干燥24h改为在50℃,100%湿度环境中进行原位反应72h,待反应完全后在60℃环境中干燥24h,然后放在高温烧结炉内烧结成形。干燥工艺改进后,烧结过程中由于陶瓷与树脂模具之间的黏结力而造成的碎屑明显减少,陶瓷表面变得更为光滑。

### 6.1.4 韧带-骨支架与宿主骨固定钉的制造方法

常用的可降解生物医用材料有聚乳酸(PLA)、聚乙醇酸(PGA)、聚乳酸羟基乙酸(PLGA)和聚己内酯(PCL)等。PLA脆性大,并且熔融态PLA流动性很差,PGA降解速率太快,PLGA为非晶体,没有固定的熔点,PCL力学性能好,且降解产物为$CO_2$和$H_2O$。因此,结合制造工艺,韧性较好的PCL被选用作为与宿主骨固定钉的制造材料。PCL为生物型可降解高分子材料,

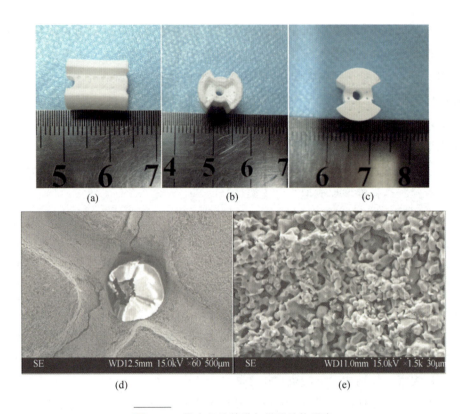

图 6-7 骨支架及管道与微观结构观察

(a)侧部；(b)俯视图；(c)底部；(d)骨支架管道结构观察；(e)骨支架微观结构观察。

分子量为 8 万，熔点为 60℃。熔融态 PCL 凝固后为连接紧密的结构，力学性能好，因此 PCL 纤维的加工成形采用熔融态的 PCL。在保证 PCL 高温不分解的前提下，为增加熔融 PCL 的流动性以便于与宿主骨固定钉的制造，经过实验，PCL 的加工温度为 190℃。

β-TCP 成形的骨支架力学性能较差，有必要提高其性能。同时，由 β-TCP 制造的骨支架较脆，与宿主骨固定钉力学性能要好于陶瓷骨支架，在起到与宿主骨通道初期固定作用的同时可以起到对骨支架的保护作用，防止骨支架的破裂。

新型与宿主骨固定钉的制造方法使得固定钉和骨支架形成了较为紧密的连接。具体制造方法为：设计固定钉三维模型，根据固定钉的三维模型设计固定钉负型树脂模具，运用光固化成形技术制造固定钉负型树脂模具。由于硅胶材料弹性好，易于脱模，制作精度高，因此在制作固定钉模具负型时选择硅胶。

放置固定钉负型树脂模具于容器内,配置硅胶溶液:固化剂质量比 = 100:1.5 的混合溶液,灌注入容器内,取出固定钉负型树脂模具得到固定钉硅胶模具。向固定钉硅胶模具内灌注 190℃熔融的 PCL 溶液,将连接的韧带与骨支架压入带有熔融状固定钉材料的固定钉硅胶模具,压入时注意对正陶瓷支架预留的固定钉位置与固定钉硅胶模具牙形结构的位置,20min 后,待熔融状固定钉材料凝固,脱模得到固定钉,如图 6-8 所示。

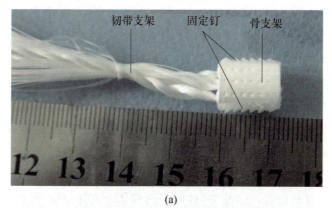

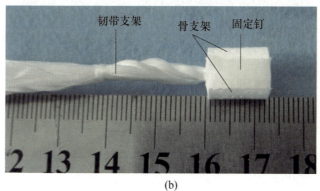

图 6-8　制造的 PCL 固定钉
(a)固定钉牙形结构观察;(b)固定钉侧面观察。

在固定钉的制造过程中,由于连接的韧带与骨支架向下压入,对应的是固定钉硅胶模具内的熔融 PCL 溶液由下向上流动,同时,向下挤压有助于熔融 PCL 溶液充满固定钉硅胶模具,尤其是充满固定钉硅胶模具的牙形结构,使得固定钉成形效果较好。

### 6.1.5 韧带-骨支架中韧带-骨界面的制造方法

韧带-骨界面的制造采用冷冻干燥的方法，因为冷冻干燥法能够制作出较为稳定的高度连通孔隙界面结构，便于细胞黏附、生长及营养和代谢物的传递，并且可以解决韧带-骨界面制作过程中溶剂易于挥发的问题。在韧带-骨界面的制造过程中，聚合物材料选用聚乳酸-羟基乙酸共聚物（PLGA），陶瓷材料选用β-磷酸三钙，与骨支架所用材料一致。仿照自然韧带-骨界面非钙化纤维软骨、钙化纤维软骨和骨的三层过渡形式，向韧带-骨界面处灌注三种不同浓度和比例的 PLGA 与 β-TCP 混合物。

韧带-骨界面的制造流程为：根据骨支架的外径尺寸制作硅胶界面模具，硅胶界面模具的内径与骨支架的外径相一致，用于套在骨支架的外面，然后向其中灌注不同浓度和比例的 PLGA 与 β-磷酸三钙混合溶液。混合溶液配制以1，4-二氧六环：去离子水=90：10作为溶剂，向其中加入一定量的PLGA，待溶解充分后，加入β-磷酸三钙粉体，搅拌至混合均匀。首先灌注质量分数为20%PLGA 与8.5%β-磷酸三钙的混合溶液（PLGA：β-磷酸三钙=7：3，模拟自然骨中有机物：无机物=7：3的成分），然后灌注质量分数为15%PLGA 与2.64%β-磷酸三钙的混合溶液（PLGA：β-磷酸三钙=8.5：1.5），最后灌注质量分数为10%PLGA 溶液。PLGA：β-磷酸三钙=7：3模拟自然韧带-骨界面的骨层，PLGA：β-磷酸三钙=8.5：1.5模拟自然韧带-骨界面的钙化纤维软骨部分，质量分数为10%PLGA 模拟自然韧带-骨界面的非钙化纤维软骨部分，这样在韧带-骨界面形成材料成分的梯度过渡，如图6-9所示。

根据制造的韧带-骨支架仿生界面的高度及骨支架主体的尺寸采用合适的溶液灌注量，陶瓷骨支架主体直径为9.89mm±0.09mm，韧带-骨界面高度为0.6mm，因此每种比例混合溶液灌注量选为0.18mL。灌注三层溶液后将支架放在-18℃低温环境中预冻2h至灌注的混合溶液凝固，冷冻干燥72h后去除外面的硅胶界面模具，形成韧带-骨界面，成形韧带-骨支架，如图6-9所示。支架制作后在水中浸泡48h，然后放在通风橱中，以去除韧带-骨仿生界面制造过程中使用的有机溶剂1，4-二氧六环。

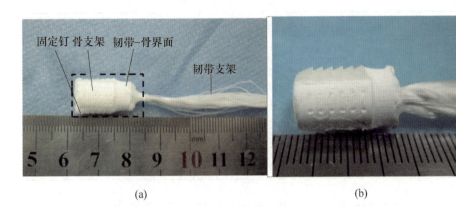

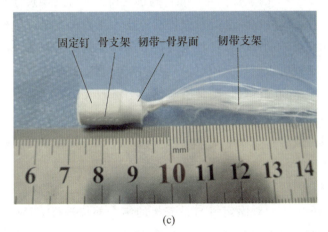

图 6-9　韧带-骨支架中韧带-骨界面的制造方法

(a) 韧带-骨支架；(b) 韧带-骨支架牙形结构放大图；
(c) 韧带-骨支架侧面观察。

## 6.2　韧带-骨支架的性能评价

### 6.2.1　韧带-骨支架与宿主骨固定钉的结构工艺评价

在完成固定钉的制造之后，首先运用数显游标卡尺对制造的韧带-骨支架的骨支架、树脂模具和固定钉尺寸进行了测量，如表6-2所列。

表 6-2 韧带－骨支架尺寸统计

| 项目 | | 骨支架/mm | 树脂模具/mm | 固定钉/mm |
| --- | --- | --- | --- | --- |
| 1 | 设计值 | 10.00 | 11.00 | 11.00 |
|   | 测量值 | 9.93±0.05 | 10.91±0.02 | 10.84±0.12 |
| 2 | 设计值 | 10.00 | 11.50 | 11.50 |
|   | 测量值 | 9.83±0.08 | 11.40±0.03 | 11.23±0.09 |
| 3 | 设计值 | 10.00 | 12.00 | 12.00 |
|   | 测量值 | 9.91±0.11 | 11.84±0.03 | 11.66±0.05 |

由表 6-2 中的统计尺寸可知，制造的韧带-骨支架尺寸与设计值有一定的偏差，骨支架的偏差是由光固化成形技术制造骨支架负型树脂模具的加工误差及陶瓷烧结过程中有机物流失造成的陶瓷收缩引起的。固定钉的偏差是由固定钉负型树脂模具的加工误差及固定钉制造工艺造成的。当固定钉过盈量设计值为 1.00mm 时，测量值与设计值有较大偏差，是由于设计的过盈量较大，对应 PCL 溶液对固定钉硅胶模具的挤压作用就减弱。总体上，当固定钉设计过盈量为 0.50mm 和 0.75mm 时，测量值与设计值偏差不大，达到了设计要求。

对结合固定钉的骨支架进行 CT 扫描，可以看出完整成形的固定钉结构，如图 6-10 所示。对固定钉与骨支架的结合部位进行 SEM 观察，可以看到 PCL 与陶瓷支架结合紧密，有些 PCL 的触角已经渗入骨支架的表面，两者的微观黏合提供了稳定的黏结力。对 PCL 固定钉的微观结构进行观察，可以看到固定钉紧密排列，保证了其较佳的力学性能，如图 6-11 所示。

## 6.2.2 韧带-骨支架与宿主骨固定钉的力学强度评价

固定钉在起到与宿主骨通道固定作用的同时，对单独骨支架与带有固定钉的骨支架进行压缩力学实验，验证固定钉对骨支架的保护增强作用，如图 6-12 所示。经过压缩力学实验测试，单纯骨支架可以承受的最大力为 1116.39N±108.49N，压缩强度极限为 18.87MPa±2.79MPa，固定钉结合骨支架可以承受的最大压缩力为 1898.33N±18.87N，压缩强度极限为 24.58MPa±3.86MPa。可见，固定钉在一定程度上起到与骨支架黏结剂的作用，增强了骨支架的强度。

# 第6章 韧带-骨梯度支架增材制造与性能评价

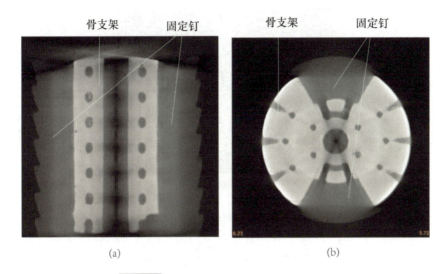

图 6-10 固定钉结合骨支架 CT 扫描截图
(a)纵截面；(b)横截面。

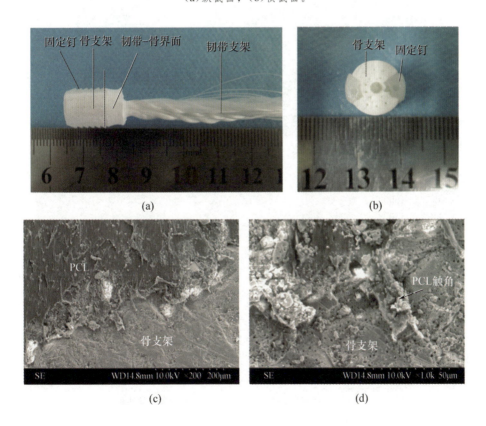

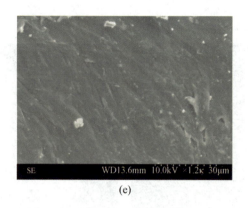

(e)

图 6-11　固定钉及与骨支架结合状况观察

(a)固定钉结合骨支架位置；(b)固定钉结合骨支架；(c)固定钉结合骨支架 SEM 观察(放大 200 倍)；(d)固定钉结合骨支架 SEM 观察(放大 1000 倍)；(e)固定钉微观结构观察(放大 1200 倍)。

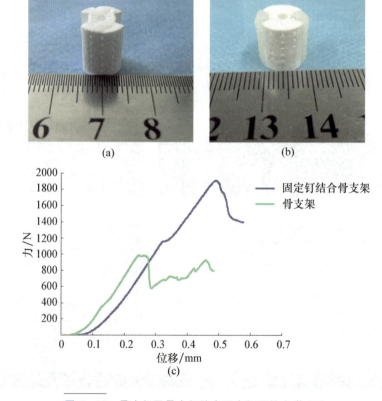

图 6-12　骨支架及骨支架结合固定钉压缩力学实验

(a)骨支架；(b)骨支架结合 PCL 钉；(c)骨支架及骨支架结合固定钉压缩曲线对比。

与宿主骨固定钉通过灌注熔融 PCL 的方法制造，固化后的固定钉与韧带和骨支架结合紧密，不会造成韧带支架、骨支架和固定钉位置之间的微动。固定钉实现韧带-骨支架的与宿主骨通道的初期固定问题，长期固定通过宿主骨组织长入骨支架孔洞实现牢固的生物连接，韧带支架与骨支架的长期固定通过韧带-骨仿生界面多组织的再生实现。

## 6.2.3　韧带-骨支架中韧带-骨界面的成分、结构及力学性能评价

为测试上述制造的韧带-骨界面是否满足设计及使用要求，对上述制造的韧带-骨界面进行了材料成分测试，表面形貌观察及力学性能测试等验证其性能。

为确保韧带-骨界面制造过程中未造成材料成分的改变，对韧带-骨界面的三相结构分别进行 X 射线衍射（XRD）成分测试。XRD 成分分析结果如图 6-13 所示，证明在韧带-骨界面制造过程中无材料污染，制造过程中未造成材料成分的改变。Ⅱ、Ⅲ相中存在 $\beta$-TCP 成分并且Ⅲ相（仿生骨层）相比于Ⅱ相（仿生钙化纤维软骨层）含有更多的 $\beta$-TCP，证实了三相结构 $\beta$-TCP 含量从仿生非钙化纤维软骨层向骨层的逐渐增加。

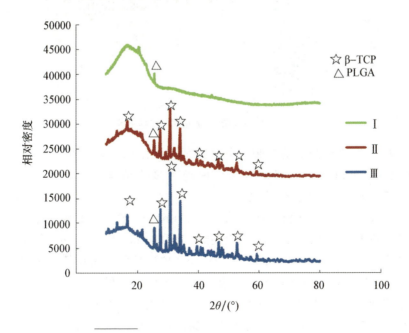

图 6-13　韧带-骨界面 XRD 成分分析结果

为评价制造的韧带－骨界面结构，对其进行 CT 扫描。由于韧带－骨界面处材料与骨支架陶瓷材料的密度相差较大，韧带－骨界面多孔结构影响 X 射线的吸收，CT 扫描韧带－骨支架得到的韧带－骨界面效果较差，因此，CT 扫描韧带－骨界面，根据三层密度的差异进行区分，可以清楚地看到灌注的Ⅰ、Ⅱ和Ⅲ三层界面结构，达到了设计要求，如图 6-14 所示。

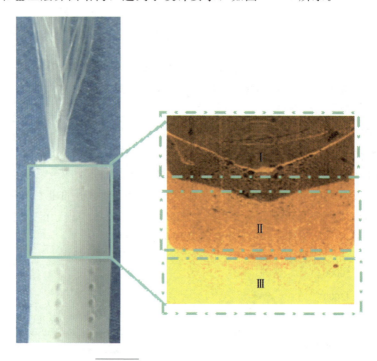

图 6-14　韧带-骨界面 CT 扫描观察

为进一步评价制造的韧带－骨界面的微观结构，对韧带－骨界面进行 SEM 观察。可以看到，韧带－骨界面处为多孔结构，如图 6-15 所示。图 6-15(a)、(d)为Ⅰ相微观结构，图 6-15(b)、(e)为Ⅱ相微观结构，图 6-15(c)、(f)为Ⅲ相微观结构。运用 Image J 软件对孔隙大小进行测量和统计，仿生非钙化纤维软骨层Ⅰ相孔径为 130 μm ± 30.67 μm，仿生钙化纤维软骨层Ⅱ相孔径为 69.46 μm ± 17.72 μm，仿生骨层Ⅲ相孔径为 43.11 μm ± 11.59 μm，这样在韧带－骨界面处模拟自然韧带－骨界面的结构过渡，形成了梯度变化的孔径结构，如图 6-16 所示。高度连通的孔径有利于营养和代谢的传递，变化的孔径结构考虑了不同组织再生的需求，为不同类型细胞的生长和增殖提供了环境。

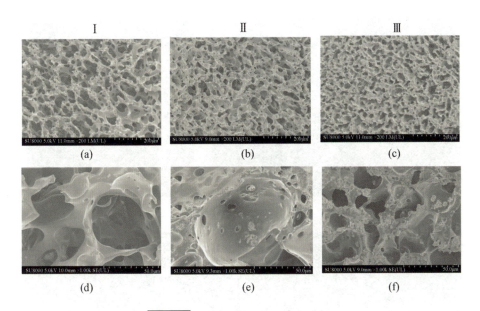

图6-15 韧带-骨界面微观结构观察

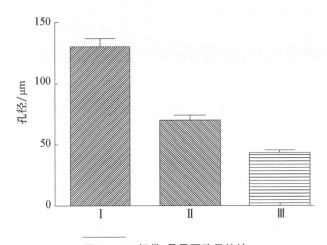

图6-16 韧带-骨界面孔径统计

将制造的韧带-骨支架在韧带-骨界面与骨支架及固定钉的结合面部位切开,运用SEM观察Ⅲ相质量分数为20%PLGA与8.5%β-TCP材料进入陶瓷支架孔洞的情况及与陶瓷支架的结合情况。

由图6-17可知,灌注的界面材料进入骨支架的孔洞内,与骨支架形成微观黏结,增加了两者的结合力。

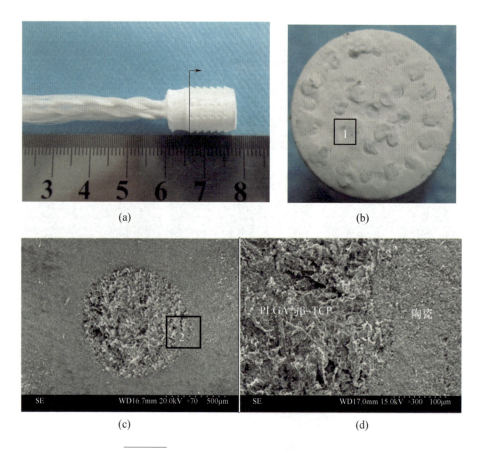

图 6-17 韧带-骨界面与骨支架结合状况观察

(a)韧带－骨支架切断位置；(b)切断位置宏观图；(c)视图1放大；(d)视图2放大。

为测试韧带－骨界面之间及与骨支架的连接力，对制造的韧带－骨支架进行拉伸力学测试。在骨支架外表面结合熔融工业级聚乳酸，防止拉伸力学测试夹紧时多孔陶瓷骨支架的破裂。拉伸力学测试表明，韧带－骨支架在陶瓷骨支架部分断裂，证明了陶瓷骨支架需要进行增强保护。最终拉伸力为 $58.77N \pm 12.48N$，说明韧带－骨界面三相之间及与韧带－骨界面的结合力要比陶瓷骨支架断裂力大，具体的结合力在体外模拟拉伸实验部分可以说明(图 6-18)。

韧带－骨仿生界面既有力学方面的功能，又有生物学方面的功能。力学方面的功能是将韧带与骨支架两种特性不同的组织进行初期连接，起到减缓应力集中的作用。生物学方面的功能是，韧带－骨支架制作过程中所用材料均为生物可降解材料，韧带－骨支架植入后初期提供初始固定强度，随时间延长逐渐降解，促进韧带－骨界面的逐渐再生，并最终被新生组织所替代。

支架的韧带-骨界面模拟了自然韧带-骨界面在材料成分、微观结构和力学性能方面的逐渐过渡，为不同细胞的生长、分化提供了环境和条件，可以满足不同组织的再生需求。

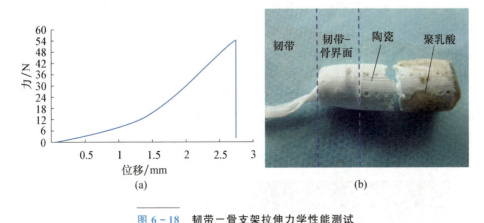

图 6-18　韧带-骨支架拉伸力学性能测试
(a)韧带-骨支架拉伸曲线；(b)韧带-骨支架拉伸断裂图。

## 6.2.4　韧带-骨支架的细胞相容性评价

为了验证细胞与支架的韧带-骨界面的结合与生长状况，支架的韧带-骨界面的三层结构，总体厚度为 6mm，每层厚度为 2mm，观看第四代兔成骨细胞在韧带-骨仿生界面的生长和黏附情况。

为了将支架进行固定，用生物型硅胶制作硅胶模具，然后透明硅胶模具在 75% 乙醇溶液中浸泡 72h 进行消毒，将仿生界面沿着纵截面切开，放入硅胶模具的凹槽内，整体放置于 6 孔板内，每孔放一个。支架用双层自封袋密封包装后采用 60Co 照射进行消毒处理，吸收剂量为 9kGy①。种植成骨细胞前将支架经培养液预湿 20min，提高支架的表面亲水性，使得细胞悬液在支架上均匀分布和吸收。

细胞增殖实验为检测细胞在支架上增殖状况的方法，将 200 μL 细胞悬液接种于支架表面，密度 25000 个/mL，$CO_2$ 培养箱培养，第 1、3、5、7 天分别检测细胞活性。细胞活性检测方法为移除细胞培养液，更换为检测液(100 μL 完全培养液 + 10 μL 阿尔玛蓝检测试剂)；避光培养箱孵育 4h 之后，吸取 90 μL 反应后的检测液于黑色 96 孔板里，酶标仪检测荧光强度，激发光为 530nm，

---

① CTy：电离辐射能量吸收剂量。

发射光为600nm。空白对照组为200μL培养液浸泡支架，不接种细胞，每组重复6个样品。

将200μL细胞悬液接种于支架表面，细胞密度为$1.0×10^5$个/mL，置于37℃，5%$CO_2$培养箱培养，隔日换液，于培养第3、7天进行死活染色和SEM观察。死活染色用于观察成骨细胞在支架上面的死活情况，钙黄绿素－AM（Calcein－AM）可以对活细胞进行染色，使活细胞产生绿色荧光。碘化丙啶（PI）对死细胞进行染色，产生红色荧光。死活染色试剂的配置方法为：分别将0.5μL Calcein－AM和2μL PI加入1mL PBS中。死活染色步骤为：PBS冲洗支架3遍，以清除支架内残留的培养液成分，然后，每个支架表面加入100μL死活染色试剂，采用锡纸包覆避光，反应15min后再次用PBS冲洗3遍，吸除多余的溶液。最后，采用倒置荧光显微镜进行细胞死活状况的观察。

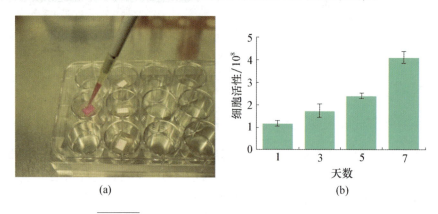

图6-19 韧带-骨界面成骨细胞种植与增殖实验

(a)韧带－骨界面细胞种植；(b)细胞在韧带－骨界面支架上增殖曲线。

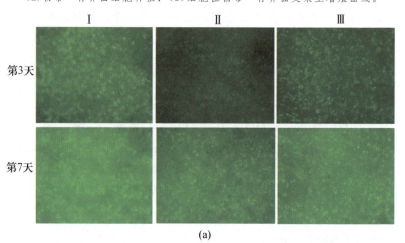

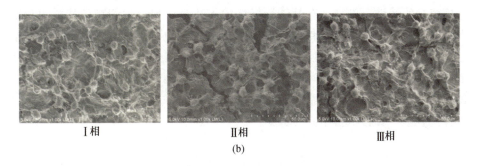

图 6-20　成骨细胞在韧带-骨界面上活性及黏附铺展状况观察

(a)韧带-骨界面细胞活性染色(×100倍);

(b)成骨细胞与韧带-骨界面黏附及铺展情况 SEM 观察。

培养7天,荧光强度连续性增加($p<0.05$),提示成骨细胞在支架材料上增殖明显。死活染色结果表明,细胞铺满了材料内部(图6-20)。如图6-20(a)所示,第3天细胞已经铺满了材料表面,因此死活染色第7天显示细胞铺展情况与第3天差异不大,使用 SEM 观察成骨细胞在支架上面的分布及形态等。方法为:将支架用 PBS 冲洗后放入4℃环境中2.5%的戊二醛 PBS 溶液中进行固定24h。冷冻干燥后支架表面溅射铂,进行 SEM 观察。SEM 结果图6-20(b)显示,细胞与支架黏附良好。

通过在韧带-骨界面种植成骨细胞,检测细胞在韧带-骨界面的增殖、活性、形态情况。增殖实验显示了细胞在支架上面良好的生长活性,对支架进行死活染色表明,细胞铺满了支架表面。SEM 结果显示,细胞与支架黏附良好。但由于培养时间较短,细胞在韧带-骨仿生界面处Ⅰ、Ⅱ和Ⅲ三相的区别不大,尚未发现对细胞分化的影响。而支架的韧带-骨界面三相结构材料成分、微观结构和力学性能的不同,是为了诱导不同细胞的黏附及韧带-骨界面处多组织的再生设计的,因此,后期需要进一步验证三相支架的差异对细胞分化的影响及进行动物实验验证其在体内的再生情况。

## 6.3　韧带-骨支架诱导腱骨愈合及韧带再生

目前,前交叉韧带(ACL)重建手术可以选用的移植物众多,其中的自体骨-肌腱移植物被认为是韧带重建的"黄金法则",其特点是移植物与宿主骨通道连接部分为自体骨,并且有连接紧密的韧带-骨界面。但由于引起供区疼痛与炎症、供源有限等问题,其应用受到严重限制。通过模拟自体韧带-

骨移植物的特性，设计具有骨诱导特性的多孔骨支架以达到韧带移植物与宿主骨的生物结合，韧带-骨仿生界面用于多组织的再生。为了韧带-骨支架与宿主骨的初期固定及克服陶瓷骨支架较脆容易破裂的问题，设计了倒刺牙形结构 PCL 固定钉，最终设计制造了韧带-骨多层支架，为韧带重建手术中韧带移植物与宿主骨的生物固定提供了一种新的方法，并有望逐渐实现与自体骨-肌腱-骨移植物相似的功能。

### 6.3.1 韧带-骨支架体外模拟体内支架植入效果

通过采用光固化成形技术结合凝胶注模法制造了陶瓷骨支架，纤维编织技术制造了韧带支架，熔融固定钉材料凝固得到与宿主骨固定钉。向韧带-骨界面处灌注三种不同浓度和比例的 PLGA 与 β-TCP 混合溶液并冷冻干燥的方法制造韧带-骨界面。为验证所制造的韧带-骨支架的性能，设计制造了辅助植入装置与拉伸力学测试夹具，将所制造的韧带-骨支架植入猪后腿股骨前交叉韧带的位置，进行 X 光、CT 扫描测试支架结构是否完整，随后对其进行了体外模拟拉伸力学实验，测试其可以承受的最大拉伸力及与宿主骨通道的初期固定效果，对拉伸之后的韧带-骨支架进行 CT 扫描查看支架是否发生破裂。

为了将韧带-骨支架植入宿主骨通道，需要设计专门的辅助植入装置，如图 6-21 所示。韧带-骨仿生界面为多孔结构，材质较软，而固定钉为力学性能较好的熔融 PCL 制作而成，辅助植入装置的齿直接与固定钉进行接触，可以避免植入过程中韧带-骨仿生界面的变形。辅助植入装置前端的齿即用于插入固定钉，中间空隙部分用于容纳韧带支架，辅助植入装置借助骨锤可以将韧带-骨支架植入股骨通道。

图 6-21 辅助植入装置设计

韧带-骨支架植入股骨的实验流程如图 6-22 所示。其具体步骤为：打开 6 月龄家猪后腿膝关节关节囊，屈膝 90°，去除前后交叉十字韧带和半月板等软组织，仅保留股骨部分。使用 Φ10mm 电钻向股骨钻孔，钻孔深度大于韧带-骨支架的总体高度,然后将骨碎屑清理干净。对准辅助植入装置前端齿与韧带-骨支架植入孔的位置,将韧带-骨支架与辅助植入装置进行连接,并整体放入股骨通道入口处,借助骨锤缓慢将韧带-骨支架植入股骨通道至韧带-骨界面表面与股骨软骨表面近似相平,拔出辅助植入装置,完成韧带-骨多层支架的体外模拟实验植入。

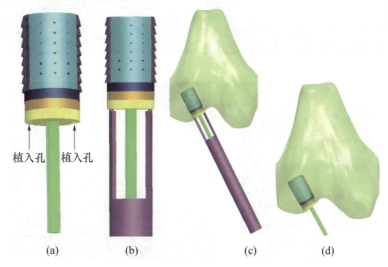

图 6-22 韧带-骨支架植入骨通道流程示意图

(a)韧带-骨支架;(b)植入装置连接支架;(c)支架植入骨通道;(d)支架植入效果。

韧带-骨支架植入股骨通道流程如图 6-23 所示。将支架植入股骨孔洞之后,对植入股骨通道固定钉过盈量为 0.47mm 的韧带-骨支架进行 X 光观察植入的方位是否准确。植入之后进行 CT 扫描观察,查看支架是否发生破裂,结构是否完整。对植入的韧带-骨支架 CT 扫描各截面进行观测,可以看出各截面对应的不同结构及各截面支架的完整性,如图 6-24 所示。

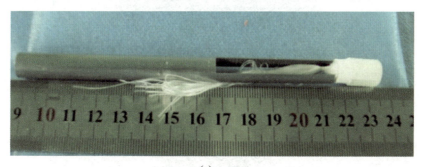

(a)

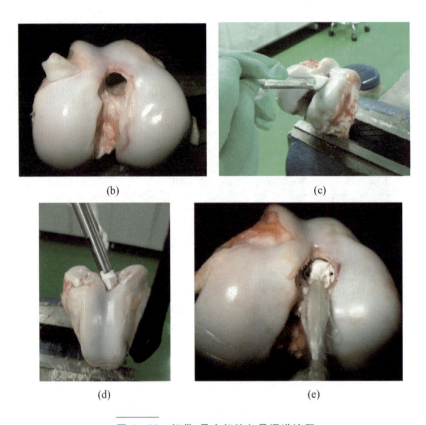

**图 6-23　韧带-骨支架植入骨通道流程**
(a)辅助植入装置连接韧带-骨支架；(b)股骨钻孔；(c)韧带-骨支架植入骨通道过程；(d)支架植入骨通道；(e)支架植入骨通道效果图。

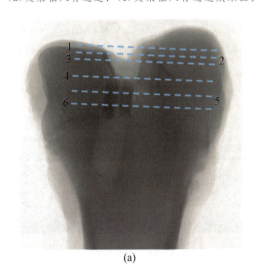

(a)

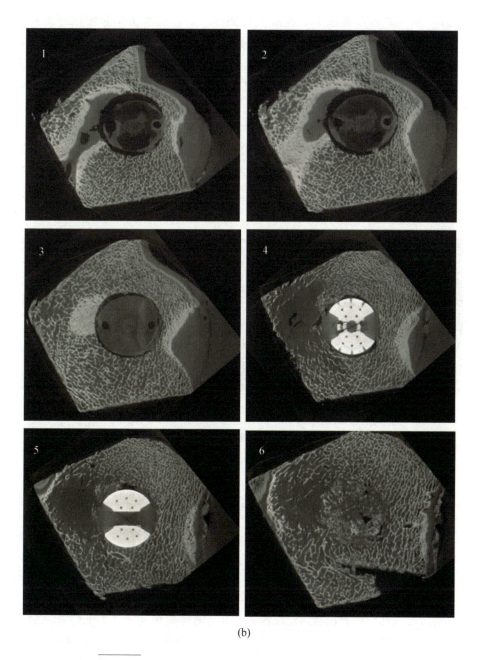

(b)

**图 6-24　韧带-骨支架植入骨通道 X 光与 CT 各截面图**
(a) 韧带-骨支架植入骨通道效果 X 光片观察；
(b) 韧带-骨支架植入骨通道对应的 CT 各截面图。

在图 6-24 CT 不同截面中，截面 1 为韧带-骨界面的仿生非钙化纤维软骨层，截面 2 为仿生钙化纤维软骨层，截面 3 为仿生骨层，截面 4 为陶瓷骨支架截面，截面 5 为陶瓷骨支架底端截面，截面 6 为股骨通道。CT 扫描结果表明，当固定钉过盈量为 0.27mm 和 0.47mm 时，植入后支架在骨通道内结构保持良好，未发生破裂。

当固定钉过盈量为 0.68mm 时，支架植入骨通道后陶瓷骨支架发生部分破裂，如图 6-25 所示。由于固定钉过盈量为 0.68mm 时，进行拉伸力学测试前支架已发生破裂，骨支架的破裂对整个支架的力学性能影响较大，并且骨支架的破裂会产生碎屑，引起植入部位的炎症反应等，因此未对其进行拉伸力学测试实验。

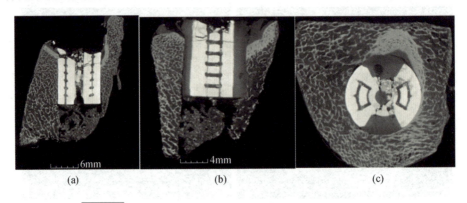

**图 6-25　固定钉过盈量为 0.68mm 时支架植入后 CT 扫描图**

(a) 主视图；(b) 左视图；(c) 俯视图。

### 6.3.2　韧带-骨支架体外模拟体内力学性能测试

为拉伸实验时植入支架的关节与拉伸力学实验机进行连接，需要专门设计夹持股骨的拉伸实验夹具，如图 6-26 所示。为了在加载时韧带-骨支架拉伸方向与拉力机的拉伸轴线尽量在同一条直线上，防止拉伸过程中剪切力对韧带-骨支架的破坏，拉伸实验夹具设计为通过双向导轨实现前后 $X$、左右 $Y$ 方向的移动，通过改变螺钉在滑槽的固定位置调节卡具筒倾斜角度 $\Phi$，上下位置 $Z$ 通过拉伸力学实验机进行调节。为便于拉伸实验的平稳进行，将拉伸实验夹具与拉力实验机的下端进行连接。由于韧带-骨支架与股骨连接有一定的角度，因此，将植入韧带-骨支架的股骨端与拉伸实验夹具相连，便于调节股骨的角度，使前交叉韧带的拉伸轴线与拉力机的轴线尽可能重合。股骨的固定为将股骨放入卡具筒之后，拧紧卡具筒侧面的夹紧螺钉，靠螺钉的挤压作用进行牢固固定。

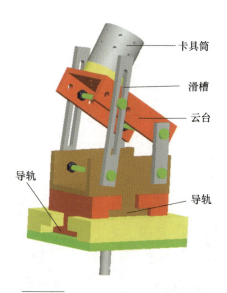

图 6-26　力学性能测试卡具设计图

由于对股骨进行钻孔时，钻头会发生径向跳动，造成钻孔直径相比设计孔直径偏大 0~0.4mm。结合分析的结果，韧带-骨支架力学测试选用固定钉相比骨通道过盈量为 0.27mm、0.47mm 进行对比。

将韧带-骨支架按上述植入流程植入猪膝关节，随后对其进行拉伸力学性能测试，测试其可以承受的最大拉伸力。利用拉伸力学测试卡具将植入韧带-骨支架的猪膝关节与拉伸力学测试机进行连接，股骨端与卡具筒进行连接固定，胫骨端采用拉伸力学实验机自带的夹紧卡具进行连接。拉伸实验时，保留中间韧带的有效长度为 30mm±1mm，入口力设置为 0.25N，实验速率设置为 0.5mm/min，如图 6-27 所示。

经过拉伸力学测试实验，对韧带-骨支架可以承受的最大拉伸力进行了统计，如表 6-3 所列。当固定钉过盈量为 0.27mm 时，韧带-骨多层支架可以承受的最大拉伸力为 211.08N±18.16N，当固定钉过盈量为 0.47mm 时，韧带-骨多层支架可以承受的最大拉伸力为 360.31N±97.51N，随着过盈量的增加，韧带-骨多层支架与宿主骨通道的初期固定效果越好，如图 6-28 所示。

表 6-3　韧带-骨支架拉伸力学测试统计

| 固定钉过盈量/mm | 承受最大拉伸力/N |
| --- | --- |
| 0.27±0.06 | 211.08±18.16 |
| 0.47±0.04 | 360.31±97.51 |

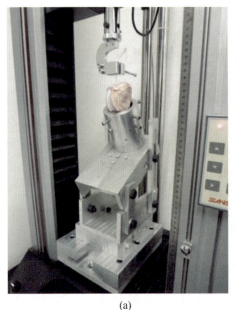 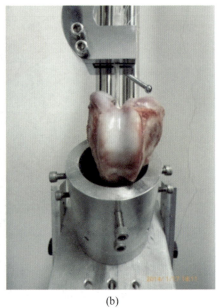

(a) (b)

图 6-27　韧带－骨支架拉伸测试

(a)韧带－骨支架拉伸力学实验；(b)拉伸实验放大图。

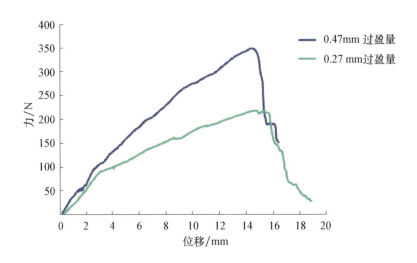

图 6-28　带有不同过盈量固定钉的韧带－骨支架与骨通道初期固定对比

人自然前交叉十字韧带日常活动所需最大载荷为454N，正常的受力范围则为100～250N。经过体外模拟拉伸力学测试，韧带－骨支架可以承受的拉伸力为360.31N±97.51N。韧带－骨支架全部为可降解、生物相容性好的生物型材料制作而成，由于可供选择的材料有限，严重限制了韧带－骨多层支架整体力学性能的提升。但体外模拟力学实验证明其初期固定效果已经基本可以满足人或动物正常的运动需求，如图6-29所示。

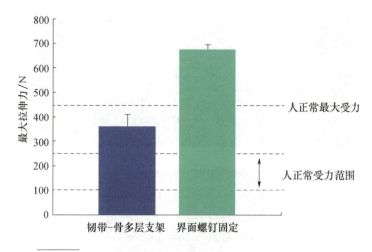

图6-29　韧带-骨支架固定与界面螺钉固定及正常受力对比

对带有0.27mm、0.47mm过盈量固定钉的韧带－骨支架进行拉伸力学性能测试后(图6-30)，对支架在股骨通道的情况进行CT扫描，观察支架是否发生破碎，结构是否保持完整。

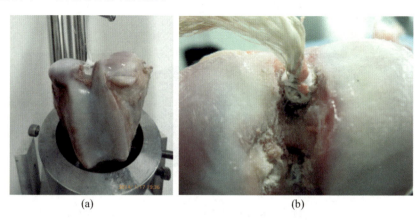

图6-30　韧带-骨支架拉伸力学实验后图片
(a)固定钉过盈量为0.27mm；(b)固定钉过盈量为0.47mm。

从图 6-30 中可以看出，拉伸力学实验后，当固定钉过盈量为 0.27mm 时，韧带－骨支架结构保持完整，但与股骨通道发生滑移，从股骨通道部分拉出，与宿主骨通道初期固定效果不佳。当固定钉过盈量为 0.47mm 时，大部分支架与骨通道发生微小滑移。当固定钉过盈量为 0.27mm 时，力学实验前后支架结构完整，如图 6-31 所示。当固定钉过盈量为 0.47mm 时，拉伸力学实验后，陶瓷骨支架发生部分破裂，如图 6-32 所示。

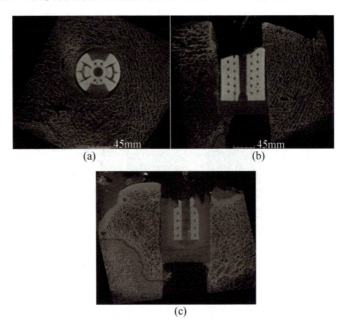

图 6-31　拉伸力学实验后支架 CT 扫描（0.47mm 过盈量）
（a）俯视图；（b）左视图；（c）主视图。

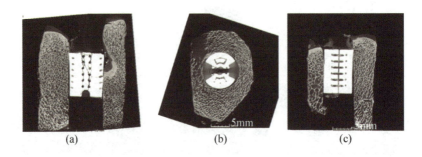

图 6-32　拉伸力学实验后支架 CT 扫描（0.47mm 过盈量）
（a）主视图；（b）俯视图；（c）左视图。

经过对制造的韧带-骨多层支架进行体外模拟拉伸力学实验,与传统韧带移植物所用界面螺钉与宿主骨通道进行固定相比,韧带-骨多层支架与宿主骨通道的初期连接强度要低(约 47%)。但韧带-骨支架制造的与宿主骨固定钉降解时间大于 24 个月,在 PCL 固定钉完全降解之前,韧带-骨支架与宿主骨的连接力由固定钉和韧带-骨支架与宿主骨通道形成机械固定向生物固定逐步转化。

### 6.3.3 韧带-骨支架动物体内植入实验

为进一步验证所制备的韧带-骨复合支架对体内韧带功能重建、固定及韧带-骨仿生界面再生的有效性,在植入猪体内后 3 个月和 6 个月后,通过形态学、组织学、免疫组化及力学测试等手段对再生的韧带-骨结构进行综合测试,并与传统的医用螺钉做对照。实验总体设计与测试方法如图 6-33 所示。

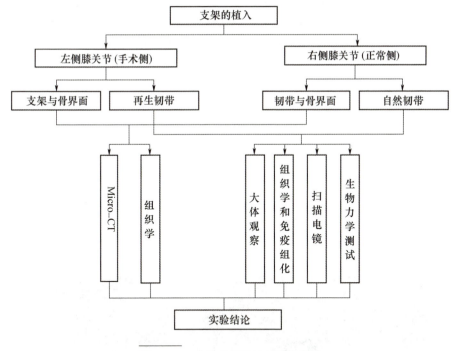

**图 6-33 实验总体设计与测试方法**

在前期对韧带-骨复合支架体外模拟植入实验的基础上,开展动物活体植入实验。具体过程为:选取健康成年长白猪 16 只,将配置好的浓度为 3%的戊巴比妥钠按 25mg/kg,腹腔注射麻醉,20min 后观察麻醉效果,若麻醉效果不佳,再从耳缘静脉再注射 5~10mL。麻醉生效后,左侧膝关节术前备皮，仰卧位固定于手术台，常规碘伏消毒铺无菌床单。取左侧后肢膝前内侧切口，沿髌韧带内侧打开关节腔，髌骨拉向外侧，依次显露关节腔各层结构。打开关节腔后于韧带与骨连接止点处，剔除其关节前交叉韧带。按照图 6-34 所示的体内植入方法，在前交叉韧带股骨止点处，沿韧带走行方向，用电钻钻取骨隧道。然后在胫骨内侧距胫骨平台约 3cm 处钻一小孔，以此点为起点，原 ACL 胫骨止点残迹偏后方为终点，沿定位器钻取胫骨骨隧道，其中胫骨骨隧道直径为 7mm，股骨侧隧道直径为 9mm，深度约为 20mm。将复合韧带支架用固定器固定后，用骨锤轻敲逐步进入骨隧道中，然后用导丝将复合韧带支架从胫骨骨隧道引出，活动膝关节，屈曲 30°，未见韧带与髁间撞击后，胫骨端采用可吸收界面螺钉固定，以作为对照侧。活动膝关节查看韧带在关节腔的活动未见异常后，用青霉素盐水冲洗关节腔，逐层缝合切口，纱布进行包扎。患肢不固定，圈内饲养，自由活动。术后 5 天，在切口处涂抹医用安尔碘Ⅱ型皮肤消毒剂进行消毒，同时给予每天肌注青霉素 5~10 万单位/千克体重一次预防术后伤口感染。植入后通过医学 CT 设备对股骨端骨道位置和韧带-骨复合支架的植入效果进行观察，如图 6-35 所示。从图 6-35 中可以看出，虽然聚合物韧带支架与固定结构无法在 CT 设备上显影，但韧带-骨复合支架的陶瓷结构可以清晰看到，骨道方位与复合支架植入位置正确。

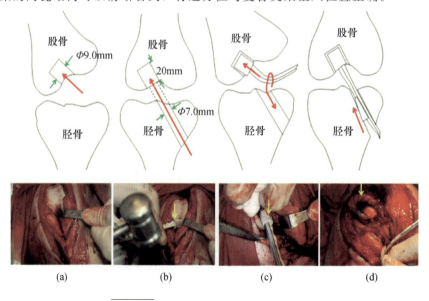

**图 6-34　动物实验植入方法与体内植入**

(a)股骨端钻孔；(b)胫骨端钻孔；(c)股骨端复合支架固定；(d)胫骨端医用螺钉固定。

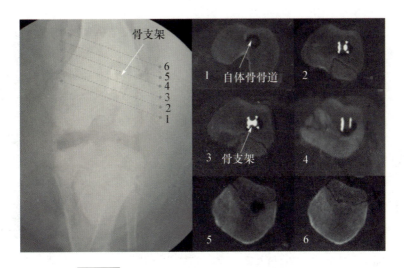

图 6-35 韧带-骨复合支架体内植入位置 CT 观察

## 6.3.4 韧带-骨支架体内诱导韧带再生

在动物体内植入 3 个月和 6 个月后取材，对韧带组织的再生情况及其力学性能进行测试。图 6-36 所示为自然韧带与再生韧带的大体观察图及其宏观结构参数。从图 6-36 中可以看出，再生韧带在术后 3 个月和 6 个月形态保持良好，未见断裂，其表面有一层新生的白色结缔组织覆盖，与自然韧带表面的滑膜样组织相似。通过对自然韧带与再生韧带的长度和界面进行统计发现，植入 3 个月和 6 个月后，再生韧带的长度分别为 42.2mm±3.4mm 和 43.3mm±2.9mm，这与自然韧带的长度 37.4mm±3.2mm 和 37.3mm±2.1mm 并没有统计学差异性。但是，再生韧带的横截面和自然韧带相比具有显著性差异，其中 3 个月和 6 个月的截面积分别为 57.5mm±8.1mm$^2$ 和 84.6mm±11.5mm$^2$，而自然韧带的截面积却分别为 23.6mm±4.8mm$^2$ 和 30.3mm±4.4mm$^2$。

采用组织切片技术和 H-E 染色技术对自然韧带和再生韧带的微观组织结构进行的评价。图 6-37 所示为自然韧带与术后 3 个月和 6 个月再生韧带的微观组织学观察结果。在自然韧带中，可见大量排列规整的胶原纤维沿着韧带的走行排布，进一步观察可见胶原纤维呈现小的波浪状的结构。在胶原纤维之间可见少量韧带纤维细胞沿着胶原纤维的方向排列。术后 3 个月，再生韧带中蚕丝纤维仍然可以清晰看到。大量的新生纤维组织长入且包绕蚕丝纤维。术后 6 个月，可见更多的新生纤维组织形成，而蚕丝纤维较前有所减少。

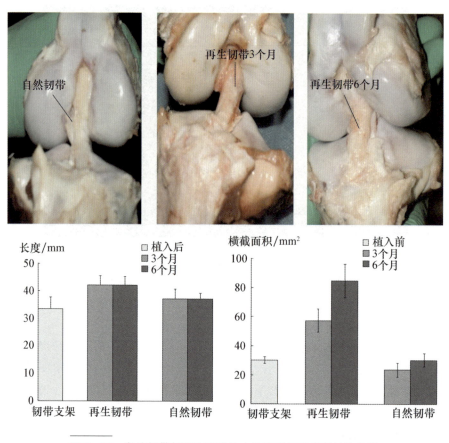

图 6-36 自然韧带与再生韧带的大体观察与其宏观结构参数

图 6-38 所示为采用扫描电镜对自然韧带和再生韧带的微观纤维结构进行观察的结果。从图 6-38 中可以看出，自然韧带的微观结构为平行的胶原纤维，呈波浪状排列。在体内植入 3 个月后，再生韧带中蚕丝纤维仍然可以明显观察到，其排列方式和植入之前基本相似，新生组织已经开始长入蚕丝纤维间的孔隙。在术后 6 个月时，可见大量的新生组织长入纤维孔隙，与蚕丝纤维形成共生结构。该观察结果与组织学所看到的结构一致。

为定量检测蚕丝韧带内组织的再生情况，采用 Masson 染色和免疫组化对再生韧带内的胶原纤维进行特异性染色，并采用 Image J 软件对韧带主要胶原纤维类型－Ⅰ型胶原的含量进行定量统计。如图 6-39 所示，可见自然韧带内富含胶原纤维(蓝色部分)，而随着植入时间从 3 个月增加到 6 个月，再生韧带内的胶原纤维也逐渐增加，并且在 6 个月时，可以清晰看到部分新生的胶原纤维形成小束围绕在蚕丝纤维周围。免疫组化统计结果显示，术后 3 个月,再生韧带中只有部分 I 型胶原,而术后 6 个月可见较多规整的 I 型胶原形成,但与自然韧带中 I 型胶原的含量相比 I 型胶原的含量仍处于较低水平。

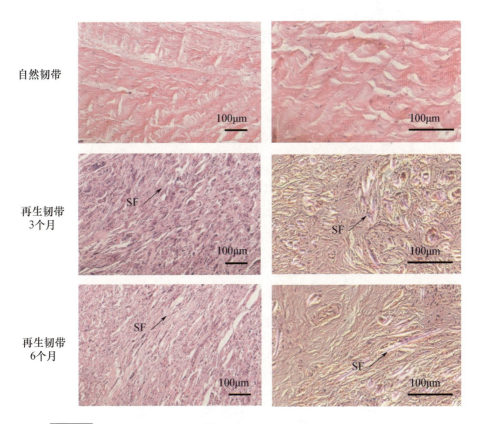

图 6-37　自然韧带与术后 3 个月和 6 个月再生韧带的微观组织学观察结果

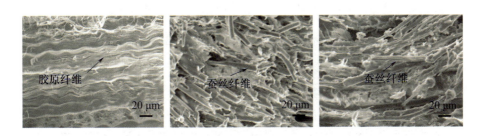

图 6-38　采用扫描电镜对自然韧带和再生韧带的微观纤维结构进行观察的结果

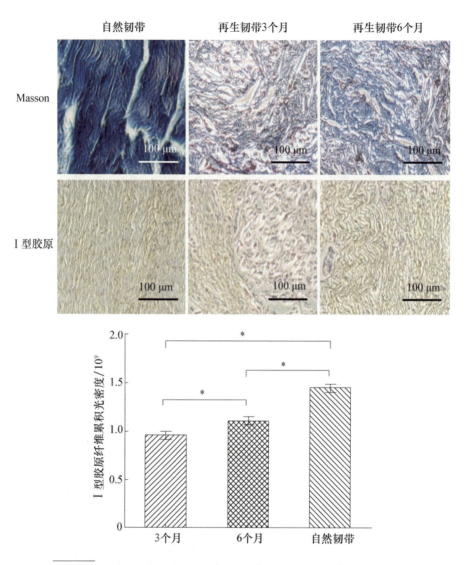

**图 6-39** 植入后 3 个月和 6 个月自然韧带与再生韧带的胶原含量测试

对植入后 3 个月和 6 个月的再生韧带的力学强度和刚度进行了测试。如图 6-40 所示,术后 3 个月,自然韧带的最大载荷为 1389N±98N,术后 6 个月达到 1749N±230N,两者有明显差异($P=0.03$)。而对于再生韧带,植入后 3 个月和 6 个月的最大载荷分别为 374N±40N 和 566N±31N,两者也有明显差异($P=0.0003$)。力学刚度测试显示,自然韧带在术后 3 个月时刚度为 (200±10)N/mm,术后 6 个月时增加到 (259±12)N/mm,两者差别显著($P=0.0004$)。再生韧带在术后 3 个月时刚度为 156N±8N,术后 6 个月为

$(180\pm9)$N/mm,两者也差异显著($P=0.0081$)。这说明再生韧带的力学强度和刚度均随着植入时间延长在逐渐加强,虽距离自然韧带的力学性能尚有较大差距,但该差距有望随着蚕丝韧带的降解与自然韧带组织的生长逐渐减小。

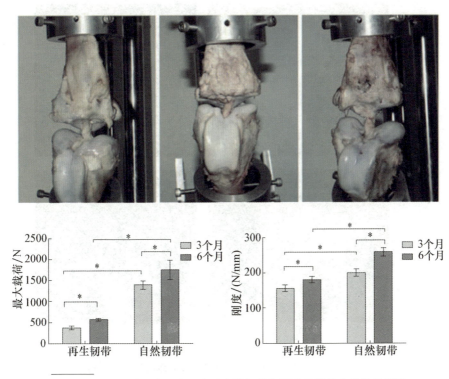

图 6-40 植入后 3 个月和 6 个月自然韧带与再生韧带的力学性能测试

### 6.3.5 韧带-骨支架体内诱导腱骨愈合

为进一步检测所制备的韧带-骨复合支架对促进仿生界面再生与实现生物固定的有效性,对植入后 3 个月和 6 个月再生的韧带-骨界面组织进行显微 CT 观察、组织学切片、免疫组化测试,并与医用螺钉固定端的结果进行对比。

采用显微 CT 分别对复合支架固定端及医用螺钉固定端的骨道内组织进行三维重建,结果如图 6-41 所示。从图 6-41 中可以看出,在胫骨端,术后 3 个月可吸收界面螺钉将韧带支架与自体骨组织挤压,在界面处未见明显新生骨组织形成;在术后 6 个月可吸收界面螺钉仍位于支架与自体骨组织之间,界面周围仍未见明显的高信号影,但可吸收界面螺钉较前有所减小,在体内逐渐开始降解。在股骨端界面处,术后 3 个月复合支架内的陶瓷骨结构清晰可见,同时与自体骨组织连接紧密,术后 6 个月时陶瓷骨支架变得模糊,可见大量高信号密度影于复合支架和自体骨组织之间形成，但是在界面处不能够明确定性为何种组织，为此我们采用组织学观察用于鉴别组织类型。

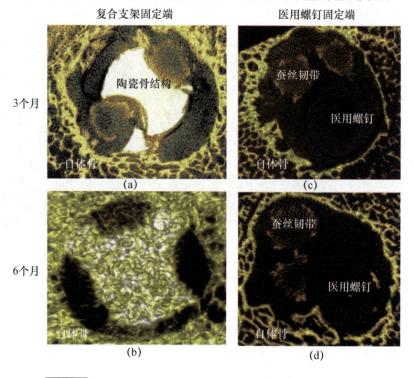

图6-41 植入后3个月和6个月韧带-骨界面微观CT观察结果

图6-42所示为胫骨端蚕丝支架与骨组织界面的组织学检测结果。从图6-42中可以看出，术后6个月界面处仍主要由新生的胶原纤维构成，界面处明显蓝染，提示界面处有丰富的胶原形成，组织宽度较前增宽，而在靠近骨隧道壁处可以明显观察到新生的Sharpey's纤维，该纤维接近垂直的方向深入骨组织中，将韧带支架与骨组织连接起来。这表明通过医用螺钉固定的蚕丝韧带在植入后6个月仍以机械固定为主。

图6-43所示为股骨端支架与骨组织界面处的组织学检测结果。从图6-43中可以看出，术后6个月，PEEK固定结构保持良好，在陶瓷骨支架周围有大量新生骨组织产生，这对于韧带支架与宿主骨组织的生物固定具有重要作用。更重要的是，在韧带支架与骨组织之间，发现有新生软骨层的形成，并且可清楚分为非钙化软骨层与钙化软骨层，软骨细胞垂直于隧道纵轴分布，从而在界面处形成类似于自然韧带到骨的连接方式。在Masson染色中，能够更清晰地观察到这样的现象，新生软骨层细胞排列整齐。

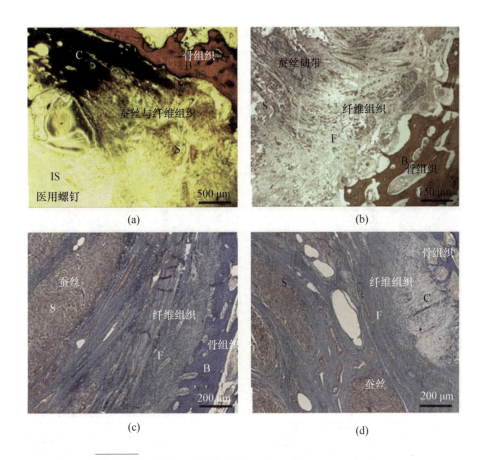

图 6-42  胫骨端蚕丝支架与骨组织界面的组织学检测结果

针对韧带移植物与骨组织"机械固定"存在拉出与疲劳断裂等临床问题，提出了通过模拟自然韧带-骨结构进行韧带-骨复合支架的仿生设计方法，通过有限元分析与优化确定了最佳的支架结构结构参数；结合纤维编织、静电纺丝与快速成形技术建立两种韧带-骨仿生支架的制造方法，所制备的复合支架在韧带-骨支架界面处呈现与自然界面相似的材料结构梯度，从而为多组织再生提供了基础；开发了具有培养液灌流与施加拉应力双重功能的生物反应器系统，通过体外细胞实验及模拟植入实验证明了复合支架具有良好的生物相容性和力学强度，材料与结构梯度可调控细胞的分区生长；体内植入实验表明，所构建的韧带-骨复合支架有利于韧带功能的重建，与传统医用螺钉相比，韧带-骨复合支架有利于植入物与自体骨组织的融合生长，并在韧带与自体骨组织间再生了与自然韧带-骨界面相似的梯度组织，从而为实现韧带-骨"生物固定"奠定了实验基础。研究结果初步证明了通过梯度复合支架有望解决软质韧带与硬质骨的固定问题,且与苏黎世联邦理工大学合作将动物实验结果推向临床应用。

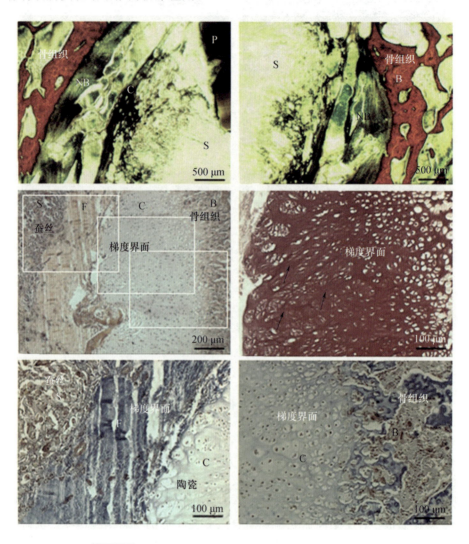

图 6-43 股骨端支架与骨组织界面处的组织学检测结果

## 参考文献

[1] 李政. 一种新型蚕丝复合韧带支架重建前交叉韧带的动物实验研究[D]. 西安:西安交通大学,2014.

[2] 张文友. 面向生物固定的韧带-骨多层支架制造与力学性能研究[D]. 西安:西

安交通大学,2014.

[3] 李彬,吴海山. 韧带-骨交界处组织理化特性及相关组织工程学策略[J]. 中国矫形外科杂志,2008,16(18):1399-1418.

[4] SHAO H J,LEE Y T,CHEN C S,et al. Modulation of gene expression and collagen production of anterior cruciate ligament cells through cell shape changes on polycaprolactone/chitosan blends[J]. Biomaterials,2010,31(17):4695-4705.

[5] TOMITA F,YASUDA K,MIKAMI S,et al. Comparisons of intraosseous graft healing between the doubled flexor tendon graft and the bone-patellar tendon-bone graft in anterior cruciate ligament reconstruction[J]. Arthroscopy,2001,17(5):461-476.

[6] WEILER A,HOFFMANN R F,BAIL H J,et al. Tendon healing in a bone tunnel. Part II:Histologic analysis after biodegradable interference fit fixation in a model of anterior cruciate ligament reconstruction in sheep[J]. Arthroscopy,2002,18(2):124-135.

[7] 沈灏,曹红彬,蒋垚. 采用骨诱导性钙磷生物材料促进肌腱在骨隧道内愈合的组织学研究[J]. 中华创伤骨科杂志,2006(11):1053-1056.

[8] NAU T,LAVOIE P,DUVAL N. A new generation of artificial ligaments in reconstruction of the anterior cruciate ligament. Two-year follow-up of a randomised trial[J]. J Bone Joint Surg Br,2002,84(3):356-360.

[9] MACDONALD P,ARNEJA S. Biodegradable screw presents as a loose intra-articular body after anterior cruciate ligament reconstruction[J]. Arthroscopy,2003,19(6):E22-24.

[10] STUDLER U,WHITE L M,NARAGHI A M,et al. Anterior cruciate ligament reconstruction by using bioabsorbable femoral cross pins:MR imaging findings at follow-up and comparison with clinical findings [J]. Radiology,2010,255(1):108-116.

[11] BAKHRU P,PARK B,UMANS H,et al. MRI of broken bioabsorbable crosspin fixation in hamstring graft reconstruction of the anterior cruciate ligament [J]. Skeletal Radiol,2011,40(6):736-743.

[12] AHMAD C S,GARDNER T R,GROH M,et al. Mechanical properties of soft tissue femoral fixation devices for anterior cruciate ligament reconstruction [J]. Am J Sports Med,2004,32(3):635-640.

[13] MCGUIRE D A,BARBER F A,ELROD B F,et al. Bioabsorbable interference screws for graft fixation in anterior cruciate ligament reconstruction [J]. Arthroscopy,1999,15(5):463-473.

[14] MARTINEK V,SEIL R,LATTERMANN C,et al. The fate of the poly‑L‑lactic acid interference screw after anterior cruciate ligament reconstruction [J]. Arthroscopy,2001,17(1):73-76.

# 第 7 章
# 肝组织支架微结构仿生设计方法

自然肝组织复杂的内部微观结构、丰富的血管网系统是其完成代谢、合成、分泌、解毒等重要功能的基础。对于组织工程肝脏，只有在体外成功构建了管道系统，通过营养液在管道内的循环或将人工制造的肝组织与宿主血液循环连接起来得到宿主的血液供应，才可能使肝细胞成活。因此，设计含有相互连通的流道网络的微结构是构建组织工程肝脏的关键。通过对自然肝组织的形态学参数进行分析研究，提取主要的特征参数进行肝组织血管系统的仿生建模，然后以肝组织仿生建模为基础，通过工程简化，分别基于组装法和卷裹法设计了多种具有不同微结构的肝组织支架。针对肝小叶内不同区域内肝细胞的异质特性，从流体力学的角度研究了流场（流速和剪切应力）在不同微结构支架内的分布情况，同时也分析了同一支架不同分区内的流场变化，这对支架微结构的优化设计与体外动态培养参数的确定具有重要的意义。

## 7.1 自然肝组织微结构形态学

### 7.1.1 自然肝组织微结构形态

肝脏在形态结构方面的显著特点是具有肝动脉和门静脉的双重血液供应。肝脏可以从肝动脉的体循环中接受由肺及其他组织运来的氧及代谢产物，又可以从门静脉的血液获取大量由消化道吸收的营养物质。其中，肝动脉内含有丰富的氧气和营养物质，提供给肝细胞进行物质代谢，是肝的营养血管，能提供氧供应来源80%，压力较门静脉高30~40倍。门静脉血供占肝血供总量的3/4，是肝细胞实现功能的主要循环系统。

血液的基本循环路线为动脉→毛细血管→静脉。在肝组织中，营养物质随动脉血流入毛细血管，通过渗透作用进入肝血窦中，与肝细胞充分接触作用后的血液由肝静脉排出。代谢产物和毒素成为胆汁进入胆囊，最终排出体外。主动脉、静脉形状为树枝状分叉，各级间按照一定的角度和直径比例分布。毛细血管则是极细微的血管，管径平均为 6~9 μm，在动、静脉之间互相连接成网状。在肝脏中，毛细血管则主要以血窦的形式存在，直径为 40 μm 左右，通透性较大，有利于肝细胞与血流之间进行物质交换。

### 7.1.2 自然肝组织微结构三维重建

肝组织微结构三维重建是获取形态学参数的前提，其主要过程是，首先获取大鼠肝脏的血管系统铸型，然后基于肝脏的断层扫描图片，应用反求技术重构自然肝脏的外形及其内部血管系统。

#### 1. 自然肝脏血管铸型获取

选取大鼠为研究对象，使用填充剂血管灌注后凝固成形法制作肝脏血管铸型，工作由合作单位北京解放军总医院普通外科研究所完成。具体方法如下：

(1) 以丙酮为溶剂，配置浓度为 8%~10% 的过氯乙烯溶液，然后加入油画颜料，配成红、蓝、绿三种颜色的溶液，分别用来灌注肝动脉、门静脉和下腔静脉。

(2) 将大鼠用戊巴比妥麻醉(45g/kg 体重)，行剖腹术，充分显露门静脉主干，插管、结扎固定，自门静脉注入肝素 150U 使全身肝素化。自门静脉注入肝素盐水(1.5U/mL)，冲洗肝脏血管，同时剪开下腔静脉远端放血，直到肝脏变灰白为止。自下腔静脉远端插管至近肝静脉处，结扎固定。自腹主动脉插管至近肝动脉处，结扎固定。剪开膈肌，结扎下腔静脉肝上端、胸主动脉，防止填充剂进入膈上大血管内，以保持进入肝脏的压力。

(3) 分别从腹主动脉插管灌入红色填充剂，门静脉注入蓝色填充剂，下腔静脉插管注入绿色填充剂，灌注压力为 30~80cmH$_2$O。待 2h 后再补灌，共补灌 2~3 次，补灌压力为 50~80cm H$_2$O，置室内过夜。

(4) 2 天后将肝脏切下，置于 25% 盐酸溶液中腐蚀。1 周后，将标本用流水缓慢冲洗，除去细胞及结缔组织，然后用肥皂水浸泡 1 天，即可得到大鼠肝脏血管铸型。图 7-1 所示为获得的大鼠肝脏血管铸型。

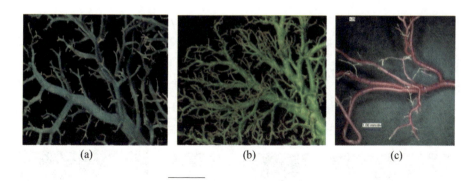

图 7-1 大鼠肝脏血管铸型
(a)门静脉;(b)下腔静脉;(c)肝动脉。

### 2. 自然肝脏外形及内部血管系统三维重建

以医学 CT 技术为基础,运用解剖学建模技术可以重构具有复杂形状和结构的组织与器官。其基本原理为:采用 CT 设备进行断层扫描,获取连续的二维轮廓图像,经过定位、图像处理导入三维重构软件如 MIMICS 中,通过轮廓获取、区域生长等操作,即可实现组织或器官的三维重建。对于活体肝组织,由于血管系统无法在 CT 设备下显影,常采用造影剂使肝脏血管造影,再通过 CT 或 Micro-CT 做断层扫描以获取肝血管树的层析数据,然后利用反求技术重构三维肝组织血管系统。图 7-2 所示为重构的肝脏外形与其内部的血管系统。

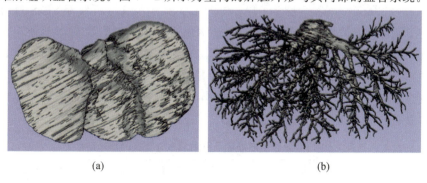

图 7-2 重构的肝脏外形与其内部的血管系统
(a)肝脏外形;(b)血管网系统。

### 7.1.3 自然肝组织形态学参数获取

对于肝脏血管铸型,采用光学显微镜(KEYENCE VH-Z450,日本)自带的图像处理软件进行血管树生理数据测量,包括直径及血管夹角。由于采用灌注方法很难获取毛细血管铸型，因此在低放大倍率下即可完成这些几何尺寸的测量。利用屏幕取三点的方法可以测量血管夹角，而血管距离和直径的测量则采用分级测量方法：从血管树的根部，即最初级开始测量其直径；再将根部上的分枝剪下，记为第二级，并对该级进行血管直径和长度的测量；依此类推，逐级测量。在测量过程中，可以调整显微镜的放大倍率，使主要测量对象分布在屏幕视野内。图7-3所示为门静脉的分级测量。

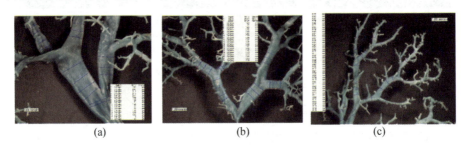

图7-3 门静脉的分级测量

(a)初级分枝测量；(b)中级分枝测量；(c)高级分枝测量。

门静脉、下腔静脉及肝动脉血管直径的统计结果如表7-1所列。可以看出，采用颜料灌注法获取大鼠肝脏血管铸型时，只能获得直径大于0.15mm以上的血管。大鼠肝脏内血管管径范围为：肝动脉为0.1~0.8mm、门静脉为0.1~2.2mm、下腔静脉为0.2~2.2mm。采用统计分析软件SPSS对门静脉、下腔静脉及肝动脉血管夹角的测量结果进行统计分析发现，大鼠肝脏内血管夹角均大致呈正态分布，门静脉平均夹角为77.72°，下腔静脉为71.70°，肝动脉为71.75°。大鼠肝脏内血管直径随着体积和重量的变化而差异较大，血管直径随着分枝级数的增加而逐渐减小，每一级约是上一级的1/2~1/1.2，而血管夹角随个体差异性变化不大（图7-4）。

表7-1 门静脉、下腔静脉及肝动脉血管直径的统计结果

| 血管分级 | 门静脉直径 | | 下腔静脉直径 | | 肝动脉直径 | |
| --- | --- | --- | --- | --- | --- | --- |
| | 均值/mm | 方差/mm | 均值/mm | 方差/mm | 均值/mm | 方差/mm |
| 一级分枝 | 2.173 | 0.117 | 2.567 | 0.213 | 1.714 | 0.134 |
| 二级分枝 | 1.474 | 0.174 | 1.723 | 0.128 | 1.257 | 0.180 |
| 三级分枝 | 1.009 | 0.134 | 1.127 | 0.096 | 0.821 | 0.073 |
| 四级分枝 | 0.814 | 0.063 | 0.823 | 0.104 | 0.391 | 0.083 |
| 五级分枝 | 0.418 | 0.084 | 0.469 | 0.078 | 0.229 | 0.026 |
| 六级分枝 | 0.232 | 0.045 | 0.235 | 0.086 | 0.167 | 0.037 |

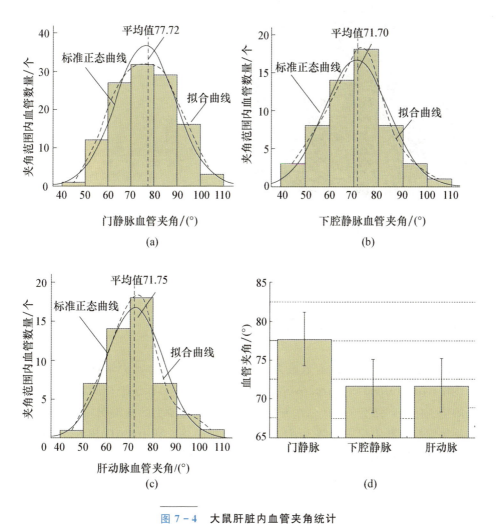

**图 7-4　大鼠肝脏内血管夹角统计**
(a)门静脉血管夹角分布；(b)下腔静脉夹角分布；
(c)肝动脉夹角分布；(d)夹角均值与误差分析。

对于采用解剖学建模技术构建的人体肝脏门静脉血管模型，直接在 Magics 软件中通过平移、旋转和局部放大，可以方便地对血管夹角进行立体测量，然后将测量结果导入 SPSS 软件中进行统计分析，结果如图 7-5 所示。人体肝脏门静脉血管系统内的血管夹角也大致呈正态分布，平均夹角为 75.27°，与大鼠肝脏门静脉的统计结果相比并无明显差异。

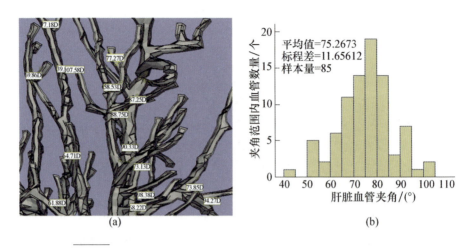

图7-5 采用解剖学建模技术构建的人体肝脏血管模型夹角统计
(a) 血管夹角测量;(b) 血管夹角统计分析。

## 7.2 肝组织支架微结构仿生设计

以自然肝组织生理特征数据为依据,应用血液流体动力学特性和约束构造优化(constrained constructive optimization,CCO)算法进行肝组织血管系统的仿生建模,结合 CAD 二次开发技术,构建可加工的肝组织血管树模型。然后参照自然肝组织内部微观结构,通过工程简化,利用 CAD 技术进行肝组织工程支架的仿生设计。设计过程根据获得的血管管道的夹角、直径和分布情况,以及不同肝内细胞种植在特定的管道与孔洞结构中的要求。对不同微结构的肝组织支架设计了专门的支架接口管路,以利于组装后的三维支架的细胞种植,以及与体外生物反应器或体内血管系统的连接。针对肝脏内部微结构的复杂性及肝组织支架的可制造性,提出了由二维结构立体组装形成三维肝组织支架的仿生设计方法。根据单层支架的立体组装方式不同,分别基于组装法和卷裹法设计了不同的肝组织仿生支架结构。

### 7.2.1 肝组织血管系统仿生建模

正常肝脏内的血管树有着高度复杂的分支结构,从而可高效率完成给组织输送营养物质和氧气的任务。那么,是否有什么优化原则促使血管树进行分叉生长呢?目前,有学者提出利用 CCO 算法进行血管树模拟生长,该算法以流体力学理论为指导,研究诸多因素对血管树生成结果的影响,包括分枝比率对结构的影响、目标函数选取、不同种子对血管树模型生成的影响,以及各种灌注区域外形形状的研究等。但是,目前采用 CCO 算法对血管树仿生建模的研究多从计算机图形学的角度,并未考虑其与实际的制造技术相结合,因此很难使设计的仿生血管树模型服务于实际的生物医学工程需要,如组织工程、生物制造等领域。将采用 CCO 算法考虑肝脏血管系统微循环区域内等压、等流量等生理条件,利用 Visual C++编程语言实现血管树的仿生建模,然后结合 CAD 二次开发技术,生成可直接用于 3D 打印制造的血管树实体模型。同时,对该模型进行几何参数测量,并与真实情况下的血管树直径、夹角等特征参数进行比较,验证采用 CCO 算法构建血管树模型的有效性。

1. 约束构造优化算法

CCO 算法的基本过程为: 选取一定面积的区域代表需要营养的组织,给定初始的血流总量 $Q_{perf}$、血流压力 $P_{perf}$ 和所需的总末端点数 $N_{term}$,让血管树在选定区域内,按照一定的优化目标函数进行分叉生长,直到生成所有的末端点。

1)目标函数优化

血管树是在一定的压力和流量下将血液传递给组织的各部分,该功能是在能量消耗的基础上进行的。血管系统的发展过程是一个优化的过程,其目的是使整个血管系统的能量消耗最小。因此,采用以总体血管树体积最小为目标函数。

$$\min(V_{tot}) = \min(\pi \sum_{i=1}^{N_{seg}} l(i) r^2(i)) \qquad (7-1)$$

式中: $V_{tot}$ 为血管树总体积; $N_{seg}$ 为血管树所有分支个数; $l(i)$、$r(i)$ 为第 $i$ 血管分支的长度和半径。

2)边界条件约束

为简化计算,并考虑与后续的 CAD 二次开发技术相结合,将血管树表示为二叉树,各枝为不能交叉的刚性圆柱管,如图 7-6(a)所示。每段血管分枝由血管直径、长度及流量来表示,且每个二分枝须满足以下约束:

$$Q_{lc} + Q_{rc} = Q_p \qquad (7-2)$$

$$r_{lc}^{\gamma} + r_{rc}^{\gamma} = r_p^{\gamma} \qquad (7-3)$$

式中: $Q_{lc}$、$Q_{rc}$、$Q_p$ 分别为左分枝、右分枝及父枝的流量; $r_{lc}$、$r_{rc}$、$r_p$ 分别为左分枝、右分枝及父枝的半径; $\gamma$ 为第 $i$ 血管分支的长度和半径。

血液在组织内的传输最后是通过毛细血管进行物质交换的(图7-6(b)),因此所有的血管分枝末端都应有唯一确定的压力 $P_{term}$ 和相同的血液末端流量 $Q_{term}$,其中, $P_{term}$ 不随末端点数目的变化而变化,而 $Q_{term}$ 则随末端点数的增加而减少。

$$Q_{term,N_{term}} = \frac{Q_{perf}}{N_{term}} \quad (7-4)$$

式中:$N_{term}$ 为当前的末端点数;$Q_{term,N_{term}}$ 为末端点数为 $N_{term}$ 时的血管末端流量。

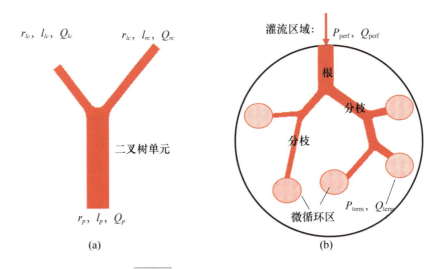

图7-6 血管树分叉及生长示意图

(a)二叉树单元;(b)血管树在给定区域内生长。

在给定灌流面积内,设定的总末端点数 $N_{term}$ 和所需生成血管分枝的个数 $N_{seg}$ 的关系为

$$N_{seg} = 2 \cdot N_{term} - 1 \quad (7-5)$$

**2. 约束构建优化算法构建血管树**

采用约束结构优化算法构建血管树的过程就是在给定区域内不断产生一个新末端点,然后生成一个新的血管分枝的反复计算的过程,直到末端点数达到设定值。

1)末端点的产生与取舍

末端点是随机地在选定区域内生成,但该点与其周围现存分支的距离必须大于给定的临界值,才能被选定为新的末端点。该临界值是一个变化的量,随着末端点数量的增加而减小。

2) 候选连接枝集合的确定

新末端点产生后,以此点为圆心,以一定的临界半径画圆。判断末端点在该圆内枝的个数,如果超过 10 个,则缩小临界半径(缩小系数为 0.95);如果小于 5 个,则放大临界半径(放大倍数为 1/0.95),直到圆内包含枝的个数介于 5~10。记录这些候选枝的编号,组成一个集合。

3) 新血管分枝的确定

当新末端点和候选连接枝集合产后,接下来就要以式(7-1)为优化目标,寻找最优连接枝及其上的最优连接点。依次从候选连接枝集合中取出一枝来,将该枝分成若干等分,将等分点分别与新末端点连接,并计算血管树总体积,取最小总体积对应的等分点为该枝的最优连接点。等所有候选枝的最优连接点确定后,再比较这些最优连接点对应的血管树总体积,取最小总体积对应的候选连接枝为最优连接枝。经过这种先局部再全局的优化过程,可最终确定新的血管分枝,即是新末端点与最优连接枝上的最优连接点相连所形成的血管分枝。

当新末端点与现存血管分枝相连时,新血管分枝的插入必定会改变原血管树的流动状态,因此需要对原血管树的参数进行修改。假设已在给定区域内产生了 $j$ 个末端点,那么,新增加的末端点将与现存枝 $S_{bif}$ 连接,生成两个新枝即 $S_{con}$ 和 $S_{new}$,如图 7-7 所示。

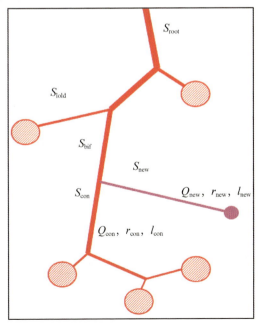

图 7-7　血管树新生枝生成示意图

由式(7-4)可知,当末端点数由 $j$ 变为 $j+1$ 时,新增加的末端点将使所有血管末端流量变为

$$Q_{\text{term},j+1} = \frac{Q_{\text{perf}}}{j+1} \qquad (7-6)$$

血管系统是一个形状不一、具有弹性的管道系统,而血液也是一种混合液体,但是通过一般流体力学规律来近似研究血液在血管中的运动规律,也是可行的。因此,可假设当血液在血管中流动时,处于稳定层流状态时,由 Navier-Stokes 方程可以推出管流阻力与流量的关系公式。

$$Q = \frac{\pi r^4}{8\eta l}\Delta p \qquad (7-7)$$

式中:$Q$ 为血液流量;$r$、$l$ 分别为血管半径与长度;$\eta$ 为血液动力黏度;$\Delta p$ 为血管内压力降。因为新血管分枝 $S_{\text{new}}$ 是末枝,直接与微循环系统相连,并由式(7-7)可知:

$$\begin{cases} Q_{\text{new}} = Q_{\text{term},j+1} = \dfrac{\pi r_{\text{new}}^4}{8\eta l_{\text{new}}}\Delta p_{\text{new}} \\ Q_{\text{con}} = Q_{\text{term},j+1} \cdot N_{\text{snbterm}} = \dfrac{\pi r_{\text{con}}^4}{8\eta l_{\text{con}}}\Delta p_{\text{con}} \end{cases} \qquad (7-8)$$

式中:$Q_{\text{new}}$、$r_{\text{new}}$、$l_{\text{new}}$、$\Delta p_{\text{new}}$ 分别为新生枝 $S_{\text{new}}$ 的流量、半径、长度及压力降;$Q_{\text{con}}$、$r_{\text{con}}$、$l_{\text{con}}$、$\Delta p_{\text{con}}$ 分别为新生枝 $S_{\text{con}}$ 的流量、半径、长度及压力降;$N_{\text{subterm}}$ 为以 $S_{\text{con}}$ 为父枝的分枝的末端点数。

由于 $S_{\text{con}}$ 和 $S_{\text{new}}$ 两枝上的压力降相等,且要求 $S_{\text{con}}$ 枝的半径与分叉前相等,而 $l_{\text{new}}$ 和 $l_{\text{con}}$ 则可由两点公式计算出来,因此由式(7-7)和式(7-8)可得新生血管分枝的半径为

$$r_{\text{new}} = \sqrt[4]{\frac{l_{\text{new}}}{N_{\text{subterm}} \cdot l_{\text{con}}}} \cdot r_{\text{con}} \qquad (7-9)$$

根据式(7-2)和式(7-3)可计算出 $S_{\text{bif}}$ 枝的半径和压力降,再根据 $S_{\text{bif}}$ 枝与原有兄弟枝 $S_{\text{lold}}$ 的等压力降关系,可重新计算 $S_{\text{lold}}$ 枝的半径,并进一步更新 $S_{\text{old}}$ 枝的半径。依此类推,一直到血管树的末端。

### 3. 血管树实体模型构建

利用 Visual C++语言编写血管树仿生建模软件,以实现血管树的初始化、末端点及新血管分枝的生成。每一血管分枝以结构形式保存,不仅包含自身的特征参数(如血管半径、长度、流量等),还包括其父枝及子枝的连接信息,并且这些数据随着末端点数目的增加而不断更新。该软件根据用户的输入参数,包括灌流面积、总压力、末端压力、总流量、末端流量等,可快速生成

特定的血管树模型特征参数,并以动态链接库(dynamic link library,DLL)的形式保存。然后利用 CAD 二次开发技术,编写接口程序,使生成的 DLL 文件可以在 UG 环境下进行血管树的自动化实体建模,所有血管分枝用圆柱体表示。

CCO 算法的显著优点就是可以实现不同灌流区域形状和面积的血管定制化生长,而这些主要通过选取不同的初始化参数来实现,如总灌注压力、总灌流流量、所需的末端点数目等。初始化参数的选取对最终的血管树实体有着重要的影响,主要表现在各分枝的直径和血管的分布密度上。所采用的初始化参数值如表 7-2 所列,选择的灌流面积为 50mm×50mm 的矩形区域。

图 7-8 所示为采用所开发的软件系统在相同的灌流区域内、设定不同末端点数生成的实体血管树模型。通过 Voronoi 图对末端点的分布情况分析发现,随着末端点数的增加,血管树趋于均匀,但末端点数的增加会影响计算效率。

表 7-2 初始化参数设置

| 参数 | 初始值 |
| --- | --- |
| 总灌注面积 $S_{per}/mm^2$ | 50mm×50mm |
| 末端点数 $N_{term}$ | 100、200、500 |
| 总流量 $Q_{perf}/(mL/min)$ | 250 |
| 灌注压力 $P_{perf}/mmHg$ | 100 |
| 末端压力 $P_{term}/mmHg$ | 60 |
| 血液动力黏度 $\eta/(mPa \cdot s)$ | 3.6 |
| 二分指数 $\gamma$ | 2.7 |

对采用该方法构建的血管树模型的分枝直径与夹角进行统计,并与自然肝脏内门静脉系统的特征参数比较,结果如图 7-9 所示。可以看出,采用 CCO 算法构建的血管树分枝直径虽然在第一、二级时与自然肝脏的门静脉血管直径有较大差别,但随着分级级数的增加,血管直径的差异性越来越不明显。CCO 血管树分枝夹角大致分布在 65°～85°,平均夹角为 77.3°±7.76°,与肝脏门静脉血管夹角在分布规律上虽然有一定差异,但平均夹角基本一致。

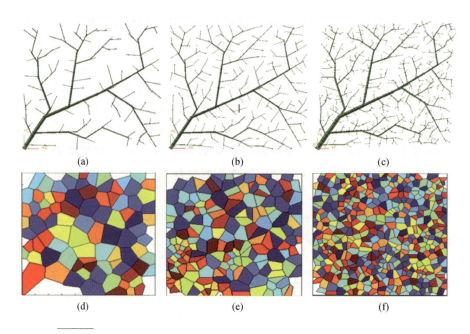

图 7-8 相同灌流面积不同末端点数目的血管树实体模型及末端点分布

(a)末端点数 100；(b)末端点数 200；(c)末端点数 500；
(d)100 个末端点分布；(e)200 个末端点分布；(f)500 个末端点分布。

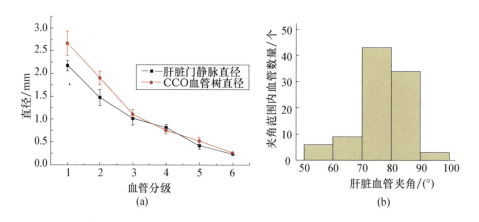

图 7-9 CCO 血管树参数与自然肝脏门静脉血管参数对比

(a)血管分级直径对比；(b)CCO 血管树分枝夹角分布。

## 7.2.2 组装型肝组织支架仿生设计

基于组装法的肝组织支架仿生设计思想如图 7-10 所示。首先通过对自然肝脏的微结构单元进行工程简化，在单层肝组织支架上构建出复杂的流道系统和孔洞结构，并设计专门的接口管路。接口管路不仅给支架内部不同微结构系统提供相互独立的进口，还要能提供与体外生物反应器相连接的管路及肝细胞的体外种植系统。然后将单层肝组织支架与相应的接口管路层层黏结叠加，可形成具有复杂内部微结构的立体肝组织支架。组装形成的三维流道可以保证培养液在立体支架内的均匀分布，而专门的细胞种植管道使肝细胞在支架内的均匀种植成为可能。

肝组织支架的设计还应考虑营养物质和氧气在支架内部的有效传递。据研究，任何细胞团体积大于 1mm 时，如果无血管长入，细胞就会因缺乏营养而死，最好将细胞团的尺寸应限制在 200～300 μm 范围内，而流道系统应尽可能均匀分布。由于氧气在支架内的渗透距离介于 0.1～0.5mm，而肝细胞在体外的活性和增殖能力对氧气供应有很强的依赖性，因此，在进行肝组织支架设计时，使肝细胞生长的区域到流体管道的距离在 0.5mm 以内。同时，为了增强营养物质和氧气在支架内的传递，在培养液流道和肝细胞孔洞之间设计为高孔隙化结构，不仅有利于肝细胞向支架内部生长，而且可使肝细胞免受流体剪切力的不利影响。

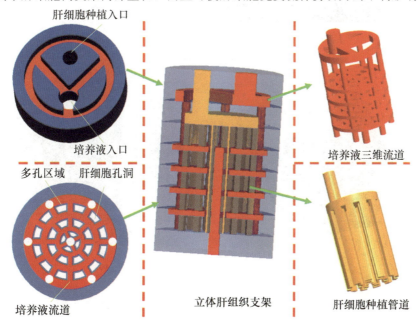

图 7-10 组装型肝组织支架仿生设计示意图

肝脏的基本结构单元——肝小叶的截面形状为六边形，内部包括门静脉、肝动脉、肝内血管网、中央静脉、胆管及肝细胞索等复杂微结构。图7-11(a)所示为模拟肝小叶的这些几何特征设计的单层仿生肝组织支架，除了预先设计的流体管道和肝细胞孔洞（图7-11(b)），整个支架为多孔区域，孔隙率大于90%。将相同的单层支架通过定位孔层层组装，并与特殊的接口支架相衔接，可形成复杂的立体肝组织支架，如图7-11(c)所示。如图7-11(d)所示，立体肝组织支架不仅包括仿生的肝动脉、门静脉（红色）及肝细胞灌注系统（蓝色），还包括下腔静脉和胆汁排出管道（绿色），这种复杂的内部结构通过单层支架的层层组装方式可以快速制造出来。根据需要培养的细胞量，可通过控

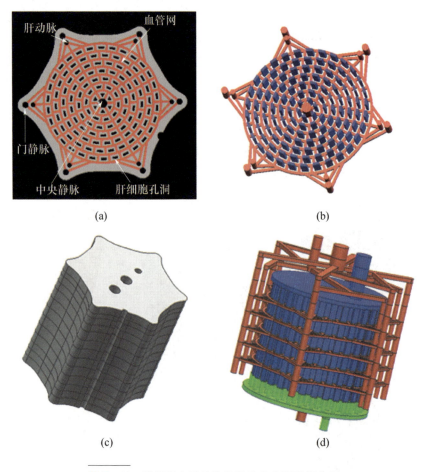

图7-11 模拟肝小叶结构设计的仿生肝组织支架

(a)单层肝组织支架；(b)流体管道与肝细胞孔洞负型；
(c)组装后的立体肝组织支架；(d)立体支架内部复杂的微结构系统。

制单片支架的数目方便地对三维支架进行缩放。单层支架的厚度设计为 1.5mm，而支架上流体管道的深度为 0.5mm，这可使两层支架流道间的距离为 1mm，保证支架内所有的多孔区域到预制的流体管道的距离都在 0.5mm 以内，为肝细胞的繁殖和生长提供充足的营养环境。通过接口管路的设计，可方便地形成两套管路即肝细胞种植管道和培养液灌注管路，后者也可进行血管内皮细胞的种植，实现不同细胞在支架内的有序分布。

第二种肝组织支架外形为圆柱形，直径为 20mm，内部管道结构根据中空纤维体外人工肝支持系统设计，为通孔结构，孔径为 0.4mm，孔间距为 1mm，管道的周围为多孔区域，可供肝细胞生长。这种结构可方便地与接口管路组装在一起，形成三维立体支架。预制的流道系统在细胞种植阶段可作为肝细胞悬液的种植管路，通过细胞的迁移和爬行向周围的多孔区域生长，而在细胞动态培养阶段可作为培养液的流通管道，给多孔区域的肝细胞不断提供营养物质和氧气，并带走代谢废物。其 CAD 模型如图 7-12 所示。

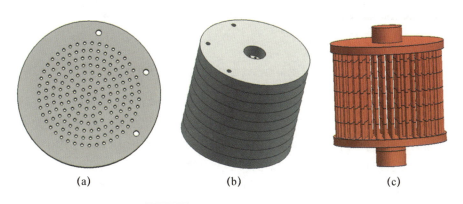

图 7-12 肝组织支架的 CAD 模型

(a)单层肝组织支架；(b)立体组装支架；(c)三维流道系统。

根据自然肝脏血管分级生长的特点，结合血管夹角等生理统计参数，设计了一种具有相同接口管路，可变支架内部微结构的组装型肝组织支架。图 7-13 所示为设计的结构可变支架，支架的截面为 20mm×20mm 的矩形，流道间夹角为 78°，尺寸分级变化，深度为 0.5mm，单层支架厚度为 1.5mm。动态培养时，培养液由管道 1 进入，经过各分级管路在管道 2 里面汇集并流出，通过这种设计，可保证培养液在支架内部的均匀分布，并使肝组织支架内部复杂管道系统的仿生设计成为可能。

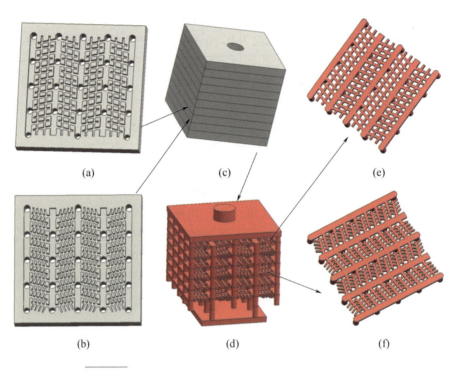

图 7-13 可变支架内部微结构的组装型肝组织支架设计

考虑到大鼠原代肝细胞分离数量的限制，从体外培养和体内植入研究的实际出发，设计多种具有较小尺度、不同微结构的肝组织支架，对研究支架结构对肝细胞体外生长特性的影响是十分必要。图 7-14 所示为设计的具有不同结构的小尺度肝组织支架，所有支架的外形为圆柱体，直径为 10mm，单片支架厚度为 2.0mm。这些支架大体上可分为两类：①具有肝细胞孔洞和流体管道但进口数目不同的肝组织支架；②仅有流体通道而无肝细胞孔洞的肝组织工程支架。

上述一系列的支架结构设计都是在自然肝组织仿生建模的基础上进行的，不仅包含自然肝脏血管生理特征和数据，复杂可控的内部微结构系统，还具有传统多孔支架的优点——高孔隙率，这也充分展示了所采用的支架制备方法的优越性，即通过单层支架的叠加实现复杂的立体肝组织支架的制造，为扩展可降解的天然生物材料在组织工程支架制备方面的应用提供了新的思路。CAD 技术的引入增强了制造方法的灵活性与可重复性，并可将支架 CAD 模型直接输入到分析软件（如 ANSYS、FLUENT 等）进行计算机模拟与分析，优化其结构，改善其性能。最重要的是可以与 RP 技术相结合，实现复杂微结构的可控性制造，这也使多细胞在立体肝组织支架内的有序分布成为可能。

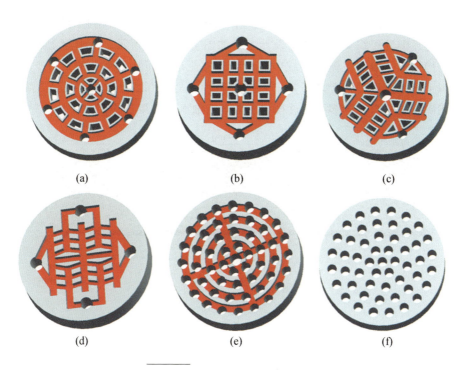

图 7-14 小尺度肝组织支架设计
（a）包含肝细胞孔洞的六进口支架；（b）四进口支架；（c）三进口支架；
（d）只有横向流道的支架；（e）纵横流道交错的支架；（f）只有纵向流道的支架。

## 7.2.3 卷裹型肝组织支架仿生设计

传统的肝细胞培养在培养皿中或单一的多孔支架中进行，只能达到细胞在贴壁的平面上分布，卷裹方式使细胞能够在支架内部呈三维分布，材料本身的多孔属性仍能促进细胞团聚，另外在支架表面上的流道随着卷裹工艺同样分布于整个支架内部，为其中的细胞提供营养物质和代谢产物的交换。通过将平面微结构卷裹实现三维化是实现立体复杂微结构制造的简单途径，将树状单元通过横向阵列方式形成在整个矩形平面内的分布，得到用于卷裹制造的仿生模型。卷裹型肝组织支架的设计思想是将血管系统设计在具有较大面积的单层支架表面，将多个单层支架相互黏结在一起，然后将其卷裹黏结成立体的肝组织支架。在细胞种植时，可将血管内皮细胞、血管生长因子等种植在一层支架的预制流道内，将肝细胞、肝细胞生长因子等种植在相邻的另一支架的预制流道内，通过这样交替种植，可实现不同种类细胞在同一三维支架内的有序种植。在细胞动态培养过程中，让培养液流过种植有血管内皮细胞的支架，通过物质的扩散和渗透使肝细胞获得营养，同时可避免因流体剪切力而造成肝细胞的损害。

卷裹型肝组织支架具体的设计方案如图7-15(a)所示。从上至下的正分支结构模拟了血液微循环系统中的动脉分支流道，而从下至上的倒分支结构模拟了静脉流道。两者之间并未直接连通，而是有0.25mm的多孔支架材料壁相隔。材料自身的多孔属性模拟了微观毛细血管的渗透作用。

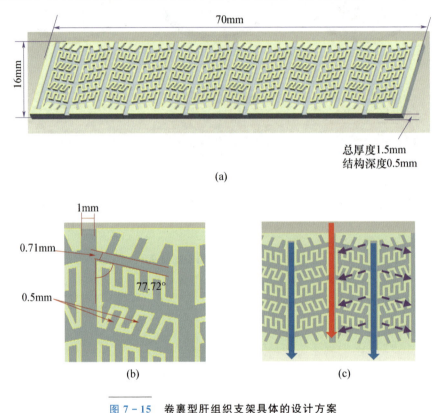

图7-15　卷裹型肝组织支架具体的设计方案
(a)总体设计方案；(b)流道的形状参数；
(c)培养液渗透示意图。(箭头表示液体流动方向)

图7-16(a)所示为设计的具有五级分支的肝组织支架血管模型。培养液从统一的进口管路进入所有微流道系统，经分级管路后从相同的出口管路流出。图7-16(b)所示为血管系统的三维实体模型，管道截面用矩形代替自然的圆形，血管间的分枝夹角为78°。管道尺寸参照自然肝脏门静脉的血管直径尺寸设计(图7-16(c))，管道深度为0.5mm。该支架的流道结构特征处于同一平面内，且流道的截面形状为矩形，便于模具制造和之后的支架脱模，符合制造工艺的可加工性。同时，该结构的尺寸参数设计满足快速成形机的制造要求。

实际制造出平面支架后，先将细胞均匀种植在支架表面，再通过卷裹工艺形成圆柱形的肝组织工程支架，同时实现仿生流道在支架内部的三维分布。

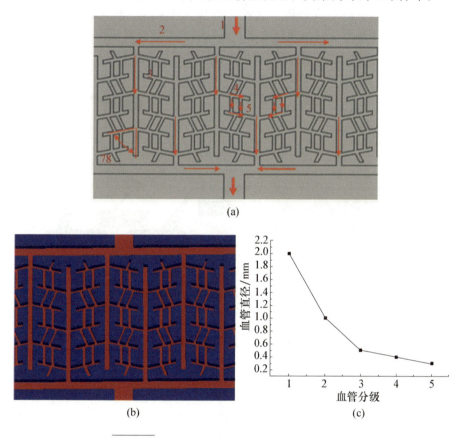

图 7-16　卷裹型肝组织支架血管系统仿生设计
（a）肝组织支架血管设计结构；（b）血管系统的三维实体模型；（c）血管分级直径。

## 7.3　肝组织支架流体力学分析

### 7.3.1　组装型肝组织支架流体力学分析

通过对肝脏微结构的认识可知，肝小叶是以中央静脉为中心出口，门静脉、肝动脉及肝窦血管网呈辐射状分布的血流系统。根据距离门静脉和肝动脉的远近，可将肝小叶分为三个区，即门周区、带中区及中心区，如图 7-17(a)所示。由于不同分区内血液成分的不同(氧浓度、毒性物质含量等)，使得肝小叶内的肝细胞呈现代谢异质特性，据此又可将肝小叶分为三带，如图7-17(b)所示。从流体力学的角度分析，这种结构差异性又可反映在流场的分布上。因此，采用流体动力学的原理和方法，研究结构差异性对流场分布(流速和剪切力)的影响，对肝组织支架结构的仿生设计具有重要的意义。

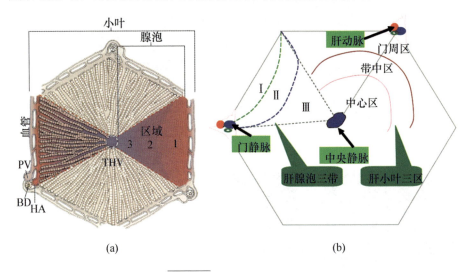

**图 7-17　肝小叶结构分区**
(a)结构示意图；(b)简化模型。

为模拟肝小叶单元异质结构与流体特性，选用FLUENT 6.0软件对设计支架结构进行流体动力学分析，基本流程为：通过布尔减运算在CAD软件中构建出仿生肝组织支架的负型，即流体管道系统，然后以STEP格式导入前处理软件GAMBIT 2.0中，对模型进行去短边、缝合等处理后，进行网格划分。由于支架管道系统结构复杂，只能采用TGrid方式进行网格化，单元类型为Tet/Hybrid。通过EquiAngle Skew方法对网格化后的模型进行检查，只有当所有单元满足EquiAngle Skew小于80%时，才可用于后续的流体分析，否则需修改分析模型或改变单元尺寸重新进行网格划分。然后需对网格化模型进行边界条件设置，包括进口边界、出口边界、壁面等，即可以.mesh格式导入FLUENT进行流体分析。

流体分析时，需根据雷诺数判断流体处于层流或紊流状态，雷诺数计算公式为

$$Re = \frac{\rho v D}{\eta} \tag{7-10}$$

式中：$Re$ 为雷诺数；$\rho$ 为培养液密度；$D$ 为水力直径；$\eta$ 为培养液动力黏度。

由于设计的流道系统的截面形状为矩形，其水力直径可近似计算为

$$D = \frac{wh}{w+h} \qquad (7-11)$$

式中：$w$、$h$ 分别为截面宽度和高度。

当温度为 37℃时，培养液的密度为 993.37kg/m³，其动力黏度为 $6.92×10^{-4}$ kg/ms。同时，由于肝组织支架流道尺寸较小（宽度介于 0.3～2mm，高度为 0.5mm），且培养液在支架内的流速较小（小于 10mm/s），因此根据计算的雷诺数判断，培养液在支架内处于不可压缩的层流运动，同时满足牛顿流体特征，计算时无须激活紊流模型。

肝组织支架流体分析模型如图 7-18 所示。由于三种结构模型的进口数目不一样，因此在 FLUENT 中设置速度进口条件时，需根据支架内总流量相等的原则，分别计算不同模型的进口速度。设定总流量为 1mL/min，则具有进口数目为 6、4 和 3 的支架的进口速度分别计算为 0.59mm/s、1.33mm/s 和 2.36mm/s。假定所有支架的出口处的流动是充分发展的，即出口压力为 0，壁面满足无滑移边界条件。为近似研究支架流道内不同区域内的流场变化情况，将支架分为三区：黄色代表Ⅰ区、蓝色代表Ⅱ区、绿色代表Ⅲ区。

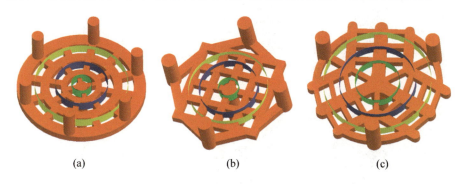

**图 7-18 肝组织支架流体分析模型**
(a)模型Ⅰ的支架流道；(b)模型Ⅱ的支架流道；(c)模型Ⅲ的支架流道。

通过流体动力学模拟分析，预测不同微结构对支架内流场（如流速和剪切应力）的影响，从而为根据自然肝组织的结构特征进行肝组织支架微结构的仿生设计提供理论指导。图 7-19 所示为流速和剪切应力在不同微结构支架上的分布情况。可以看出，随着微结构系统的变化，流场（流速和剪切力）在支架内的分布也发生改变。在支架内的总流量一定的情况下，三种模型内的最大流速和剪切应力分别为 4.21mm/s、7.11mm/s、4.58mm/s 和 2.21Pa、3.92Pa、2.38Pa，

均发生在支架的第Ⅲ分区内。流体基本上可以到达模型Ⅰ和模型Ⅲ内部的各个角落，从而可为支架内的肝细胞提供充足的营养物质与氧气，但对于模型Ⅱ，由于在流道相接处以直角相连，在支架内出现零速度区，须对模型进行修改。

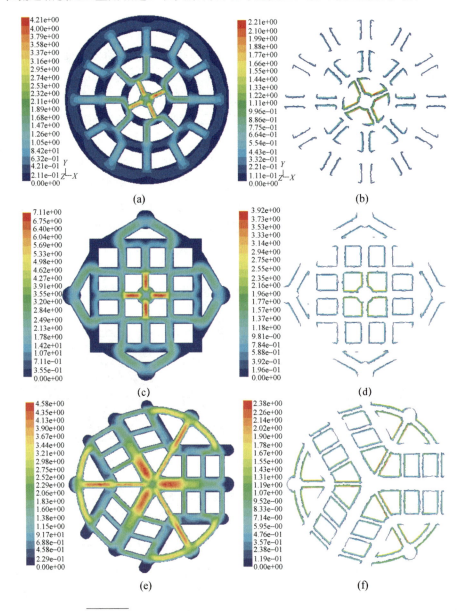

图 7-19　流速和剪切应力在不同微结构支架上的分布情况
(a)模型Ⅰ流速分布；(b)模型Ⅰ剪切应力分布；(c)模型Ⅱ流速分布；
(d)模型Ⅱ剪切应力分布；(e)模型Ⅲ流速分布；(f)模型Ⅲ剪切应力分布。

不同支架结构在不同分区内的最大流速和剪切应力如图 7-20 所示。在模型Ⅰ中,流场在三分区内的分布具有很明显的差异性,从门静脉到中央静脉的区域,流速和剪切应力逐渐增加,Ⅲ区内的最大剪切应力分别是Ⅰ区与Ⅱ区的 7 倍和 3.4 倍。在模型Ⅱ中,流场在Ⅰ区和Ⅱ区差异不明显,但与Ⅲ区有明显差异性。在模型Ⅲ中,最大流速和剪切应力在分区间变化不大,Ⅱ区的值最小。因此,从流体力学的角度,模型Ⅰ能更好地模拟肝小叶的内部微结构,可为肝细胞提供与体内相似的流体环境。

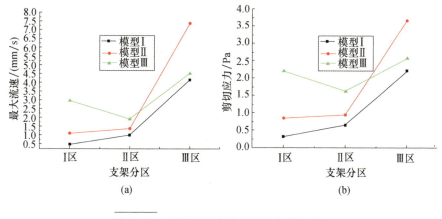

图 7-20 不同分区内最大流速和剪切应力

(a)最大流速;(b)最大剪切应力。

虽然培养液的流动(流速)可以给细胞提供充足的营养物质并及时带走代谢废物,而合适的力学刺激(流体剪切应力)则可促进细胞的生长,但是过大的流体剪切应力不利于细胞的黏附,会造成细胞的死亡。对于截面形状为矩形的流道,当流动处于层流状态时,剪切应力可计算为

$$\tau = \frac{6\eta Q}{wh^2} \qquad (7-12)$$

式中:$\eta$ 为培养液动力黏度;$Q$ 为流量;$w$、$h$ 分别为截面宽度和高度。

因此,要改变支架内流体的剪切应力,可通过改变流量和流道截面尺寸来实现。在体外动态培养中,对于特定的支架结构,流量参数是影响支架内剪切力大小的关键因素。

### 7.3.2 卷裹型肝组织支架流体力学分析

#### 1. 有限元分析模型的建立

通过对不同结构参数的卷裹型支架进行流体力学,对比了仿生设计流道与没有应用仿生参数流道对细胞培养环境的影响。利用 Pro/E 建立了流场分析的简化模型，保持流道各级直径，仅改变流道的分支角度参数。具体模型如图 7-21 所示，将流道特征面提取出来，建立二维平面分析模型，从而针对不同分支角度对流场分布的影响进行分析。另外，还建立了无流道模型和没有分支仅有单一竖直流道的分析模型，对比流道对流场的影响。

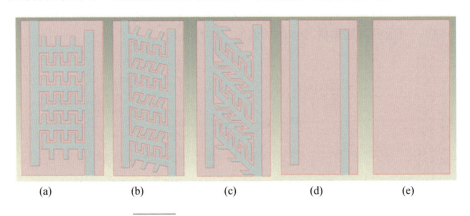

图 7-21　不同角度参数的流体分析模型
(a)90°；(b)77°；(c)45°；(d)无分支结构；(e)无流道。

在有限元分析软件(ADINA)中导入 .igs 格式的模型文件进一步分析，如图 7-22(a)所示。导入的平面仅有流道结构而无周围的支架部分。为了准确模拟培养液在流道及支架的多孔材料内的渗透情况，需要在 ADINA 中继续建立其他部分的模型。ADINA 的前处理工具有自带的建模功能，用其首先建立矩形模型，再通过布尔减运算与流道区域相减，得到多孔支架部分的分析模型，如图 7-22(b)所示。最终形成正分支流道模型(body1)、倒分支流道模型(body2)和多孔支架模型(body3)的整体分析模型。

在建立的分析模型中，流道材料参数按照细胞培养基达尔伯克(氏)改良伊格尔(氏)培养基(Dulbecco's Modified Eagle's Medium，DMEM)在 37℃下的属性设置(黏度系数 $\eta = 1.45 \times 10^{-3}\text{Pa·s}$，密度 $\rho = 1000\text{kg/m}^3$)。多孔材料的模型设置为 ADINA 材料库中自带的多孔材料，具有流体和固体的双重属性，即既允许液体的流通，又作为固体能够保持既定的形状。该材料在分析中假设固体属性为刚性结构、内部有任意形状微孔的随机分布。由于是低流速的层流状态，液体在多孔材料中的流动符合达西定律。

$$\mu k^{-1} v = -\nabla p + f^B \quad (7-13)$$

式中：$k$ 为材料的渗透系数。

该公式描述了流体在多孔介质中的流动状态。

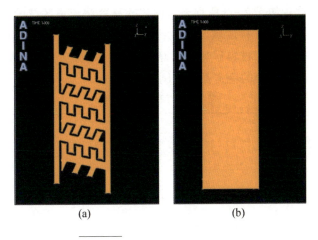

图 7-22　ADINA 中的分析模型
(a)流道分析模型；(b)整体分析模型。

多孔材料的固体属性设置为孔隙率 80%，孔径为 100 μm，密度为 300kg/m³。液体与流道的材料属性设置相同。

从整个上边界竖直向下加载 1m/s 的流速，左右边界设置为可滑移的 "wall"，整个下边界的出口压力设置为一个大气压。考虑重力加速度的影响，$g = 9.8\text{m/s}^2$。边界条件设置的具体效果如图 7-23 所示。设置两组网格组分别对应两种材料，按照 0.0001mm 的划分密度对模型面进行 4 节点网格划分。不同 body 按照不同的网格组划分，body1、body2 为流道材料，body3 为多孔材料，网格划分结果如图 7-23 所示。

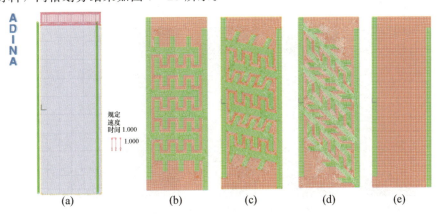

图 7-23　进行网格划分后的流体分析模型
(a)无流道模型；(b)90°；(c)77°；(d)45°；(e)无分支流道。

网格划分数目如表7-3所列。对比多孔材料和流道区域的网格数，可见夹角的变化对流道与材料区域网格数比影响不大，但仍呈现夹角越小，流道的相对面积减小而多孔材料区域相对增大的规律。无分支流道结构中多孔区域面积比树形流道结构的流道面积比例显著减小。

表7-3 网格划分数目

| 模型 | 类型 | | | | |
|---|---|---|---|---|---|
| | 90° | 77° | 45° | 无分支流道 | 无流道 |
| 流道区域 | 4278 | 4089 | 3677 | 1500 | 0 |
| 多孔材料 | 5265 | 5178 | 4965 | 7780 | 9280 |
| 流道/多孔 | 0.81 | 0.79 | 0.74 | 0.19 | 0 |

2. 流速分析结果

图7-24所示为不同结构在多孔支架中的流速场分布结果，所有的云图显示范围均设置为0~8，以保证变化梯度统一。从图7-24(a)~(c)中可以看出，具有树状分支流道在支架内分布的结构显然能够引导流体在整个支架内渗透，而流体在无分支流道的支架中大部分都通过主流道流动，中间的多孔区域流速较低，如图7-24(d)所示。在完全无流道结构的支架上，流速均匀分布于整个支架中，说明该结构上的各位置的培养液渗透速度均等（图7-24(e)）。

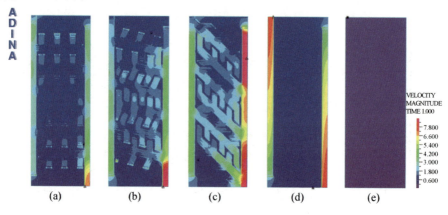

图7-24 流速场分布结果

(a) 90°；(b) 77°；(c) 45°；(d) 无分支结构；(e) 无流道。

对比流道的不同角度对流速分布的影响：从正交 90°分支结构到 45°分支，左侧流道的流速最高区域面积逐渐减小且位置下移，而右侧的流速最高区域面积增大；尤其是 45°结构中整个右侧的流速较高。这说明流道越倾斜分支夹角越小，流体越容易向分支的下一级分流，具体表现在流速分布上，就是在 45°结构上流速到右下角显著增大，而 90°和 77°的左右侧流速分布较均衡，并且 45°结构中还存在大面积的流速较低区域，这些地方会成为营养物质输送的死角。因此，从流速分布情况来看，45°结构最不适宜细胞培养。

流速矢量图可显示出流体在支架内部的流动方向和大小。与流速场分布云图类似，无流道的流速最小，但方向完全一致向下，如图 7-25 所示。无分支结构中的流体在流道中的流量显著大于多孔支架，并可见在多孔区域流速方向水平，说明该部分流体是通过左侧流道向右侧流道渗透的，而不是来自于顶端流体向下流动，因此流道确实在支架内具有促进培养液渗透的作用。在树形分支结构中，流速的方向也受到流道夹角的影响：90°时大部分的流速方向是垂直的，与无流道情况类似；77°时流体开始沿着流道方向流动；45°时流速方向几乎与流道方向一致，而且拐角出现紊流情况。这说明分支夹角越小，流道对流速方向影响越大，仿生设计的 77°流道能够促进流体通过流道向多孔材料区域方向渗透，效果最好。

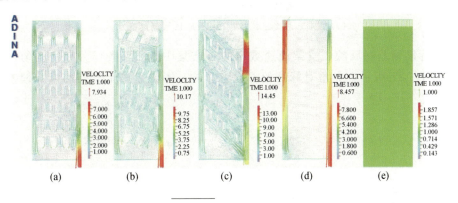

图 7-25　流速矢量图

(a)90°；(b)77°；(c)45°；(d)无分支结构；(e)无流道。

将各种结构的流速数据输出，并进行统计学分析，计算出平均流速和标准差，如图 7-26 所示。图 7-26(a)统计了整个支架内部的流速，可见在分支角度呈 45°时平均流速达到最大，而无分支的结构中流速减小，无流道结构的流速最低。这说明树状分支促进了流体在支架内部的流动，并且分支角度减小平均流速增大。虽然无结构的流速场完全一致，但流速较小，且在实际培养中没有流道空间，容易造成培养系统的堵塞。

分别将流道区域和多孔材料区域的流速进行统计(图 7 - 26(b))，发现在不同结构中流道内的流速普遍高于多孔材料区域，证实流体更易在流道中流动。另外，流道流速与多孔内流速的差异在不同结构中也不相同，在无分支结构中的差异最大，说明大部分流体都通过支架中的流道流走而难以渗透入多孔区域；而在分支结构中，45°的流道速度最大，但在多孔区域中 77°的流速最大。与云图显示的结果类似，说明 77°仿生夹角更有利于培养液向支架材料内渗透。

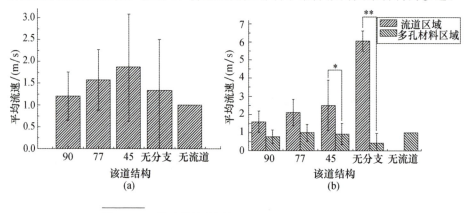

图 7 - 26　流速统计结果($p* <0.05$，$p** <0.01$)
(a)整体支架流速统计；(b)不同区域流速统计。

标准偏差则反映了支架流速数据的分布集中性，代表场分布的均匀性。如图 7 - 27 所示，夹角对标准偏差也有影响，不论是整个支架的标准偏差、

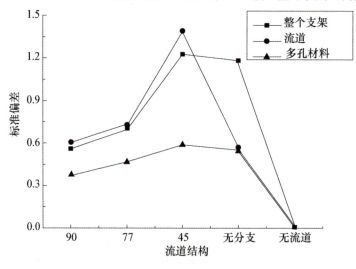

图 7 - 27　不同结构中流速的标准偏差

流道内的流速还是多孔材料中的流速,均在45°时增大。尤其在流道中的值最大,说明在45°结构中的流速分布最不均匀。而其他几种结构的同一种材料内标准偏差相差不大,均不超过0.8。

流速越大,越有利于培养液在支架内的营养和代谢物质交换;流场分布的越均匀,对细胞在整个支架范围内的均匀分布更有利。综合考虑流速大小和流速场分布的均匀性,可见77°仿生夹角既能够提供较高的流速,又具有较均匀的流速分布,因此较其他结构更优。

### 3. 剪切应力分析结果

在体内几乎所有的细胞都受到应力的作用,这些应力可以改变细胞的生物学等行为,影响细胞的表型、基因表达、代谢及生长因子的自分泌、旁分泌。同时,过大的剪切力容易造成培养液对细胞的过度冲刷,不利于肝细胞的贴壁生长。图7-28所示为支架内的应力分布情况。可见,在各种结构中的剪切应力主要分布在流道与多孔材料的交界处,说明不同区域的流速有差别。无分支的流道与多孔材料之间有明显的应力集中现象,而大面积的材料中无应力,分布不均;无流道支架中的各个位置流速均等,因此无剪切应力。在分支结构中,剪切应力大小随着流道分支而逐级减小,而细胞也主要分布在支架的末端多孔区域,因此该现象有利于减小对细胞的冲刷作用。不同分支夹角也影响剪应力的分布,仿生结构夹角的77°中剪应力最小,分布最均匀。应力在支架中分布越均匀则更有利于通过调节培养参数而使整个支架的应力水平在适合细胞生长的范围内。因此,仿生结构也具有较好的剪应力分布结果。

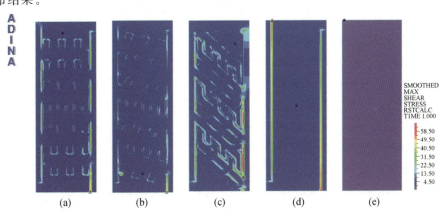

图 7-28 剪切应力分布

(a)90°;(b)77°;(c)45°;(d)无分支结构;(e)无流道。

综合考虑培养液流速分布和应力分布情况，正如预期，各级流道夹角成仿生参数的 77.72°时的结果最为理想，之后的支架制造则针对此参数的设计方案展开。在同样范围内分布的流道面积越大，培养液的流动范围应当越广泛，因此良好的支架结构应当具有高的流道/材料面积比。用于对比仿生设计方案与无仿生结构的流场分布建立的几种模型中，虽然只改变了流道夹角，流道的长度与宽度均未改变，但各模型中流道的相对面积也不同。计算发现在同样大小的支架范围内，随着分支夹角的减小，流道的面积减小（图 7-29），因此夹角越大越不利于扩大流道的相对面积。但对比 45°夹角与仿生结构夹角的有限元分析结果发现，虽然前者流道的相对面积更大，但流速、剪切力分布的情况较差，而仿生结构不但具有较大的流道面积，其流场分布也更均匀，因此是几种流道结构中最优的方案。

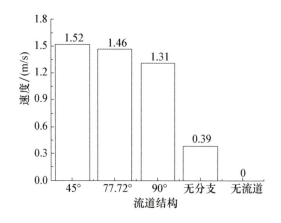

图 7-29　不同结构的流道面积与材料面积之比

设计的流道仿照了肝脏血管树的实际形态，通过测量数据与统计分析提取出主要的形状参数，发现血管夹角数据是均值为 77.72°的正态分布，而下级血管与上级的直径之比则在 0.7 左右。因此，选择 77.72°与直径比 0.71 作为形状参数，设计呈树状分支的仿生流道。其流体流通的基本单元为入流道、多孔材料、出流道。通过横向阵列形成在矩形平面上的分布，进而卷裹形成螺旋状的三维分布。为了对比仿生设计的有效性，建立了改变流道夹角的多种有限元分析模型，通过多孔渗流分析仿真流速场与剪切应力分布。发现仿生夹角结构既具有较高的平均流速，又具有更为均匀的流速分布，同时其剪切应力场最为均匀。因此，能够为细胞提供更高的培养液输送效率同时保证对细胞的冲刷刺激最小，是较其他结构最优的流道设计方案。

## 参考文献

[1] 贺健康. 肝组织支架微结构系统仿生制造及生物学作用[D]. 西安:西安交通大学,2010.

[2] 赵倩. 卷裹型肝组织支架的仿生设计制造及生物学评价[D]. 西安:西安交通大学,2011.

[3] RYU W,MIN S W,HAMMERICK K E,et al. The construction of three-dimensional micro-fluidic scaffolds of biodegradable polymers by solvent vapor based bonding of micro-molded layers[J]. Biomaterials,2007,28(6):1174-1184.

[4] PAPENBURG B J,VOGELAAR L,BOLHUIS-VERSTEEG L A M,et al. One-step fabrication of porous micropatterned scaffolds to control cell behavior[J]. Biomaterials,2007,28(11):1998-2009.

[5] MATA A,KIM E J,BOEHM C A,et al. A three-dimensional scaffold with precise micro-architecture and surface micro-textures[J]. Biomaterials,2009,30(27):4610-4617.

[6] SONG Y S,LIN R L,MONTESANO G,et al. Engineered 3D tissue models for cell-laden microfluidic channels[J]. Analytical and Bioanalytical Chemistry,2009,395(1):185-193.

[7] WOODFIELD T B F,MALDA J,DE WIJN J,et al. Design of porous scaffolds for cartilage tissue engineering using a three-dimensional fiber-deposition technique[J]. Biomaterials,2004,25(18):4149-4161.

[8] LI J,PAN J,ZHANG L,et al. Culture of hepatocytes on fructose-modified chitosan scaffolds[J]. Biomaterials,2003,24(13):2317-2322.

[9] YANG J,WOONG CHUNG T,NAGAOKA M,et al. Hepatocyte-specific porous polymer-scaffolds of alginate/galactosylated chitosan sponge for liver-tissue engineering[J]. Biotechnology Letters,2001,23(17):1385-1389.

[10] HUANG H,OIZUMI S,KOJIMA N,et al. Avidin-biotin binding-based cell seeding and perfusion culture of liver-derived cells in a porous scaffold with a three-dimensional interconnected flow-channel network[J]. Biomaterials,2007,28(26):3815-3823.

[11] KIM S S,UTSUNOMIYA H,KOSKI A,et al. Survival and function of hepatocytes on a novel three-dimensional synthetic biodegradable polymer scaffold with an intrinsic network of channels[J]. Ann Surg,1998,228(1):8-13.

[12] HOLLISTER S J. Porous scaffold design for tissue engineering[J]. Nat Mater, 2005,4(7):518-524.
[13] HSIEH T M, BENJAMIN NG C W, NARAYANAN K, et al. Three-dimensional microstructured tissue scaffolds fabricated by two-photon laser scanning photolithography[J]. Biomaterials,2010,31(30):7648-7652.
[14] YAN Y, WANG X, PAN Y, et al. Fabrication of viable tissue-engineered constructs with 3D cell-assembly technique[J]. Biomaterials,2005,26(29):5864-5871.

# 第 8 章
# 叠加组装型肝组织支架增材制造

肝组织由多种细胞和多种管道系统组成，结构十分复杂，在它的基本单元——肝小叶内部，由中央静脉、门微静脉、肝微静脉分支形成了复杂的三维血管网络，以满足肝细胞复杂的生理功能对营养物质和氧气供给、代谢废物的排放需求。所以，构建带有流道的三维支架能够模仿器官内的血管网络，为细胞的生长提供所需的条件，引导器官的再生是十分重要的。在此，我们提出结合分层制造、微压印与冷冻干燥技术，利用低温环境将单层支架结构压印成形，层与层叠加后形成三维支架的冷冻结构，最后对三维冷冻结构进行冷冻干燥，实现具有三维微流道结构的肝组织支架制造并进行细胞相容性评价。

## 8.1 叠加组装型肝组织三维分层压印自动化成形机的搭建

在分析叠加组装型肝组织三维分层压印工艺特点的基础上，对肝组织支架三维分层压印自动化成形机的硬件系统和软件系统进行了搭建。硬件系统是进行工艺实验及研究的基础，其系统的功能、性能直接决定了实验的工艺水平，在西安交通大学先进制造技术研究所自主研发的 SCPS－350B 型快速成形机的基础上，搭建了三维分层压印自动化成形机的硬件部分；软件系统控制硬件系统按照设计的轨迹进行工作，直接决定了工艺的成形效率及支架的成形质量等指标，所编写的控制软件采用模块化设计，运用 Visual C＋＋语言，方便软件的实施和进一步维修，以满足实际工艺的需要。

### 8.1.1 叠加组装型肝组织三维分层压印的成形原理与工艺流程

三维微流道肝组织支架的成形工艺结合了分层制造、微压印及冷冻干燥技术，利用低温环境将单层支架结构压印成形，层与层叠加后形成三维支架的冷冻结构，最后对三维冷冻结构进行冷冻干燥，即可制得三维微流道支架。

肝组织支架三维分层压印的成形原理如图 8-1 所示，利用低温环境使天然水溶性生物材料溶液冷冻，实现单层支架冰冻结构的成形。当已成形的冰冻结构和待成形的材料溶液接触时，温度较高的溶液会使已成形的冷冻结构表面局部融化实现上下两层的融合，同时温度较低的冰冻结构使材料溶液冷冻成形，从而实现逐层的黏结叠加。

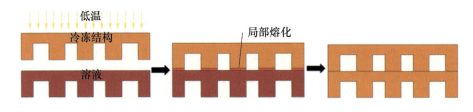

图 8-1　肝组织支架三维分层压印的成形原理

三维微流道肝组织支架的成形工艺流程如图 8-2 所示。首先设计出带有结构的单层支架模具，向模具中加入天然水溶性生物材料溶液，将溶液压印出单层支架结构，利用低温环境使溶液冷冻成形后脱模；然后继续添加溶液制作下一层支架，利用通过温度传递将下层支架溶液冷冻成形，逐层叠加，直到层数达到要求；最后对三维冷冻结构进行冷冻干燥，得到三维微流道支架。

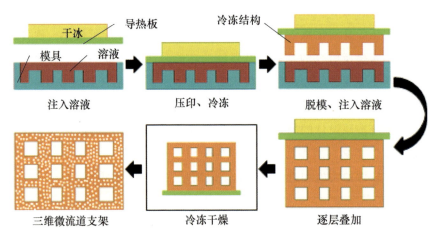

图 8-2　三维微流道肝组织支架的成形工艺流程

## 8.1.2 硬件系统设计

西安交通大学先进制造技术研究所自20世纪90年代在快速成形领域内进行研究,目前在光固化成形方向的研究已经硕果累累,开发出多种类的快速成形机。SCPS-350B型紫外光快速成形机(图8-3)采用材料累加成形原理,由三维CAD数据直接控制紫外光在 $XY$ 平面上扫描光敏树脂,配合 $Z$ 轴的上下移动快速精确地制造出任意形状的树脂原型。该系统采用工业PC+运动控制卡的方式,可以实现三轴联动,且数控系统提供多个外接接口,可以实现对外部设备的灵活控制。其主要性能参数如表8-1所列。

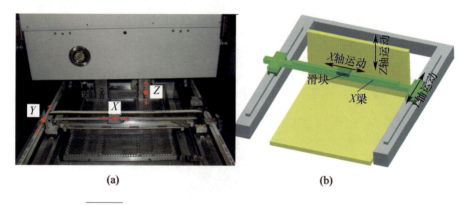

**图8-3 SCPS-350B型紫外光快速成形机及其三轴工作台**

(a)三轴工作台实物;(b)三轴工作台模型。

**表8-1 SCPS-350B型快速成形机的主要性能参数**

| 性能参数 | 数值 |
| --- | --- |
| 设备体积/mm | 790×890×1600 |
| 工作行程/mm | 350×350×250 |
| 定位精度/mm | 0.03 |
| 重复定位精度/mm | ±0.004 |

肝组织支架三维分层压印自动化成形机在SCPS-350B型快速成形机的基础上,结合自身需要改制而成:继承了原有的三轴工作台,去掉光固化成形模块、树脂模块,添加了新的硬件装置;采用原有系统的控制方式,重新编写了控制软件。

用计算机对硬件系统进行设计,设计的模型如图8-4所示。它以 $X$、$Y$、

$Z$ 三轴数控工作台作为基础，在 $XY$ 运动平面上安装溶液注射模块负责向模具中加入溶液；冷冻装置安装在 $X$ 梁下方，与安装在 $Z$ 轴工作台上的模具在 $X$ 方向上位置相对应，溶液添加模块将溶液准确地注射到模具中后，通过 $X$、$Y$、$Z$ 三轴的移动能够实现冷冻装置下表面和模具上表面的贴合，实现压印、冷冻的目的；溶液补给模块也安装在 $Z$ 轴工作台上，为溶液注射模块提供溶液。

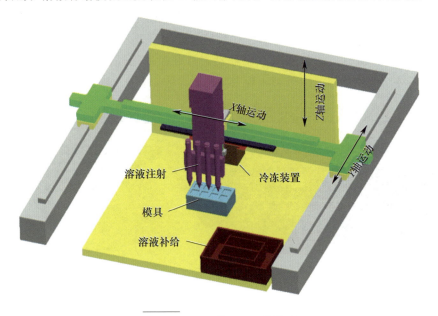

图 8-4　用计算机设计的模型

1. 溶液注射模块

溶液注射模块实现溶液的补充及注射，单层支架溶液量的多少对支架的成形质量有影响，所以对注射泵的精度要求较高。同时，体积、重量不能过大，影响机构的整体运行。该模块由四通道多功能注射泵(型号：TS-2A/L0107-2A)来执行。注射泵由控制面板和执行机构两部分组成，两者为分离结构，通过针式接口进行连接。4个执行机构的控制及运动是独立的，可实现抽取、灌注、快进、快退等功能。计算机通过 RS485 通信总线接口与注射泵进行连接对其实现控制，可控制的参数包括通道的选择、运行参数的设定、运动的启停、快推快拉等功能。

注射泵的控制面板安放在三轴工作台以外的区域，执行机构安装在 $X$ 梁的滑块上，两者通过导线进行连接。由于实验平台的空间及三轴工作台的承载能力限制，对执行机构进行了重新设计，可以同时向 4 个模具中添加溶液，加大了压印成形的效率。执行机构的安装及设计后的结构如图8-5所示,经过实验确认该机构可正常运行。

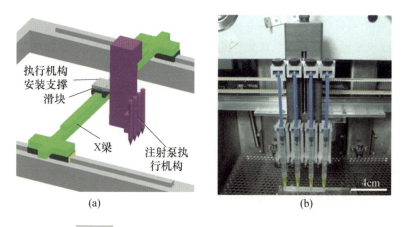

图8-5 TS-2A/L0107-2A型四通道注射泵实物

(a)注射泵执行机构的安装设计图;(b)重新设计后的执行机构。

## 2. 溶液冷冻模块

溶液冷冻模块实现溶液由液体到固体的转变,由干冰盒构成,低温源采用干冰(-80℃)。干冰盒由盒体和冷冻板两部分组成,冷冻板选用高强度铝材料,能够实现温度的快速传递;盒体的材料为有机玻璃,导热率低,减少干冰的损耗。

设计了安装板,将安装板直接固定在X梁的下表面,干冰盒安装在安装板上,安装板两侧钻有两排通孔,便于干冰盒的安装及位置的调整,如图8-6所

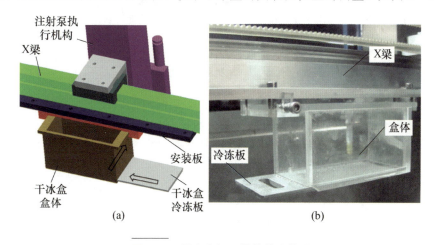

图8-6 干冰盒与X梁的装配关系

(a)干冰盒安装设计图;(b)干冰盒安装实物图。

示。干冰盒与安装板通过抽拉的方式进行安装，方便干冰盒的拆卸；冷冻板与盒体的安装方式与前者相同，方便装卸干冰。

### 3. 溶液成形模块

溶液成形模块即模具，决定了溶液冷冻后的形状。模具在 Z 轴工作网板上的固定方法为：将 PDMS 模具固定在模具底板上，模具底板与 Z 轴工作网板再通过模具固定底座进行安装。模具的制作流程如图 8-7 所示。首先利用 Pro/E 软件设计出具有微流道结构的单层支架 CAD 模型并将 CAD 模型导成 STL 数据格式；其次利用西安交通大学自主研究的快速成形机 SPS600B 型激光快速成形机，快速精确地制造出树脂支架；再次将树脂支架按照设计的距离，有规律地粘在平整的容器底面上，有结构的面朝上，同时模具底板置于支架的上方，将模具底板沉孔所在的面背离树脂件，为了保证模具的表面和底板的平行度，用三块大小相同的铁块对底板进行定位；最后将硅橡胶（PDMS）与固化剂以质量比 100∶1.5 的比例混合均匀，在真空条件下灌入到容器内部，保证模具底板能够完全被淹没，在室温下放置 12h，PDMS 完全固化后，将 PDMS 模具从容器中取出，同时把树脂支架从 PDMS 模具中取出，切除多余的 PDMS，取出树脂支架，模具制作完成。沉孔的结构形式使模具与模具底板牢牢地结合在一起。

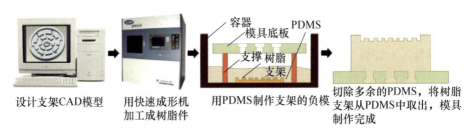

图 8-7 模具的制作流程

模具底板通过抽拉的形式安装在 Z 轴工作网板的底座上，可方便拆卸，如图 8-8 所示。为了保证干冰盒冷冻板与模具的上表面的完全接触，底座与 Z 轴工作网板之间有弹性材料填充，可通过螺栓的松紧调节两者的平行度。

### 4. 溶液补给模块

溶液补给模块主要是盛放生物材料溶液，在支架制作过程中能够为注射泵提供溶液，设计的溶液补给装置如图 8-9 所示。它由容器 1、容器 2、加热

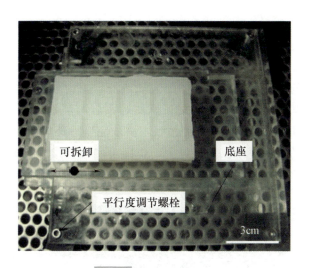

图 8-8 模具的安装图

片三部分组成。容器 1、容器 2 分别盛放不同的溶液供支架制作的不同阶段使用,实验中容器 1 盛放水溶液,容器 2 盛放天然生物材料溶液。在支架制作过程中,首先使用溶液 1 在冷冻板上形成一层水溶液的冷冻结构,后续使用溶液 2 制造三维支架,这样做的好处:一是使支架材料与冷冻板隔开,避免污染;二是溶液 1 形成的冷冻结构容易断裂,便于冷冻结构与冷冻板分离。天然水溶性生物材料在室温下大多是凝固状态,所以使用加热片对溶液加热。

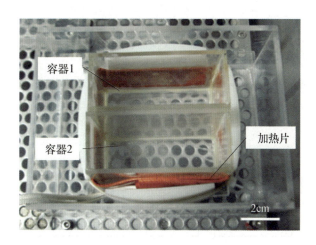

图 8-9 溶液补给装置

构建的肝组织支架三维分层压印自动化成形机如图 8-10 所示，主要由运动控制模块及工作台两部分构成。其中，工作台的构造如图 8-10(b)所示，它主要由注射泵、干冰盒、模具、溶液容器构成。工作时，通过 $X$、$Y$、$Z$ 三坐标工作台的移动使注射泵能够深入到溶液容器内，吸取溶液；而后通过 $X$、$Y$、$Z$ 三方向的移动，注射泵和模具对齐后溶液准确地注入到模具中；最后干冰盒冷冻板与模具的上表面接触，溶液完全冷冻后 $Z$ 轴的工作网板带动模具向下移动实现脱模。重复以上动作即可实现三维支架的叠加成形，但是每次冷冻时 $Z$ 轴工作网板的上升距离较前一次减少一定的距离。

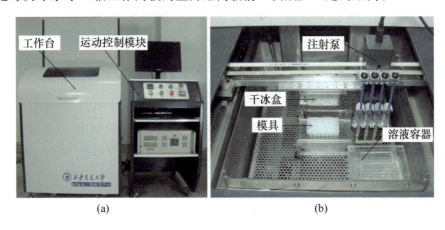

图 8-10 三维分层压印自动化成形机

(a)实验平台外观；(b)工作台的构造。

### 8.1.3 软件系统设计

三维分层压印成形机的控制软件采用 VisualC++语言编写，运用模块化进行设计，软件的框架如图 8-11 所示。

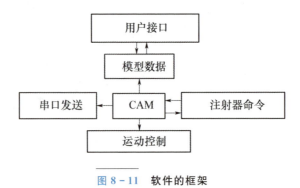

图 8-11 软件的框架

1. 用户接口模块

该模块负责提供可视化的用户界面，采用 Nokia 公司旗下的开源平台 Qt 来完成，如图 8-12 所示。该界面分为几个部分：左侧是支架的各参数；中央是注射位置显示区；右侧是参数区及一些常用的功能。

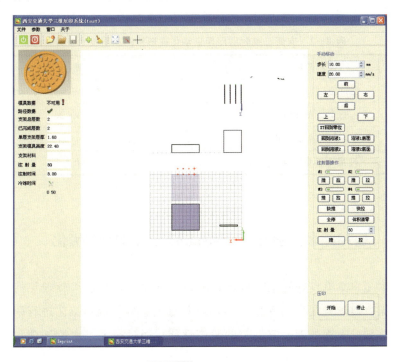

图 8-12　用户界面

2. 模型数据模块

该模块主要存储从文件中读入支架制作的信息。它包括模具的注射位置、支架的加工层数、已经加工的层数、支架的材料、单层支架的厚度、每层支架的冷冻时间等，同时该模块可以动态地存储所包含信息修改后的数据。

3. 运动控制模块

该模块主要负责和运动控制卡通信，将各个运动指令发送给控制卡，控制卡驱动工作台做相应的运动。

4. 注射器命令模块

该模块主要是通过参数生成可以驱动注射泵运动的合法命令，包括注射器通道选择命令、通道参数设置命令、启停命令、快速运行命令。

#### 5. 串口命令发送模块

该模块主要是将注射器命令模块生成的命令通过串口发送给注射器，注射器执行相应的运动。

肝组织支架三维分层压印自动化成形机的主要技术参数如表 8-2 所列。

表 8-2 支架三维分层压印自动化成形机的主要技术参数

| 技术参数 | 数值 |
| --- | --- |
| 运行速度/(mm/s) | $X$、$Y$: 30; $Z$: 20(脱模时 0.15) |
| 工作行程/mm | 250×250×250 |
| 注射泵运行速度/(μL/s) | 抽取: 10; 注射: 10 |
| 一次性最大抽取溶液量/μL | 1000 |

## 8.2 叠加组装型肝组织三维成形工艺及参数优化

丝素蛋白具有良好的生物特性且能跟其他材料复合制得较理想的肝组织工程支架。以丝素蛋白为支架材料，对肝组织支架的成形工艺进行研究。通过对冷冻板的表面处理研究支架的脱模性能；通过研究亲水性处理和溶液的添加方式对溶液的表面轮廓及支架复型精度的影响，选择了合适的亲水性处理工艺及溶液的添加方式。研究了溶液体积和压印距离补偿量对支架的层间黏结强度的影响，结果能够明显提高支架的抗拉强度，有利于支架内部流道的结构保持及连通性。

### 8.2.1 叠加组装型肝组织支架的制作

#### 1. 单层肝组织支架结构设计

单层支架采取仿生的方法用 Pro/E 软件进行设计，三维模型如图 8-13(a)所示，从内到外共分为三级流道，7 个通孔，营养物从支架的 6 个外围通孔流入，顺着流道向支架的中间流去，最后从中间通孔流出，支架的整体厚度为 1mm，结构深度为 500μm，流道的宽度数值如图 8-13(b)所示。使用快速成形机制作出来的树脂件支架如图8-13(c)所示。利用树脂支架作为正模制作出 PDMS 模具，模具中有8个支架反模，一次可以同时制作8个支架。

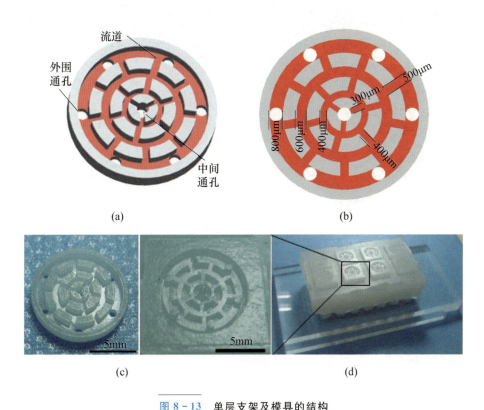

图 8-13  单层支架及模具的结构
(a)单层支架的三维模型；(b)单层支架的结构参数；
(c)快速成形机制作的树脂支架；(d)负型制作的 PDMS 模具。

**2. 支架模具容积及厚度的测量**

用快速成形机制作的树脂支架跟 Pro/E 设计的尺寸有一定的出入，同时树脂支架作为正模制作 PDMS 支架模具时会有一定的误差，所以直接用 Pro/E 设计的三维模型的体积用作支架模具的容积是不精确的。

微米 X 射线三维成像系统(型号：Y. Cheetah，YXLON，德国)可以通过 X 射线检测样品三维形貌及内部结构，三维分辨率可达 1.5 μm，后期用 VG Studio 软件进行各种参数的分析，如尺寸、体积等，可以用来测量支架反模容积的大小。

如图 8-14 所示，首先将 PDMS 模具用该设备扫描得到三维模型；其次用 VG Studio MAX 软件通过反求得到支架模具容积的三维模型，可对该模型的体积及高度进行测量。

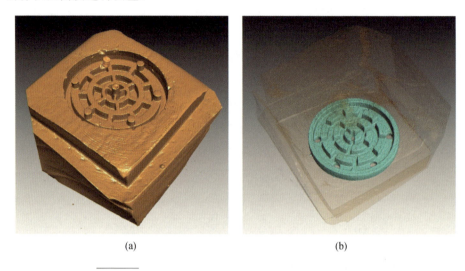

**图 8-14　微米 X 射线三维成像系统测量支架反模容积**
(a)扫描得到的支架反模模型；(b)通过反求得到的支架模具容积模型。

最终通过软件求得反模容积为 $79.751mm^3 ± 1.42mm^3$，反模厚度为 $1.606mm ± 0.013mm$。支架制作过程中将单层支架模具容积设定为 $80mm^3$，模具厚度即单层支架厚度设定为 1.6mm。

将各个模块装入成形机，干冰盒内装有干冰，支架溶液放到容器中。打开控制软件，设置运行参数，主要包括模具的位置参数、干冰盒的位置参数、溶液盒的位置参数、溶液注射量、单层支架层厚、移动速度和拔模速度、剩余溶液量、每层的冷冻时间等。单击软件的"开始"按钮即可，待制作完成后，即可得到三维支架的冷冻结构。

### 8.2.2　叠加组装型肝组织支架三维分层压印成形工艺

支架脱模是指冷冻板将模具中的溶液低温凝固后，将冷冻结构从模具中拔出。手动制作支架，将支架溶液在 PDMS 模具中成形后，放入到冷冻干燥机中冻干，支架会自然的收缩，所以脱模很容易。在三维分层压印成形机上脱模，冷冻结构从模具中垂直拔出，有两个因素会使支架的脱模遇到阻碍：①在冷冻过程中，溶液由液态变为固态，体积膨胀，PDMS 模具施加给支架的压力加大；②PDMS 模具的侧壁不够光滑，凸起、凹陷结构与冷冻结构相互嵌入,加大脱模的阻力。所以,单层支架的冰冻结构的脱模性能研究是进行其他工艺研究的基础。

1. **冷冻板表面处理工艺对脱模性能的影响**

1)实验方法

脱模性能的研究主要是增大成形材料的冷冻结构与冷冻板之间的黏结力,进而增加脱模力。压印过程中溶液与冷冻板接触,进入冷冻板的表面结构内部,冷冻成形后与冷冻板形成有效的黏结,所以冷冻板的表面结构对冷冻板与冷冻结构的黏结力有影响。本书将冷冻板的表面加工成不同的结构(图8-15),探究不同的冷冻板表面结构对脱模性能的影响。

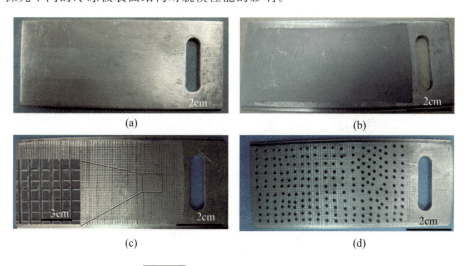

图 8-15  干冰盒冷冻板表面的结构
(a)不做任何处理;(b)喷砂;(c)划槽;(d)打孔。

(1)对照组。冷冻板的材料为 LY12 型高强度铝,厚度为 3mm,表面粗糙度 $Ra=6.3\,\mu m$,不做任何处理,如图 8-15(a)所示。

(2)喷砂。喷砂采用压缩空气为动力,以形成高速喷射束将喷料(铜矿砂、石英砂、金刚砂、铁砂、海砂)高速喷射到被需处理工件表面,使工件表面的外表面的外表或形状发生变化,大大提高工作件与涂料的结合力。喷砂后的冷冻板如图 8-15(b)所示。

(3)划槽。利用锋利的刀具在冷冻板的表面上每隔 1mm 划一条深槽,十字交叉,深度约为 $200\,\mu m$,使用该方法处理后的冷冻板如图 8-15(c)所示。

(4)打孔。使用台式钻床在冷冻板的工作区域上钻出若干直径为 1mm 的通孔，孔与孔之间的距离为4～5mm，如图8-15(d)所示。

2) 实验结果

如图8-16所示空白对照组的脱模成功率只有10%，说明该冷冻的表面结构不能与溶液的冷冻结构形成有效的黏结；喷砂组和划槽组的脱模成功率都有所提高，但是绝对的成功率还不够理想；打孔组的脱模成功率接近100%，压印过程中有少许溶液进入到通孔内，使溶液与冷冻板的黏结面积增大，增大了脱模力。

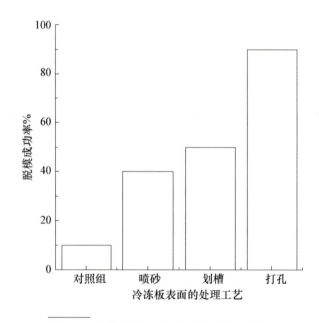

图8-16 不同的处理方式对脱模性能的影响

三维支架采用层与层叠加而成，单层支架的完整性及微流道是否存在都会对三维微流道支架的成形有直接的影响。支架模具的材料PDMS具有良好的弹性、易加工及稳定的化学和物理特性，但是疏水性很强。正常情况下，溶液在模具中的状态如图8-17(a)所示，溶液呈现球形，并不是在模具中均匀地分布。同时，溶液不能完全进入到模具的结构中。压印出来的冷冻结构如图8-17(b)所示。一是没有压印出单层支架的微流道结构；二是支架的外边缘不完整。所以，溶液在模具中的轮廓及分布对单层支架的成形质量有影响。因此，从亲水性处理工艺和优化溶液的添加方式对溶液在模具中的轮廓及分布进行研究，优化了成形工艺。

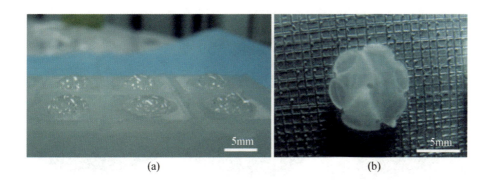

**图 8-17　溶液在模具中的状态及压印成形的单层支架冷冻结构**
(a)溶液在模具中呈现出球状；(b)压印成形的支架冷冻结构(不完整)。

#### 2. 亲水性处理对溶液轮廓及分布的影响

提高 PDMS 表面亲水性的常用的方法有等离子处理、臭氧紫外线辐射、表面活性剂等。其中，等离子处理是对模具进行清洗，达到增加亲水性的目的；表面活性剂是向成形溶液中加入一定量的亲水性物质，进而增加亲水性。本研究使用等离子处理和向溶液中加入表面活性剂这两种方法。

1) 等离子处理

使用等离子清洗 PDMS 模具，亲水性会因为清洗时间的长短而不同，所以首先要确定等离子清洗的时间。使用等离子清洗机(型号：PDC-32G-2，美国)将 PDMS 模具的清洗时间分别定为 30s、60s、120s、150s、200s，同时设置没有清洗的 PDMS 模具作为空白对照组。使用光学接触角测量仪(Dataphysics，德国)测量静态水接触角，水滴在清洗不同时间的模具表面的形态，如图 8-18 所示。

每个样本取 5 个区域进行测量，结果取其平均数，接触角越小说明亲水性越好。当清洗时间小于 60s 时，处理时间与接触角呈线性关系，随着处理时间的延长，接触角随之下降；当处理时间大于 60s 时，随着处理时间的增加，接触角的变化很小。在实验中，将等离子处理模具的时间定为 60s。

2) 溶液中加入表面活性剂

Triton X-100(聚乙二醇辛基苯基醚)是一种非离子型表面活性剂，化学分子式中既有亲水基又有亲油基，在溶液的表面能定向排列显著地降低表面张力。常用于蛋白质的提取、免疫细胞化学等领域。本研究使用该物质的体积浓度为 1.0%。

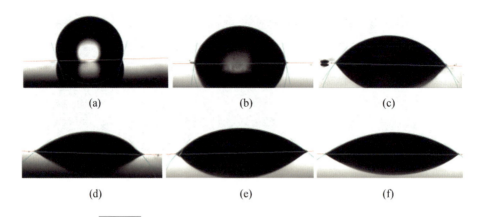

**图 8 – 18　等离子清洗模具不同时间后的静态接触角测量**
(a)未经等离子清洗；(b)等离子清洗 30s；(c)等离子清洗 60s；
(d)等离子清洗 90s；(e)等离子清洗 120s；(f)等离子清洗 150s。

### 3. 溶液的添加方式对溶液轮廓及分布的影响

1)实验方法

结合亲水性处理工艺，探索了溶液的添加方式对支架溶液在模具中的表面轮廓及分布的影响。溶液的添加方式如图 8 – 19 所示。

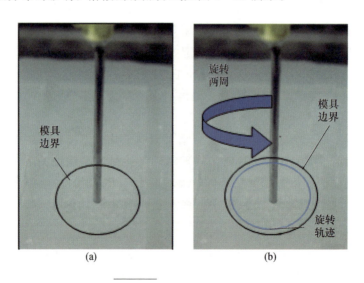

**图 8 – 19　溶液的添加方式**
(a)方式一，固定添加；(b)方式二，先添加后旋转。

方式一：将注射器针头置于模具中心正上方，调整好针头与模具的距离，注射过程中针头不做任何移动。

方式二：向模具中添加溶液过程中注射器针头静止不动，而后注射器针头沿着模具外边缘在 $XY$ 运动平面旋转两圈。

2）实验结果

为了验证亲水性处理及溶液的添加方式对溶液轮廓及分布的影响，设计了对比实验，实验分组有：空白对照组、等离子处理组、Triton X-100 组。将上述 3 组分别用溶液的添加方式一、方式二添加溶液，溶液在模具中的轮廓与分布如图 8-20 所示。

从图 8-20 中可以看出，在采取方式一添加溶液的情况下，对比亲水性处理组与空白对照组，亲水性处理组有一定的改善，但是幅度较小。对比方式一和方式二，溶液的添加方式对溶液表面的轮廓影响较大，不论是否采取亲水性处理方法，都采用方式二添加溶液，溶液在模具中的轮廓较为平整，同时溶液在模具中均匀地分布，明显优于方式一。只有把溶液的添加方式二和亲水性处理结合起来，才能得到较平整的溶液轮廓及溶液在模具中均匀地分布。

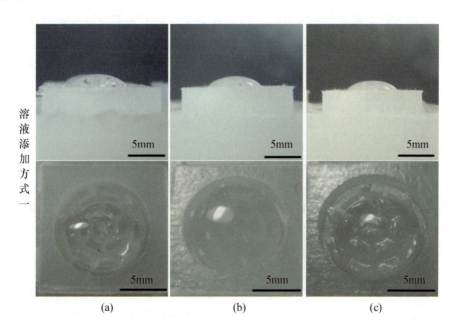

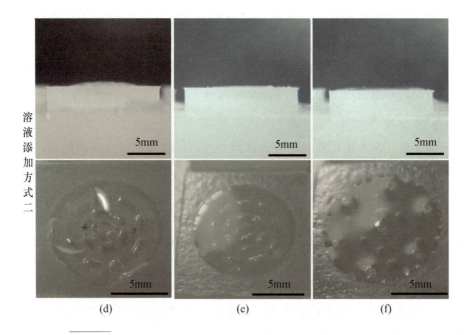

图 8-20 亲水性处理及溶液的添加方式对溶液轮廓及分布的影响
(a)无处理；(b)Triton X-100 组；(c)等离子处理组；
(d)无处理；(e)Triton X-100 组；(f)等离子处理组。

单层支架的微流道结构越高，越能够保证三维支架内部微流道的结构尺寸。影响支架复型精度的因素有很多，如溶液的黏度等，但是其中有一个重要的因素就是亲水性的大小，亲水性好有利于克服溶液表面张力，使溶液在模具中分布地更加均匀，其必然会影响溶液进入到模具的结构内部，即影响支架的复型精度。

4. 亲水性处理对单层支架复型精度的影响

使用了两种亲水性处理的方式：等离子处理、向溶液中加入表面活性剂 Triton X-100，研究亲水性处理对单层支架复型精度的影响。为了研究这两种方式哪种对支架的复型精度影响较大，以及不同的亲水性程度对支架复型精度的影响程度，做了对比实验，实验分组如表 8-3 所列，Triton X-100 的浓度为体积浓度。

实验分为 10 组，10 组之间的主要区别有两点：①亲水性处理方式不同，有的只用等离子处理，有的只向溶液中加入了 Triton X-100，有的是两种方式并用；②向溶液中加入 Triton X-100 的量不同，加入的量越多，亲水性越好。

表 8-3 实验分组

| 实验分组 | 空白对照组 | Ⅰ组 | Ⅱ组 | Ⅲ组 | Ⅳ组 |
| --- | --- | --- | --- | --- | --- |
| 亲水性处理方式 | 不做任何处理 | 0.1% Triton X-100 | 0.5% Triton X-100 | 1.0% Triton X-100 | 1.5% Triton X-100 |
|  | 等离子处理 | 0.1% Triton 等离子处理 | 0.5% Triton 等离子处理 | 1.0% Triton 等离子处理 | 1.5% Triton 等离子处理 |

1) 实验方法

使用制作完成后的单层支架结构深度表征复型精度的大小。如图 8-21 所示,为了更清楚地了解支架结构高度误差产生的原因,将树脂支架和 PDMS 模具的参数也加入到其中。需要测量的数值有树脂支架的结构高度 $H_1$、PDMS 模具的结构深度 $H_2$、支架的结构高度值 $H_3$,测量区域为支架的 A 区、B 区、C 区 3 个部位。$H_3$ 数值越大,复型精度就越高。

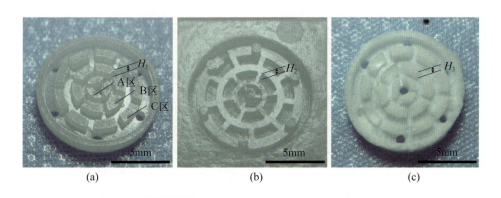

图 8-21 评价复型精度需要测量的数据
(a)树脂支架结构高度; (b)PDMS 模具结构深度; (c)支架结构高度。

尺寸测量使用共聚焦显微镜(型号:OLS4000,OLYMPUS,日本),它通过显微镜高精度步进电动机驱动和 0.8nm 光栅控制的聚焦装置,运用共聚焦技术获得样品表面的三维真实形态,可对几何数据进行测量。树脂支架、模具、支架在共聚集显微镜下扫描的三维图如图 8-22 所示。

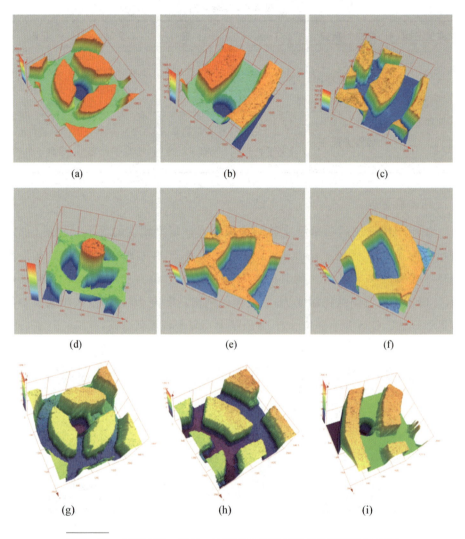

图 8-22 树脂支架、模具、支架在共聚集显微镜下扫描的三维图

(a)树脂支架 A 区；(b)树脂支架 B 区；(c)树脂支架 C 区；(d)PDMS 模具 A 区；(e)PDMS 模具 B 区；(f)PDMS 模具 C 区；(g)支架 A 区；(h)支架 B 区；(i)支架 C 区。

2)实验结果

每实验组测量 4 个支架，每个支架测量 3 次，结构高度取其平均值，测量的结果如图 8-23 所示。首先对比树脂支架和 PDMS 模具的参数与设计值的关系，从图 8-23 中可以看出，树脂支架和 PDMS 模具的参数较设计值偏大，误差在几十个微米，这就排除了支架的结构高度较低是由 PDMS 模具的深度不足造成的。不管是 A 区、B 区还是 C 区，单纯地使用等离子处理或向溶液中加入 Triton X-100 都会对单层支架复型精度有一定的提高。其中，单纯地使用等离子处理方法对支架复型精度的影响不是太大，只能有一定量的提高，支架的结构高度和设计值相差得较远；而在溶液中加入 Triton X-100 的实验组会随着加入的量越多，结构高度越高，整体来看对支架复型精度的影响较大。当 Triton X-100 的体积浓度小于 1.0% 时，随着 Triton X-100 加入浓度的提高，支架的结构高度也跟着上升，当体积浓度超过 1.0% 继续增加时，支架的结构高度并没有太明显的变化；在相同 Triton X-100 浓度的情况下，通过对比有等离子处理实验组和无等离子处理实验组，两种亲水性处理工艺结合起来与单独使用在溶液中加入 Triton X-100 的亲水性处理工艺并没有太大区别。

综上所述，相比于等离子处理的亲水性方式，向溶液中加入表面活性剂 Triton X-100 能显著地提高单层支架复型精度。当 Triton X-100 的体积浓度为 1.0% 时，单层支架复型精度达到最大，是没有加入的结构的 6～7 倍，后续以该参数制造三维支架。

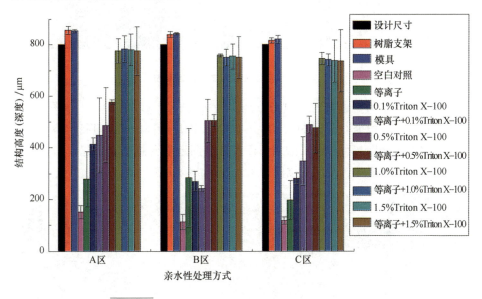

图 8-23　不同的亲水性处理方式对复型精度的影响

三维支架通过层与层叠加成形，支架内部流道的完整性及结构通过两层之间的充分黏结来保证，而判断两层之间是否充分黏结的重要指标是三维支架的层间黏结强度。主要研究成形工艺参数单层支架的溶液体积及压印距离补偿量对支架层间黏结强度的影响。

## 5. 单层支架的溶液体积对黏结强度的影响

1) 实验方法

模具的容积为 80 μL，以此为基准分别向模具中加入 80 μL、85 μL、90 μL、100 μL 的支架溶液，制作的三维支架用实验接力机测量抗拉强度，测试样品的参数如图 8-24 所示，试样的横截面面积取理论上层间接触面积等于 39.417mm$^2$。

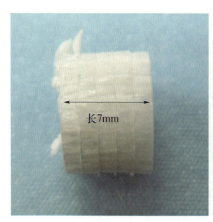

图 8-24  抗拉强度测试样品的参数

测试拉力用的是微机控制电子万能实验机（型号：CMT6503），如图 8-25 所示。该设备可根据 GB 及 ISO、JIS、ASTM、DIN 等国际标准进行实验。支架两端用双面胶分别与力传感器的端部以及样品固定平台黏结在一起，测量前将力传感器的数值清零，设定的拉伸速度为 0.5mm/min。

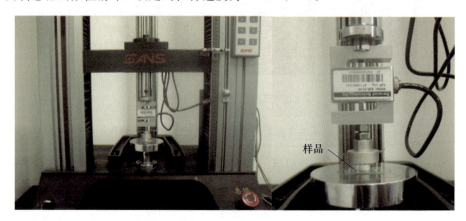

图 8-25  支架的抗拉强度实验

2)实验结果

三维支架在受到拉力后的断裂形式如图 8-26 所示,断裂处在层与层的交界处,说明层与层之间的黏结力相对于材料本身的强度而言还是较弱的。力与位移的曲线如图 8-26 所示,类似于塑性材料的拉伸强度特点,随着电子万能实验机的移动,支架所承受的力逐渐增大,当支架所能承受的抗拉强度不足以应对外界施加给它的强度时,层与层之间断裂,电子万能实验机的位移继续增加,而支架所能承受的力会逐渐降低,直到两层最终断裂,拉力降为零。取曲线的最大值作为支架所能承受的拉力。

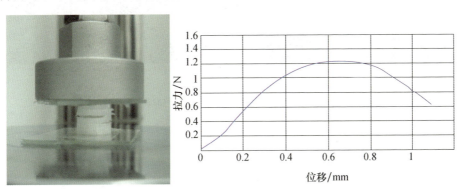

图 8-26 支架的断裂形式与实验机测得的力与位移曲线

每实验组测试 4 个样本,结果取其平均数,单层支架的溶液体积跟支架的抗拉强度的关系如图 8-27 所示。随溶液体积的增大,支架的抗拉强度

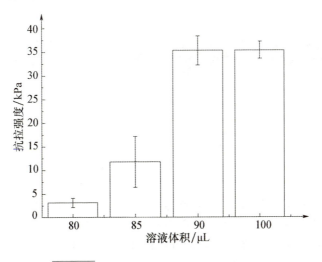

图 8-27 溶液体积对支架抗拉强度的影响

也逐渐上升，但是抗拉强度并不是一直增大，当溶液体积为大于 90 μL，溶液体积的变化并不会引起支架的抗拉强度的变化。

随着单层支架的溶液体积的增加，使层间的黏结区域更充实，黏结形式更牢固，支架的抗拉强度也随之增加，但是带来了流道的堵塞问题，如图 8-28 所示。当溶液的体积大于等于 90 μL 时，通孔流道会因为溶液的过多出现堵塞现象，影响三维支架流道的连通。

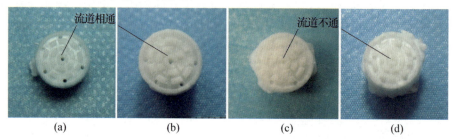

图 8-28　单层支架的溶液体积改变时，层间流道的相通情况
(a) 80 μL，相通；(b) 85 μL，相通；(c) 90 μL，不通；(d) 100 μL，不通。

### 6. 压印距离补偿量对黏结强度的影响

1）压印距离补偿的概念

在三维支架自动化成形过程中，一层溶液冷冻成形后去压印冷冻下一层溶液时，冷冻结构的底面和模具的上表面之间的距离定义为压印距离补偿量 $\Delta$。图 8-29 对位移补偿量的正负做了说明。

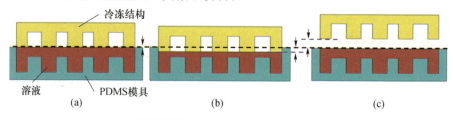

图 8-29　位移补偿量的概念示意图
(a) 压印位移补偿量 $\Delta = 0$；(b) 压印位移补偿量 $\Delta > 0$；(c) 压印位移补偿量 $\Delta < 0$。

2）实验分组

本研究主要是针对 $\Delta > 0$ 时，压印距离补偿量对三维支架的层间黏结强度的影响，将压印距离补偿量分别定为 0 μm（空白对照组）、50 μm、100 μm、150 μm。当单层支架的溶液体积为 90 μL 和 100 μL 时，会堵塞支架的流道，所以将支架的溶液体积分别定为 80 μL 和 85 μL。

3)实验结果

每个实验组测试 4 个样本,结果取其平均数,对支架的抗拉强度进行测试,压印距离补偿量与支架抗拉强度的关系如图 8-30 所示。不管溶液的体积是多少,随着压印距离补偿量的增加,支架的抗拉强度也随之增大;而当溶液的体积为 85 μL 时,压印距离补偿量等于 100 μm 和 150 μm 的实验组,支架的抗拉强度并没有太大差异。这说明压印距离补偿量的增加会增加支架的抗拉强度,但是不会一直增加。

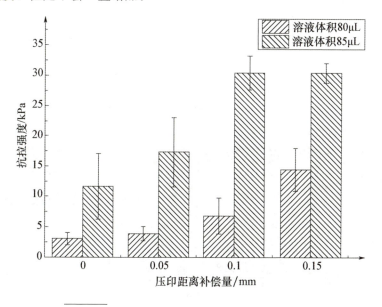

图 8-30　压印距离补偿量与支架抗拉强度的关系

综上所述,单层支架溶液体积的增加及压印距离补偿量的增加会引起支架抗拉强度的增加,但是到达峰值后抗拉强度不再增加。当溶液的体积为 85 μL、压印距离补偿量为 100 μm 和 150 μm 时,支架的抗拉强度基本相同,而压印距离补偿量的增加必然会引起层间压印时溶液进入到流道内的溶液的增多,造成流道的制造精度过低。所以,单层支架溶液体积为 85 μL、压印距离补偿量为 100 μm 是制造三维微流道支架的最优参数。用最优参数制得的支架如图 8-31 所示。从剖面结构可以看出,三维支架的流道是存在的。

当溶液体积或压印距离补偿量增加时,能够明显增加支架的抗拉强度,当溶液体积为 80 μL、压印距离补偿量为 100 μm 时,是优化前的支架(单层支架溶液体积为 80 μL,无压印距离补偿量)的抗拉强度的 10 倍左右。下面通过层与层交界面的情况分析黏结强度增加的原因。

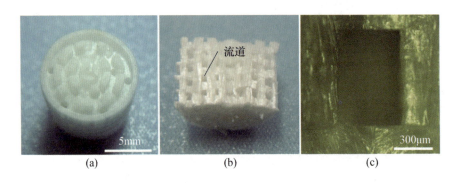

**图 8-31　三维支架及流道结构（溶液体积为 85μL，压印距离补偿为 100μm）**
(a)三维支架；(b)三维支架剖面；(c)支架内部流道。

将支架沿轴线剖开，用 SEM 观察到的层与层的交界面主要有三大类，如图 8-32 所示。真正对抗拉强度的增强起决定性作用的是第三类，第二类其次，第一类没有形成有效的黏结，对抗拉强度的提高不起任何作用。

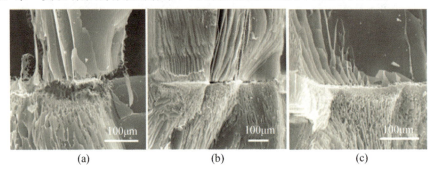

**图 8-32　层与层交界面的形式**
(a)层与层没有形成交界面；(b)有间隙的交界面；(c)完全接触的交界面。

在溶液体积增加或压印距离补偿量增加时，上下层接触的面积更为完全，第二类与第三类的接触形式所占的比例也有所增加，必然会引起支架所能承受的抗拉强度增加。将溶液体积为 85 μL、压印距离补偿量为 100 μm 的三维支架层与层剥开，如图 8-33 所示，黏结区域呈黑色。从黑色的轮廓可以看出，该工艺条件下的黏结区域较完整，从而保证了层间的黏结强度。

力的类型的增加也是支架抗拉强度增加的原因之一。如图 8-34 所示，上下层压印时，下层的溶液会进入到上层的冷冻结构内部，且进入的量会随着溶液体积的增加及压印距离补偿量的增加而增多。以图 8-34(d)为例，三维支架层与层的交界面会变成红线所示的样式，在抗拉强度测试中，三维支架层间所承受的力由原来单纯的拉力演变为拉力和剪切力并存，也必将增大支架的抗拉强度。

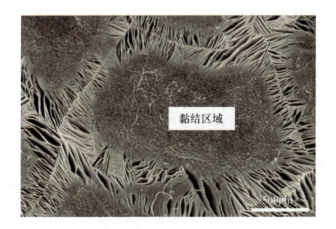

图 8-33 层与层的黏结区域

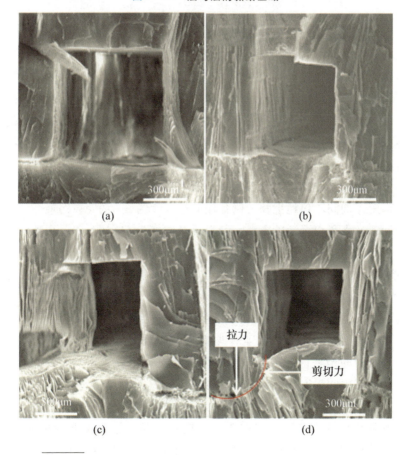

图 8-34 不同的溶液体积下层与层交界面的形式(补偿量 $\Delta=0$)
(a)80 μL；(b)85 μL；(c)90 μL；(d)100 μL。

## 8.3 叠加组装型肝组织支架的微流道结构及生物学评价

三维支架的空间流道分布、制造精度及孔隙结构对营养物质的输送及细胞的生长都有重要的影响,所以首先对支架的微流道结构性能做系统的评价;然后对支架的后处理方法及效果进行了评价;最后通过在体外种植细胞评价了支架的生物学性能。结果表明,支架内部流道的连通性及制造精度较好;后处理的支架保持了原有的生物性能;在体外种植血管内皮细胞,细胞能够在流道内贴壁并铺展生长的很好,表明该支架具有良好的生物学性能。

### 8.3.1 叠加组装型肝组织支架的制造

丝素蛋白具有良好的生物特性和力学性能,但是冻干后会呈现片状,影响细胞的贴壁,通过与其他材料复合制造出多孔组织工程支架,国内外做了大量的研究。明胶是胶原的变性物,具有良好的生物相容性,但是其较难成形,有研究将丝素蛋白与明胶材料按照3%、3%的浓度复合,可综合丝素蛋白成形性好及明胶利于细胞贴壁的优点,制备出多孔支架,孔隙大小适合细胞的贴壁生长,同时能满足结构制造的基本需求。因此,使用3%的明胶与3%的丝素蛋白的复合材料制作三维支架。

将一定量的明胶粉末和水溶液加入烧杯中,在40℃的水浴锅中待明胶粉末完全溶解,期间不停地搅拌,制备成质量浓度为6%的明胶溶液。使用前面提到的制备丝素蛋白溶液的方法,制得质量浓度为6%的丝素蛋白溶液。将两种溶液按照体积比1∶1混合,搅拌均匀后,按照体积比32∶1(溶液∶戊二醛)向溶液中加入0.25%的戊二醛溶液,搅拌30min,制备成质量浓度各为3%的丝素蛋白和明胶的复合材料溶液。

为了尽可能地模仿体内血管网络的分布,三维支架的结构如图8-35(a)所示。三维支架的结构共分为4种类型的单层结构:Ⅰ型,该结构的支架层位于三维支架的最外侧,主要作用是为三维支架提供流道的入口;Ⅱ型,该结构的支架层中间没有通孔流道,溶液入口流入后顺着Ⅰ型的6个分叉流道向支架的四周流动,有利于培养液在支架内的均匀分布;Ⅲ型,该结构的支架层是重复叠加的,可以根据需要自行决定层数,细胞主要种植在该层上;Ⅳ型,该结构的支架层位于三维支架的最外侧,主要是使三维支架的流道汇集于统一的出口。液体在支架内部的流道轨迹如图8-35(b)所示。

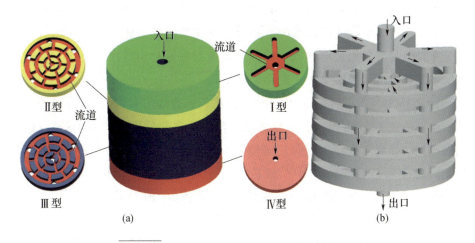

图 8-35 三维支架的结构及其内部的流道轨迹
(a)三维支架的结构;(b)三维支架流道。

使用前面介绍的方法,测得Ⅰ型、Ⅱ型、Ⅲ型、Ⅳ型模具的平均高度分别为 2.86mm、1.62mm、1.64mm、1.86mm,平均容积分别为 185μL、85μL、85μL、130μL。按照支架的制作工艺,最终成形的三维支架如图 8-36 所示。

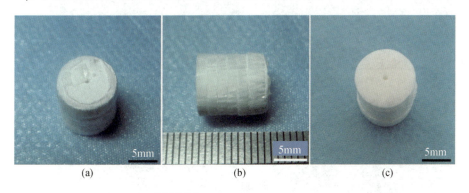

图 8-36 最终成形的三维支架
(a)三维支架流道入口;(b)三维支架侧面;(c)三维支架流道出口。

## 8.3.2 三维肝组织支架的微流道结构评价

### 1. 微流道的连通性检测方法

使用微米 X 射线三维成像系统对支架的三维结构进行重建,可以判断流道的连通性。三维成像系统的原理是利用被测物质对 X 射线的吸收作用,被测物体密度越高,吸收率越大,得到的效果也越好。因为三维支架是多孔结构,密度很小,所以使用该系统直接对三维支架进行重建是无法观察到流道的分布,但是可以通过向支架内灌注高密度材料,利用灌注材料在三维成像系统中的影像可以判断支架流道的空间分布。

将 PDMS 与固化剂按照 100∶1.5 的比例混合均匀后,倒入灌注工具内,在室温下静置 12h 待 PDMS 完全固化;再次从支架的入口处灌入填充材料,同时抽气口处用注射器连续向外缓慢地抽气,使填充材料能够在支架内充分填充,灌注后静置于空气中;最后待填充材料完全固化后,将支架连同 PDMS 一块取出,将 PDMS 尽量完全切除,如图 8-37 所示。

图 8-37 灌注过程

## 2. 观察结果

AZP4620(Clariant,瑞士)是一种广泛用于微系统制作的正性光刻胶,在光照条件下或静室在空气中,会自动固化,且黏度合适,所以适合灌入支架内观察流道。在灌注过程中,该物质由于黏度较小,能够进入到支架的多孔内,因此在流道内的 AZP4620 会沿着流道流出。待 AZP4620 完全固化后,微米 X 射线三维成像系统可以重现支架本身的三维结构,如图 8-38(a)所示。图 8-38(c)显示的是图 8-38(b)的 1～5 截面的支架结构,白色部分为支架,白色内部的黑色为流道。从这些图中可以看出,每层的结构轮廓清晰,都保留了叠加前单层支架的流道结构;分别沿 6～10 截断,得到图 8-38(d)显示的是图 8-38(b)中 6～10 的层间结构剖面。从这些图中可以看出,层与层之间设计的流道在支架的不同部位都是存在的。

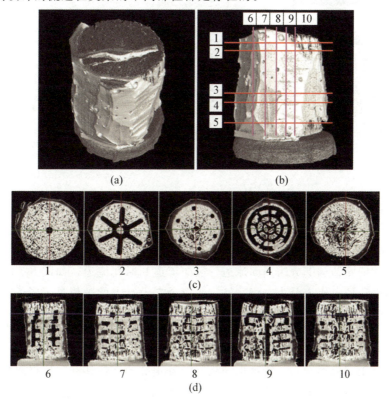

**图 8-38** 微米 X 射线三维成像系统观察到的三维支架的结构
(a)扫描得到的三维支架;(b)三维支架的观察位置;
(c)不同部位的截面形状;(d)不同部位的剖面形状。

使用 VG Studio MAX 软件进行反求可重建流道的结构。流道在空间中的分布基本呈现了设计的形状(图 8-39(b)),从进口处开始向四周发散(图 8-39(c)),每层支架的流道结构保持较完整,连通性较好(图 8-39(d)),最终所有的流道又汇集到出口处(图 8-39(e))。虽然流道局部有不完整的部分,但是整体来讲流道的连通性良好,分布均匀,形成了支架内部流道的入口-分散-出口的网络系统。

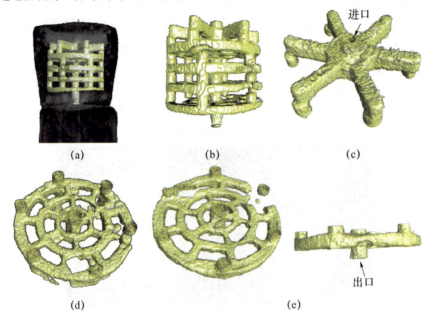

图 8-39 反求得到的三维流道

(a)对扫描的支架进行反求;(b)反求后得到的三维流道;
(c)流道入口;(d)某一层的流道;(e)流道出口。

流道按照结构上分为周向流道、径向流道和通孔流道,如图 8-40 所示。周向流道和径向流道分为三级,这三级流道在设计上的数值是不同的。因此,在评价流道的结构保持性时,要将这三级流道的数据分别进行统计。

### 3. 肝组织支架微流道制造精度评价方法

分层压印成形制得三维冰冻结构,沿着相应的部位切开,使得周向流道、径向流道及通孔流道暴露在外,然后放入到冷冻干燥机中进行冻干,最后使用扫描电子显微镜(SEM,型号:S-3000N,Hitachi,日本)进行尺寸测量。每组测量 4 个样品,每个样品测试 3 次,用扫描电镜观察到的流道如图 8-41 所示。同时,为了更清楚地了解流道的数值和设计值产生误差的原因,将树脂支架及模具的参数加入到其中。

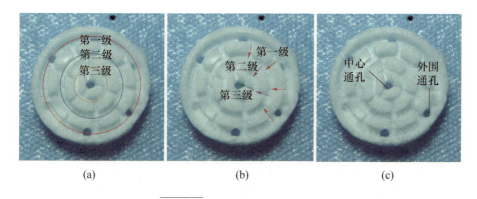

图 8-40 三维支架的流道类型
(a) 周向流道；(b) 径向流道；(c) 通孔流道。

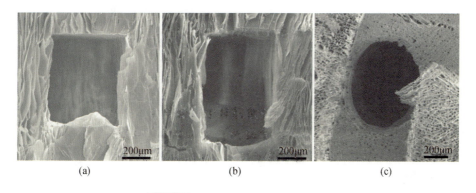

图 8-41 用扫描电镜观察到的流道
(a) 周向流道；(b) 径向流道；(c) 流道通孔。

4. 评价结果

1) 周向流道的尺寸评价

周向流道的高度、宽度数值如图 8-42 所示。高度方面树脂的结构深度及模具的结构深度明显大于设计值，但是最终流道的高度是小于设计值的，第一、二、三级径向流道的高度分别为 598.351 μm、601.953 μm、688.625 μm，分别为设计值 800 μm 的 74.8%、75.2%、86.1%。

宽度方面，树脂支架的流道宽度与设计值相关的并不多，用树脂支架制作出来的 PDMS 模具的宽度数值与树脂支架的宽度数值也相差无几。第一、二、三级周向流道的宽度设计值分别为 800 μm、600 μm、400 μm，而支架的流道宽度为 716.618 μm、532.167 μm、320.621 μm，分别为设计值的 89.6%、88.7%、80.1%。

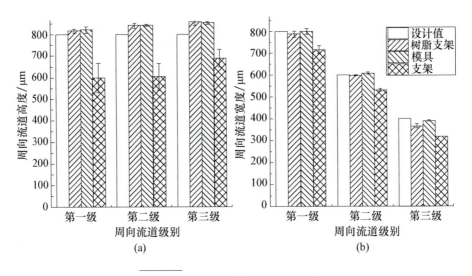

图 8-42 周向流道的高度、宽度数值

2) 径向流道的尺寸评价

径向流道的高度、宽度数值如图 8-43 所示。与周向流道的结果基本类似，第一、二、三级径向流道的高度分别为设计值的 75.6%、75.0%、80.6%，宽度分别为 439.231 μm、346.404 μm、272.913 μm，分别为设计值的 87.8%、86.6%、91.0%。

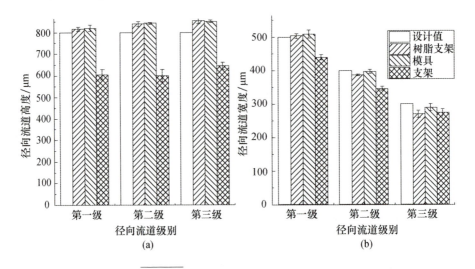

图 8-43 径向流道的高度、宽度数值

3) 通孔流道的尺寸评价

三维支架连接上下两层的通孔流道的测量结果如图 8-44 所示。树脂支架、模具的数值与设计值的误差在几十个微米以内,中心通孔流道、外围通孔流道的直径分别为设计值的 91.7%、85.1%。

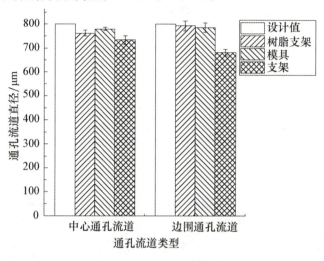

图 8-44 通孔流道的测量结果

综合上述各参数,三维肝组织支架的流道在宽度方面是设计值的 80%~90%,而在高度方面是设计值的 70%~80%。树脂支架和模具的相应的数值和设计值有一定的误差,或大于或小于设计值几十微米,这是流道尺寸产生误差的原因之一。误差主要是由支架制作工艺造成的。有研究表明,用含量各为 3% 的丝素蛋白与明胶溶液的混合溶液制作三维支架,在冷冻干燥阶段支架会有 10%~20% 的收缩,而该研究中支架在宽度方面占设计值的 80%~90%,与这一结果相吻合,说明流道宽度方面的误差主要是由支架的自然收缩造成的。支架的流道高度方面占设计值的比例较低,除了自然收缩的原因,还有以下两个方面的因素:①单层支架的结构高度本身就比设计值低,用亲水性的方法能够提高复型精度,但是提高后的支架结构高度还是要低于模具本身的结构深度,这样会对三维支架的流道高度造成影响;②支架层与层压印过程中,下层的支架溶液会进入到上层的冷冻结构内(图 8-45),造成流道高度方面的数值相对于宽度方面占设计值的比例较低。

经上述过程制得的三维支架冻干后将层与层剥离,用 SEM 可对支架的孔隙结构进行观察,结果如图 8-46 所示。经过冷冻干燥工艺,三维支架的表面呈现出开放性的多孔结构,有利于细胞的贴壁生长,支架内部也是相互贯通的多孔,有利于营养液的渗透。

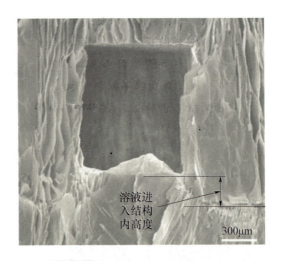

图 8-45　下层溶液进入到上层结构

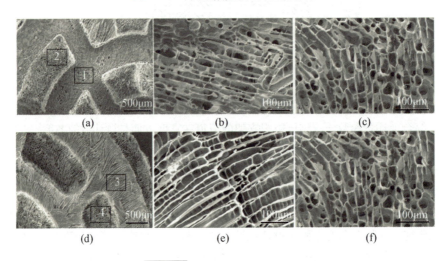

图 8-46　支架的微观孔隙结构

(a)有流道面的微孔结构；(b)区域 1 的放大图；(c)区域 2 的放大图；
(d)无流道面的微孔结构；(e)区域 3 的放大图；(f)区域 4 的放大图。

### 8.3.3　三维肝组织支架的生物学评价

向溶液中加入体积浓度 1.0% 的 Triton X-100 能够显著地提高支架的复型精度。但是当浓度达到 0.1% 时，它可以裂解细胞，所以支架的生物学评价第一步是对支架进行后处理，目的是使 Triton X-100 能够和支架分离，不影响支架的生物学性能。

## 1. 后处理方法

Triton X-100 是一种非离子表面活性剂，因为其分子链中的醚键中的氧原子与水中的氢原子以氢键形式结合而易溶水，同时可溶于乙醇、乙烷基异丙醇、甲苯、二甲苯和多数含氯溶液，所以可以通过将支架浸泡在水中，使 Triton X-100 完全溶解于水中从而达到与支架分离的目的。为了更加清楚地了解去除 Triton X-100 的效果及去除过程需要的时间，实验的分组如表 8-4 所列，共分为 6 组。其中，制作支架的过程没有添加 Triton X-100 的为空白对照组，另外 5 组均添加有 Triton X-100，只是处理的时间长短不同。

支架种植细胞前的准备流程为：首先将冷冻干燥后的支架用甲醇溶液浸泡 6h，目的是降低支架的水溶性；其次用蒸馏水清洗支架 3 次，每次 5min，目的是除去甲醇溶液；再次按照表 8-4 所列的实验分组情况，将支架分别在蒸馏水不浸泡，浸泡 0.5 天、1 天、2 天、3 天，每天早中晚换水一次；最后用 75% 的酒精浸泡 12h 进行消毒。

表 8-4 支架后处理实验分组

| 实验分组 | 空白对照组 | Ⅰ组 | Ⅱ组 | Ⅲ组 | Ⅳ组 | Ⅴ组 |
| --- | --- | --- | --- | --- | --- | --- |
| 处理方法 | 未添加 Triton X-100 | 添加 Triton X-100，未处理 | 添加 Triton X-100，浸泡 0.5 天 | 添加 Triton X-100，浸泡 1 天 | 添加 Triton X-100，浸泡 2 天 | 添加 Triton X-100，浸泡 3 天 |

## 2. 细胞种植及培养

将以上实验组的支架放入到 24 孔板内，每孔内放一个；用 PBS 冲洗支架 3 遍，每次冲洗 10min，目的是将酒精完全洗干净；每个支架用 500 μL 的培养液预湿后，将 50 μL 细胞密度为 $1\times10^6$/mL 的人类血管内皮细胞（HUVEC）均匀地种植在支架表面；等待 4h 待细胞完全贴壁后，每个孔内加入 1mL 的培养液，静态培养 1 天和 3 天，每天换培养液。所使用的培养液为高糖 DMEM 培养液，其中添加了 10% 的胎牛血清和 1% 的青霉素/链霉素。

## 3. 检测方法

1）死活染色

死活染色主要是用来观察细胞的存活情况，可分别对死细胞和活细胞进行染色，然后在荧光显微镜下进行观察。其中，活细胞被染成绿色，而死细胞被染成红色。

染色剂的配备是在1mL的PBS内加入0.5μL的Calcein-AM和2μL的PI，充分混合均匀，取培养的1天、3天支架，有细胞的表面朝上，用PBS冲洗3遍后，每个样品表面加入40μL的染液，锡纸包覆避光，等待15min后，用PBS冲洗3次，吸出多余溶液，将染色的面翻到下侧。

采用倒置荧光显微镜(型号：ECLIPSE Ti，Nikon，日本)进行细胞染色后的观察，从而判断细胞整体的死活情况。

2) 扫描电镜(SEM)检测

SEM用于观察细胞在支架表面的分布、生长形态等状态。分别取第1、3天的各组支架样品，用PBS冲洗后放入到2.5%的戊二醛中固定24h，再将固定后的支架用冷冻干燥机中完全干燥后，在支架表面喷镀上一层薄薄的金属材料后，用于SEM观察。

4. 检测结果

1) 死活染色结果

在荧光显微镜下观察到的细胞如图8-47所示。其中，红色为支架，活

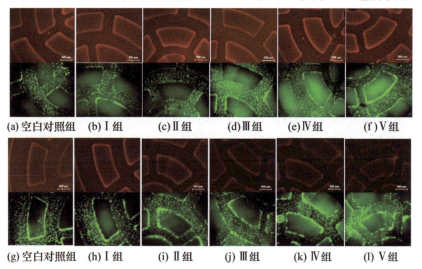

图8-47 支架后处理不同组的荧光显微镜死活染色观察结果

(a)~(f)为培养1天后观察的结果；(g)~(l)为培养3天后观察的结果。

细胞呈绿色。从第 1 天的结果可见,细胞均匀地分布在支架的管道内,活细胞数量在各实验组的差别并不大;到了第 3 天,由于第 1 天细胞已经铺满整个管道,导致细胞的生长速度缓慢,细胞密度与第 1 天相当,但是各实验组的细胞密度差别也并不大且生长状态良好。

2) SEM 观察结果

在扫描电镜下观察到的细胞形态如图 8-48 所示。第 1 天,各实验组的细胞在支架表面贴壁后开始生长并沿着流道向外铺展,不同实验组的细胞形态没有表现出太大的差异;第 3 天,细胞已完全向外铺展,每组的细胞生长均良好,且各组的细胞状态差异性不明显。

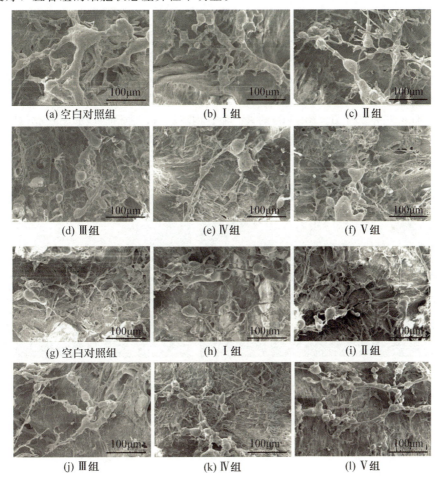

图 8-48 支架后处理不同组的 SEM 观察结果

(a)~(f)为培养 1 天后观察的结果;(g)~(l)为培养 3 天后观察的结果。

综合以上两个检测的结果，各实验组不管是细胞的数量还是细胞形态并没有太大的差别，这是让人始料未及的。究其原因，可能是在种植细胞前，将支架浸泡在75%的酒精中12h对其进行消毒处理，因为Triton X-100也可溶解在酒精中，所以在消毒过程中该物质完全溶解于酒精后与支架分离，导致各组就表现不出太大的差别。

5. 叠加组装型肝组织支架体外静态培养

首先将冷冻干燥后的支架用甲醇溶液浸泡6h，目的是降低支架的水溶性；其次用蒸馏水清洗支架3次，每次5min，目的是除去甲醇溶液；最后将支架浸泡在75%的酒精中12h进行消毒。

6. 细胞种植、培养

如图8-49所示，将处理过的支架放入到24孔板内，每个孔内放一个；用PBS冲洗支架3遍，每次冲洗5min，目的是将酒精完全洗掉；向每个孔内加入1mL的培养液，待支架完全预湿后，用1mL的针管插入到三维支架的进口里，种植1mL密度为$1.0\times10^6$/mL的人类血管内皮细胞，种植区域如图8-49(b)所示，放入到标准培养箱中静态培养，每天换培养液。所用培养液为高糖DMEM培养液，其中添加了10%的胎牛血清和1%的青霉素/链霉素。

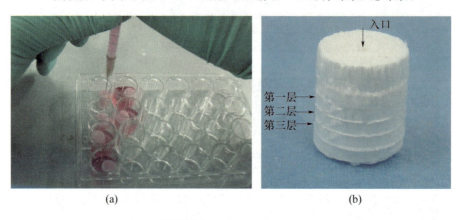

图8-49 细胞种植及培养

(a)细胞种植；(b)细胞种植区域。

7. 培养结果

将刚种植的，培养1天、3天的样品逐层剥开后进行死活染色，放在倒置荧光显微镜观察的结果如图8-50所示。第一、二、三层的结构相同，均为Ⅲ型支架。从图 8-50(a)～(c)可以看出，每层支架上种植细胞的数量、密度基本相同，细胞呈现离散的状态，还没有向四周分散。培养 1 天后(图 8-50(d)～(f))每层支架上细胞的密度增加明显，细胞呈现条索状，沿着流道铺展。培养 3 天后不同层上细胞的生长状态有明显的区别，第一层支架由于在三维支架的流道的出口和入口的中间位置，因此细胞所需的培养液主要通过流道进行提供。由于流道的尺寸较小，因此培养液中的氧气较少，造成了细胞数量较少。以后逐层细胞的数量越来越多，第三层的细胞数量达到最大。

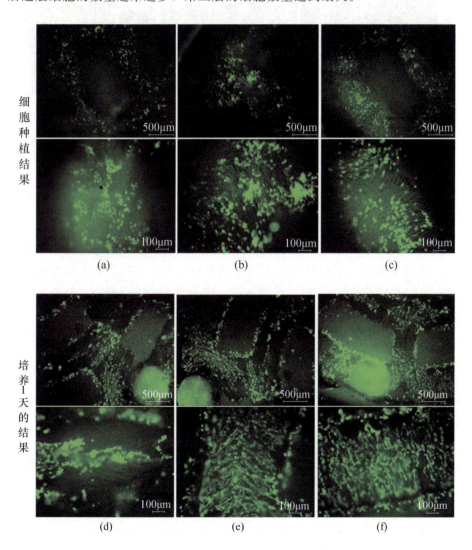

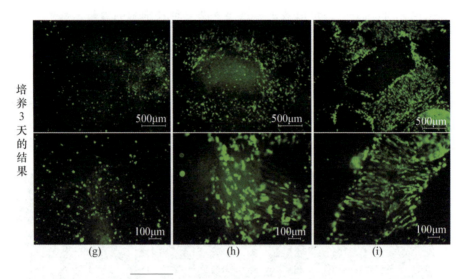

**图 8-50　静态培养下死活染色后的结果**

(a)第一层支架；(b)第二层支架；(c)第三层支架；(d)第一层支架；(e)第二层支架；
(f)第三层支架；(g)第一层支架；(h)第二层支架；(i)第三层支架。

注：各组中下图为上图的局部放大图

综上所述，在三维软组织支架各层上细胞种植基本均匀的前提下，第一层支架由于培养液主要通过流道供给，流道的尺寸较小，因此造成了培养液中氧气的含量较少，仅在第 1 天观察中细胞有所生长，到了第 3 天细胞的数量明显减少。第二层支架第 1 天细胞生长状态良好，大量增殖，但是第 3 天由于培养液中氧气的限制，因此细胞没有呈现出较大面积的生长，细胞数目基本上与第一天相似。第三层支架离培养液最近，在有良好的培养液及氧气的保证下，在第 1 天、3 天的培养后细胞呈现出较好的生长状态，沿着流道向外铺展的面积也较大。以上结果表明，用该工艺制造的三维微流道支架能够保证细胞在流道内的均匀种植及贴壁生长，随着培养时间的增长，细胞会沿着流道的结构向外铺展，证实该支架具有良好的生物学性能。

为了尽可能地模仿体内血管网络的分布，设计的三维支架的结构为入口-分流-出口的形式，并对三维压印成形机的软硬件进行了改动，制得了三维支架。通过向三维支架内灌入 AZP4620 光刻胶，用微米 X 射线三维成像系统对三维支架的流道进行了重建，结果表明三维支架内部的流道连通性能较好，基本保持了设计的结构，虽然有一些瑕疵，但是不影响整体的分布。

微流道的制造精度评价主要是对比最终的流道的宽度、高度与设计值之间的误差。使用 SEM 进行观察并测量流道的尺寸，结果显示支架流道在宽度方面占设计值的 80%~90%,而在高度方面占设计值的 70%~80%。误差一部分来自于模具制造过程中的误差,大部分是由冷冻干燥工艺过程的收缩造成的。高度方面有较大的误差,主要是压印过程中有一部分溶液进行到了结构内,减少了高度值。经过冷冻干燥后的三维支架,流道表面呈现出开放性的多孔结构,有利于细胞的贴壁生长及营养液的渗透。由于每层支架冷冻过程中的温度传递具有方向性,使得支架的多孔结构也具有一定的方向性。根据现有的研究表明,该结构是有利于细胞沿着流道的方向生长的。

生物学评价前首先对支架进行了后处理,目的是去除支架制造过程中加入的 Triton X-100,该物质对细胞的生长有害。实验分为 6 组,其中设置了不使用 Triton X-100 制作支架的空白对照组,处理方法为将支架在水中浸泡不同时间,通过荧光显微镜和 SEM 对细胞的死活及形态进行观察。结果发现,各实验组细胞的生存状态及形态并没有明显的差异,对产生的现象进行了分析,可能是支架在消毒过程中 Triton X-100 已溶于酒精与支架分离。人类血管内皮细胞在支架内静态培养了 3 天,结果表明细胞能够在流道内能够均匀地种植和贴壁生长,随着培养时间的增长,细胞会沿着流道的结构向外铺展,证实该支架具有很好的生物学性能。

## 参考文献

[1] 王烨. 软组织微流道支架三维分层压印成形研究[D]. 西安:西安交通大学,2013.

[2] 郝星. 蚕丝蛋白/明胶多孔肝组织支架制备及性能研究[D]. 西安:西安交通大学,2011.

[3] RANUCCI C S,KUMAR A,BATRA S P,et al. Control of hepatocyte function on collagen foams:sizing matrix pores toward selective induction of 2-D and 3-D cellular morphogenesis[J]. Biomaterials,2000,21(8):783-793.

[4] GLICKLIS R,MERCHUK J C,COHEN S. Modeling mass transfer in hepatocyte spheroids via cell viability, spheroid size, and hepatocellular functions [J]. Biotechnology and Bioengineering,2004,86(6):672-680.

[5] HE J,DU Y,GUO Y,et al. Microfluidic synthesis of composite cross-gradient materials for investigating cell-biomaterial interactions[J]. Biotechnology and Bioengineering,2011,108(1):175-185.

[6] LU H,KO Y-G,KAWAZOE N,et al. Cartilage tissue engineering using funnel-like collagen sponges prepared with embossing ice particulate templates[J]. Biomaterials,2010,31(22):5825-5835.

[7] WU X, LIU Y, LI X, et al. Preparation of aligned porous gelatin scaffolds by unidirectional freeze-drying method[J]. Acta Biomaterialia, 2010, 6(3): 1167-1177.

[8] CALIARI S R, HARLEY B A C. The effect of anisotropic collagen-GAG scaffolds and growth factor supplementation on tendon cell recruitment, alignment, and metabolic activity[J]. Biomaterials, 2011, 32(23): 5330-5340.

[9] STOKOLS S, TUSZYNSKI M H. Freeze-dried agarose scaffolds with uniaxial channels stimulate and guide linear axonal growth following spinal cord injury [J]. Biomaterials, 2006, 27(3): 443-451.

[10] MADAGHIELE M, SANNINO A, YANNAS I V, et al. Collagen-based matrices with axially oriented pores[J]. Journal of Biomedical Materials Research Part A, 2008, 85A(3): 757-767.

[11] LV Q, FENG Q, HU K, et al. Three-dimensional fibroin/collagen scaffolds derived from aqueous solution and the use for HepG2 culture[J]. Polymer, 2005, 46(26): 12662-12669.

[12] GARCIA-FUENTES M, MEINEL A J, Hilbe M, et al. Silk fibroin/hyaluronan scaffolds for human mesenchymal stem cell culture in tissue engineering [J]. Biomaterials, 2009, 30(28): 5068-5076.

[13] ROCKWOOD D N, PREDA R C, YUCEL T, et al. Materials fabrication from Bombyx mori silk fibroin[J]. Nature Protocols, 2011, 6(10): 1612-1631.

[14] MANDAL B B, KUNDU S C. Cell proliferation and migration in silk fibroin 3D scaffolds[J]. Biomaterials, 2009, 30(15): 2956-2965.

# 第 9 章
# 卷裹型肝组织支架增材制造与性能评价

通过二维肝组织支架接种细胞后卷裹成形的方式，可实现三维支架内三维流道的快速制造以及细胞的均匀种植。其中，制造具有通透连通的多孔结构是细胞种植和营养传输的关键。传统基于硅橡胶（PDMS）模具的肝组织支架微结构制备方法，结合了快速成形技术、微复型技术和冷冻干燥技术，可以制备出具有微流道结构的多孔肝组织工程支架，但在研究中发现，这种方法制备出的多孔支架表面存在非多孔的薄膜材料，这样的结构表面不利于营养物质的渗透交流、细胞的均匀接种、迁移及生长。为了克服表面膜的问题，使用新型的基于冰制模具的支架制造方法，可以制造出具有微流道结构和高开放性多孔结构的肝组织工程支架。本章将对基于 PDMS 模具（PDMS‐templated‐induced，PTI）和基于冰制模具（ice‐template‐induced，ITI）的肝组织支架制造工艺、性能特征、生物学效果进行系统对比介绍，并利用 ITI 开展卷裹型肝组织支架制造的验证性实验。

## 9.1 卷裹型肝组织支架的制造工艺

### 9.1.1 总体制造工艺流程

基于冰制模具的肝组织支架制造的总体流程如图 9-1 所示。利用光固化增材制造技术制造具有微结构的树脂模具，灌注硅橡胶后固化制得硅橡胶模具；往制得的硅橡胶模具中灌注纯水冷冻后剥离，得到具有微结构的冰制模具；低温下往冰制模具中灌注生物材料后冷冻干燥，得到具有流道结构和微孔结构的肝组织工程支架。

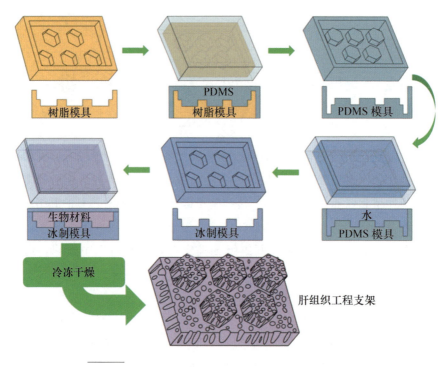

图 9-1　基于冰制模具的肝组织支架制造的总体流程

## 9.1.2　肝组织支架模具制造

### 1. 树脂模具制造

利用光固化增材制造机制备光敏树脂模具（图 9-2），以此作为初始模具来制造具有微结构的多孔肝支架。首先利用 CAD 软件设计需要制备的光敏树脂模具的模型，将其转换成 STL 格式后导入到快速成形机制备。刚制备出的光敏树脂模具表面会残余液态树脂，可用工业酒精清洗去除。由于支架过程中需要经过树脂模具、硅橡胶模具、冰制模具来制备具有管道结构的肝组织

图 9-2　增材制造光敏树脂模具

支架，其中经过了3次的复型过程，因此做设计的支架结构需要制造支架的负型结构。所设计的支架整体长75mm、宽15mm，支架内部分布有相互连通的尺寸为0.4mm和0.6mm的流道结构。

2. 硅橡胶模具制造

固化后的硅橡胶具有极好的力学性能，可用于微纳米尺寸结构的加工，对高低温和酸碱等都具有很好的耐性，广泛应用于工业、医学等各个领域。利用硅橡胶模具作为中间转载，经过两次复型，将树脂模具中的结构转移到后期冰制模具上。首先将多个树脂模具粘贴到有机玻璃器皿中，以方便后面液态硅橡胶灌注；然后按照合适的比例将固化剂加入到液态硅胶中搅拌均匀后灌入到有机玻璃器皿中，再放入到真空注塑机中提供真空环境以除去硅胶中的气泡；最后常温放置过夜，固化后剥离得到硅橡胶模具，如图9-3所示。

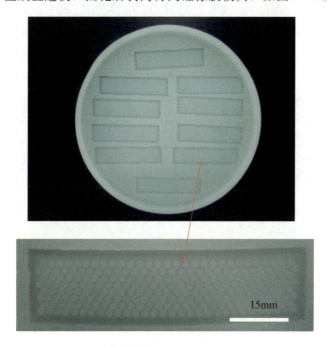

图9-3 硅橡胶模具

3. 冰制模具制造

将硅橡胶模具平置于铁托盘中，灌注适量纯净水后放入-80℃超低温冰箱冷冻5~15min，再将其转移至-20℃继续冷冻数小时后，即可脱模得到具有微结构的冰制模具，获得的冰模置于-20℃温度下待用。

制造冰模时的冷冻温度对冰模的质量有较大的影响。首先将灌注有纯净水的硅橡胶模具置于-80℃，一方面加速了冰模的制造速度；另一方面有利于获得背面较为平整的冰模，而这个对后期生物材料溶液的灌注会带来极大的好处。但是，不能完全在-80℃冷冻获得冰模（图9-4），过长的超低温会损害冰模，而且多次放置于超低温也会对硅橡胶模具带来损伤。

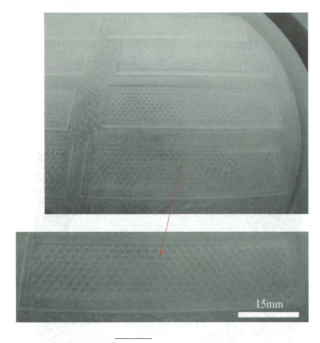

图9-4　冰制模具

### 9.1.3　生物材料的配置及灌注

配置7%（质量/体积）的蚕丝溶液和2%的壳聚糖溶液，将两种溶液按体积比1∶1混合均匀得到最终材料溶液，其中含3.5%蚕丝蛋白和1%壳聚糖。将最终材料溶液置于4℃保存待用。

在低温环境下，将冰制模具置于平面上，用10mL注射器吸取材料溶液对冰模进行灌注后，将没有微结构的平面冰片置其上（图9-5），然后立即将样品转到低温环境进行预冻，以进行后续实验。为防止灌注过程中冰模融化，待灌注材料溶液和注射器都应该置于冰盒中以维持其低温状态。材料灌注速度不宜过快，这样有可能会导致材料灌注时由于材料溶液浸润速度限制，引起微结构附近气泡的产生。

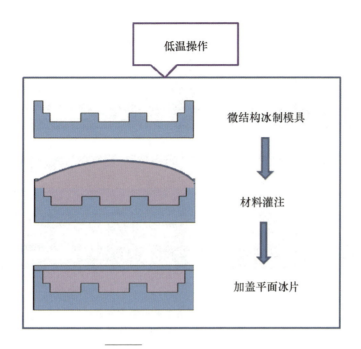

图 9-5 材料灌注流程示意图

## 9.1.4 真空冷冻干燥及后处理

冷冻干燥技术在传统的多孔肝组织工程支架中已有广泛的研究应用，将其与快速成形技术、微复型技术相结合，用于新型肝组织工程支架制造。首先将灌注有材料溶液的冰模于低温条件下预冻 5h 以上；然后将样品放入冷冻干燥机中进行真空干燥，30h 后便可得到干燥的多孔肝组织工程支架，如图 9-6 所示。采用了 3 种不同的冷冻温度为样品进行预冻，冷冻干燥机可直接提供 -20℃ 和 -50℃ 的低温预冻，超低温冰箱可提供 -80℃ 的低温预冻。

由于此时制造出的肝组织支架中丝素蛋白和壳聚糖材料都仍然溶于水，因此，为了提供支架在水溶液中的稳定性，需要对支架进行后处理。首先将支架浸没在甲醇中 2h，使得丝素蛋白材料内部构型发生变化从而使其难溶于水；然后将支架浸没在 5% 的碳酸氢钠溶液中过夜以除去支架上残留的乙酸成分，从而提高壳聚糖材料的水稳定性，最后再用 PBS 缓冲液冲洗 5 次。

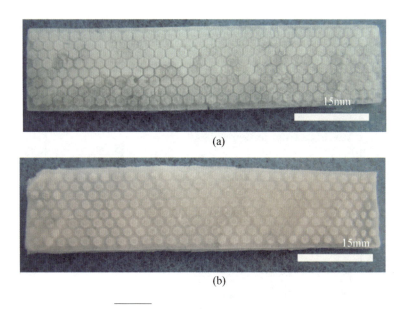

图 9-6 后处理的多孔肝组织支架
(a)PTI 肝组织支架；(b)ITI 肝组织支架。

## 9.2 卷裹型肝组织支架微结构与性能保证

### 9.2.1 肝组织支架微结构形态学观察

采用扫描电子显微镜(scanning electron microscopy，SEM)从形态学上观察基于冰模工艺和 PDMS 模具工艺的两种肝组织支架微结构。首先为观察支架内部多孔微结构，用医用手术刀片将支架小心横切和纵切以暴露其各方向上的内部结构；然后对需要观测的各表面及断面镀金。采用 Explorer 14 型号的磁控溅射系统(Denton Vacuum，美国)对样品的观察面进行铂金溅射处理，其中溅射厚度为 25nm，然后就可以放入扫描电子显微镜中进行观察。

图 9-7 所示为肝组织支架上表面及内部横截面微结构的 SEM 图。从图 9-7 中可以看出，PTI 支架虽然内部也有高度多孔微结构，但支架上表面有一层非多孔结构的薄膜材料，这层薄膜的存在极有可能阻碍细胞往支架内部的渗透及迁移，以及支架内部的营养交换。然而，ITI 支架上表面却是开放性多孔结构，这种结构更有利于细胞在支架中均匀分布。

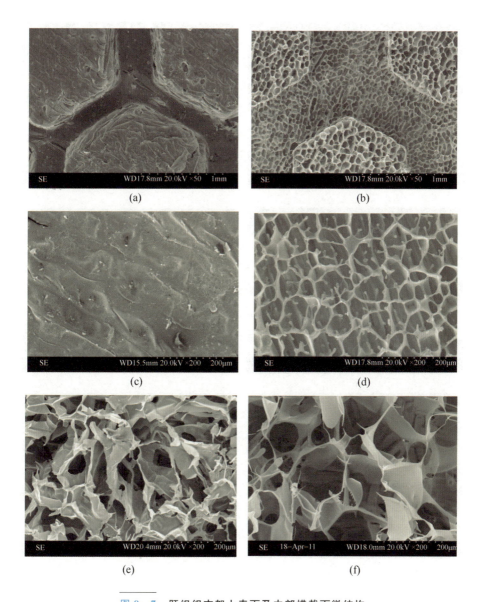

**图 9-7 肝组织支架上表面及内部横截面微结构**

(a)PTI 支架上表面;(b)ITI 支架上表面;(c)PTI 支架上表面;
(d)ITI 支架上表面;(e)PTI 支架内部横截面;(f)ITI 支架内部横截面。

图 9-8 所示为肝组织支架竖截面微结构的 SEM 图。与上表面观察结果一样,可以很明显地看到 PTI 支架上表面的薄膜结构,而 ITI 支架上表面的开放性多孔将支架内部区域和外部空间高度地连通起来,并且支架内部多孔结构并不是类似于 PTI 中的无规则多孔,而是都朝向同一方向的定向多孔。

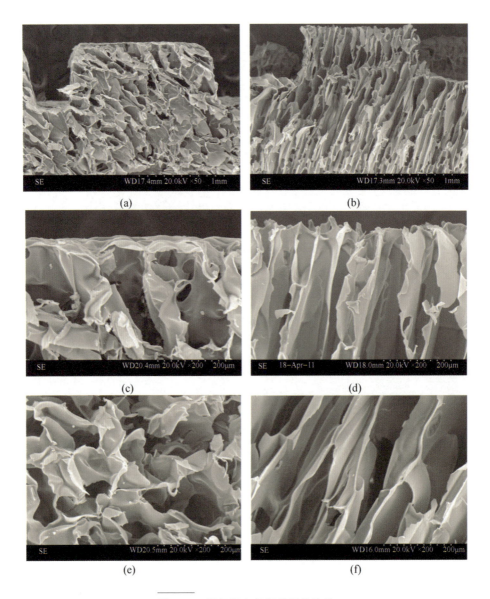

图 9-8 肝组织支架竖截面微结构

(a)PTI 支架竖截面；(b)ITI 支架竖截面；(c)PTI 支架上表面的竖截面；
(d)ITI 支架上表面的竖截面；(e)PTI 支架内部竖截面；(f)ITI 支架内部竖截面。

通过 SEM 图可以对支架孔径进行测定统计。由于 PTI 支架上表面为非多孔结构的薄膜材料，因此无法对其进行统计，而 ITI 支架上表面多孔经测定统计为 $150\,\mu m \pm 15\,\mu m$。将两种支架横切以暴露支架内部多孔结构，PTI 支架内部多孔孔径为 $181\,\mu m \pm 23\,\mu m$，而 ITI 支架内部多孔孔径为 $202\,\mu m \pm 26\,\mu m$。

## 9.2.2 孔隙率

采用正己烷置换的方法测定两种支架的孔隙率。首先将支架浸没到已知体积 $V_1$ 的正己烷溶液中，浸透后测定得到支架和正己烷总体积 $V_2$；然后将饱和的支架取出测得剩余正己烷溶液总体积 $V_3$；最后可计算得支架的孔隙率为 $(V_1-V_3)/(V_2-V_3)\times 100\%$。通过这种方法，PTI 支架和 ITI 支架的孔隙率分别为 79.7%±5.2%、88.6%±4.7%，ITI 支架的孔隙率显著大于 PTI 支架的孔隙率($P>0.05$)。

## 9.2.3 预冻温度对孔径的影响

组织工程多孔支架中微孔的大小对细胞的生长影响很大，而多孔的大小往往可以通过控制冷冻干燥过程中的预冻温度来实现。将丝素蛋白/壳聚糖材料溶液灌注到冰制模具和 PDMS 模具后置于不同温度下(-20℃、-50℃、-90℃)进行预冻，冷冻干燥后将支架横切以暴露内部多孔结构，镀金后进行 SEM 拍照，并对多孔孔径进行统计分析。表 9-1 所示为统计结果。

表 9-1 预冻温度对支架孔径影响

| 项目 | 温度 | | |
| --- | --- | --- | --- |
| | -20℃ | -50℃ | -90℃ |
| PTI 支架/μm | 181±23 | 153±26 | 104±26 |
| ITI 支架/μm | 202±26 | 151±29 | 90±21 |

## 9.2.4 肝组织支架微结构导通性评价实验

采用台盼蓝渗透实验来评价两种肝组织工程支架中不同微孔结构对细胞培养液渗透的影响差异。将 4% 的台盼蓝储存液加入到一定量的细胞培养液中，配置获得 1% 台盼蓝溶液，然后用移液枪将不同体积(10 μL、50 μL、200 μL)的 1% 台盼蓝溶液滴加到样品支架表面。5 min 后将样品表面多余的台盼蓝溶液 10 μL、50 μL、200 μL 用滤纸小心吸去，然后用手术刀片小心地将样品纵切，以观察台盼蓝溶液在支架内部的渗透深度，并用 VHX-600 型数码相机进行拍照。

如图 9-9 所示，对于 PTI 支架，滴加的 3 种不同体积的台盼蓝溶液都只停留在支架上表面，无法渗透到支架内部多孔区域；而对于 ITI 支架，随着滴加台盼蓝溶液体积的增加，台盼蓝所渗透浸占的支架空间越来越大，这说明ITI支架对台盼蓝溶液具有更好的渗透性。这结果显示了不同多孔微结构对液体溶液渗透的影响,表明ITI支架相比PTI支架可能更有利于培养液往支架内部的渗透及交换,这个对于后期细胞培养就有很重要的意义。

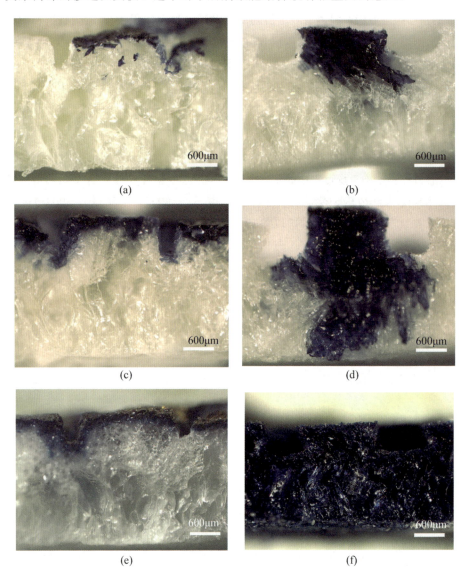

图9-9 滴加不同体积(10μL、50μL、200μL)台盼蓝溶液的肝支架竖截面
(a)PTI支架竖截面,10μL台盼蓝;(b)ITI支架竖截面,10μL台盼蓝;
(c)PTI支架竖截面,50μL台盼蓝;(d)ITI支架竖截面,50μL台盼蓝;
(e)PTI支架竖截面,200μL台盼蓝;(f)ITI支架竖截面,200μL台盼蓝。

## 9.2.5 肝组织支架制造精度评价

肝组织支架中的流道结构尺寸对后期细胞时营养的供给很有大关系，从而影响到细胞的生长情况。实验中存在多次的模具复型过程，预先设计结构尺寸在这些过程中可能会有较大变化，因此需要对支架制造过程中微流道尺寸的变化进行统计，以到达流道结构的可控制造。图 9-10 所示为光学显微镜下的 PTI 支架和 ITI 支架。

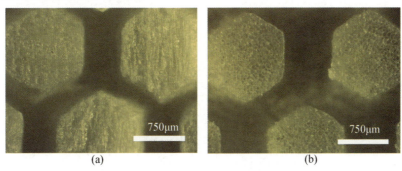

图 9-10 光学显微镜下肝组织支架的微结构
(a)PTI 支架；(b)ITI 支架。

为定量评价比较两种肝组织支架制造工艺的精度差异，我们对两种工艺中得到的树脂模具、PDMS 模具和最终制备的支架进行拍照，选取具有代表性的 3 个模具尺寸(L-1、L-2、L-3)进行测量，如图 9-11 所示。

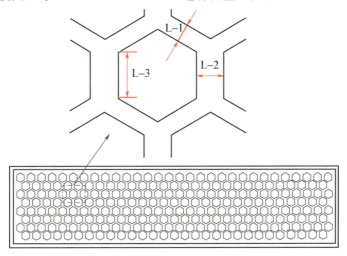

图 9-11 支架表面具有代表性的结构单元

图9-12和图9-13所示为关于PDMS模具和冰制模具两种工艺制备过程中模具及支架代表性尺寸的统计测量结果。可以看出，支架制备的精度主要决定于树脂模具的制造精度。我们使用的光固化快速成形技术可以制备的最小尺寸约为300 μm，误差大概为20%~40%。然而，如果可以采用光刻技术等先进微制造方法，就可以克服树脂模具制造精度低的问题，有利于制备和预先设计尺寸接近的高精度支架。如果大量总结支架制备过程中的尺寸变化，就可以在支架结构设计时预先做出相应的补充计算。

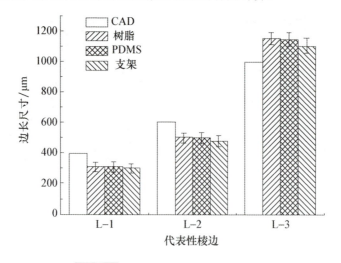

图9-12 PTI支架制造中的尺寸变化

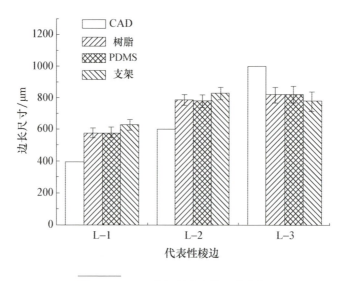

图9-13 ITI支架制造中的尺寸变化

## 9.3 卷裹型肝组织支架生物学效果评价

### 9.3.1 肝组织支架微结构对细胞种植和培养的影响

#### 1. 支架内部细胞分布评价

在肝组织支架中接种 HepG2 细胞以研究微孔结构对细胞生长作用。在接种 HepG2 细胞前，将支架切割成为具有相同尺寸肝支架小块（长度为 10mm，宽度为 7.7mm，高度为 2mm），以利于后期细胞培养的定量化评价。将这种肝组织支架小块用 75％酒精浸泡消毒 15min，然后用 PBS 冲洗 3 次以除去剩余酒精，再用培养液冲洗一次。此时，支架上含有过多的培养液，这种水分饱和状态会使细胞无法全部进入到支架中去，因此在接种细胞前，需要用干燥的无菌滤纸将支架上过多的培养液吸去。然后，再用移液枪对每个支架接种 $1\times 10^6$ 细胞，放入 37℃培养箱中孵育使得细胞充分贴壁，每 15min 补充加入培养液以保持支架湿润。待 6h 细胞完全贴壁后，加入 3mL 细胞培养液以冲掉未贴附的细胞。然后将细胞支架复合物转移到新的培养皿中，加入 3mL 培养液后放入培养箱中继续培养，未贴附的细胞数目用细胞计数板计算。

细胞接种率计算公式为：细胞接种率(%) = [1 - (未贴壁细胞数目/初始接种细胞数目)] × 100%。

将细胞接种孵育让其充分贴壁后统计得到，PTI 支架和 ITI 支架的细胞上架率分别为 67.8% 和 87.3%。这说明，与 PTI 支架相比，ITI 支架中的特异性微孔结构更有利于最初的细胞接种。H－E 切片观察可以用来评价细胞在多孔支架的分布情况。图 9－14 所示为两种不同的细胞/支架复合物的纵切图。可以很明显地看出，在 PTI 支架中表面存在一层非多孔结构的薄膜层，这个结果和之前多孔支架 SEM 观察结果一致。这种结构将大量细胞分布在多孔支架表面，而在支架内部则很少有细胞。与之相反，在 ITI 支架中，并不存在那种非多孔的薄膜层，支架内部多孔与外部相联系，细胞在接种后大量并均匀地分布于支架内部。

图 9－15 表征的是细胞在支架 4 个不同特定区域中的定量化分布评价。ITI 支架各区域中的细胞数目都远远大于 PTI 支架中的相应区域，这说明 ITI 支架的新型多孔微结构更有利于接种过程中细胞往支架内部的渗透迁移。

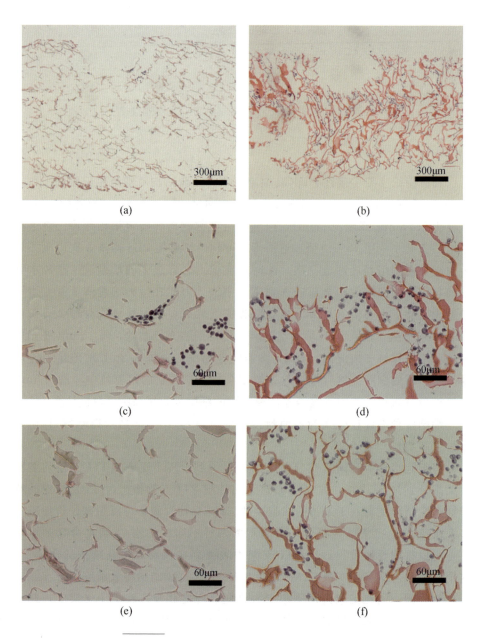

图 9-14　细胞在支架内部分布的 H-E 切片图

(a)PTI 支架；(b)ITI 支架；(c)PTI 支架上表面；
(d)ITI 支架上表面；(e)PTI 支架内部；(f)ITI 支架内部。

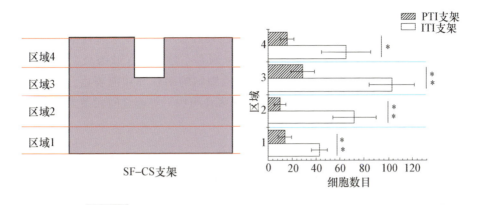

图9-15 细胞在支架4个不同特定区域中的定量化分布评价

2. 细胞分布与形态观察

采用扫描电镜对细胞在支架中的生长进行形态学观察。在细胞/支架复合物培养5天后进行取样、清洗、固定、梯度脱水、镀金及观察。如图9-16所

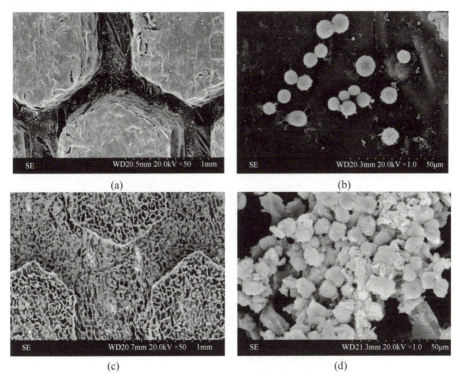

图9-16 培养5天后细胞在两种支架中的生长情况

(a) PTI 支架；(b) PTI 支架局部区域；(c) PTI 支架；(d) ITI 支架局部区域。

示，在 PTI 支架中，细胞基本都呈圆形，都有细胞突出基质材料相联系，这说明丝素蛋白/壳聚糖材料上的生物相容性较好。但是，绝大多数细胞都稀疏地分布在支架表面，相互之间很少有相互联系，这种生长状态极其不利于肝细胞之间的信息交流，继而会极大地降低细胞的活性和功能表达。相反，在 ITI 支架中，细胞大量地分布于支架内部多孔当中，细胞之间联系紧密并形成团聚体结构。

### 3. 细胞活性评价

通过死活染色后使用激光共聚焦显微镜对支架复合物进行观察以研究细胞在支架中的分布情况及活性状况。其中，活细胞会被试剂盒中的荧光染色剂 calcein AM 染成绿色，死细胞会被试剂盒中的荧光试剂 EthD-1 染成红色，但是由于实验中使用的生物材料也会被 EthD-1 染成红色，从而无法对死细胞进行辨认，因此，在后期评价中是通过活细胞的数目分布来评价细胞在支架中的活性状态的。图 9-17(a)所示为支架示意图。我们选取了具有代表性的 4 个区域进行观察以评价细胞在三维支架中的空间分布情况及生长活性。其中，区域 1 为支架上表面流道部分；区域 2 为支架上表面非流道部分；区域 3 为支架上部竖截面；区域 4 为支架下部竖截面。

图 9-17(b)~(i)所示为细胞/支架复合物静态培养 3 天后的荧光染色图。可以看出，对于 PTI 支架，细胞大量地分布于微流道区域(区域 1)。区域则只观察到极少数的绿色活细胞，这说明 PTI 支架中的微结构不仅不利于细胞最初接种时的均匀分布，还不利于后期培养过程中细胞往支架内部的迁移。而对于 ITI 支架，细胞大量地分布并聚集于支架内部多孔结构中。由截面方向的荧光照片表明，细胞均匀地分布在整个竖截面的各个区域。

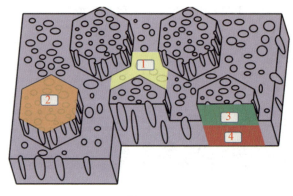

(a)

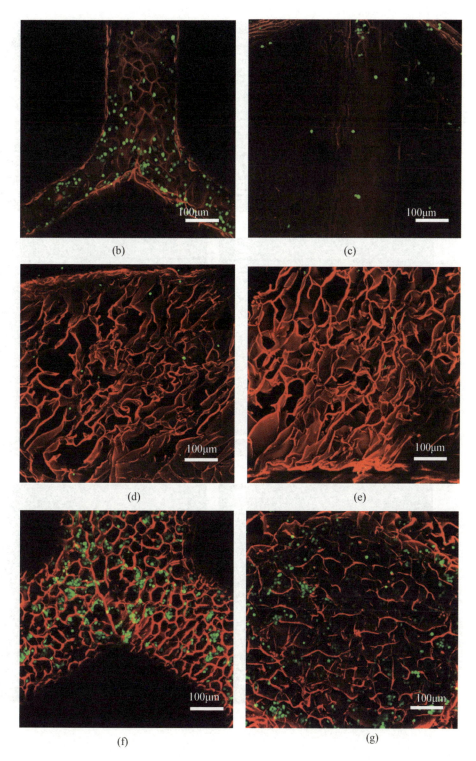

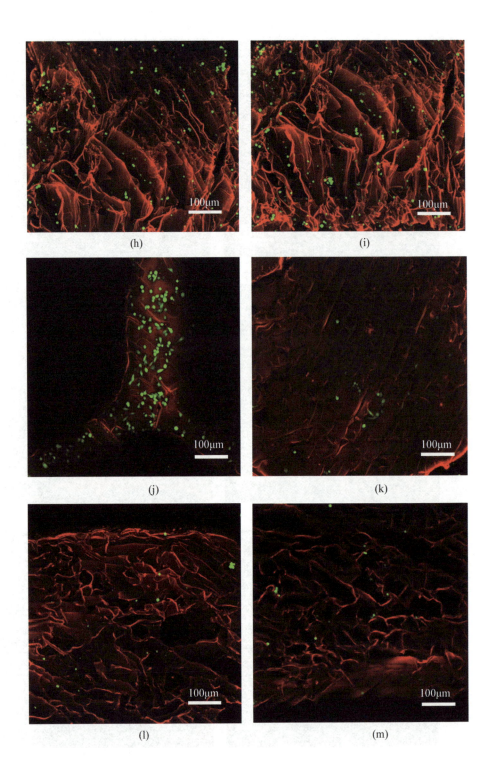

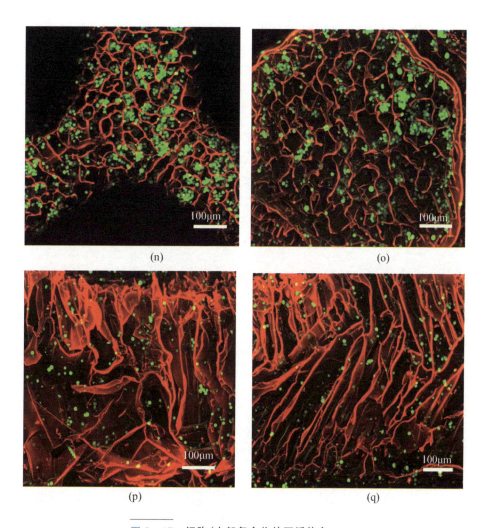

图 9-17 细胞/支架复合物的死活染色

(a)支架示意图；(b)PTI 支架上表面流道部分，3 天；(c)PTI 支架上表面非流道部分，3 天；(d)PTI 支架上部竖截面，3 天；(e)PTI 支架下部竖截面，3 天；(f)ITI 支架上表面流道部分，3 天；(g)ITI 支架上表面非流道部分，3 天；(h)ITI 支架上部竖截面，3 天；(i)ITI 支架下部竖截面，3 天；(j)PTI 支架上表面流道部分，5 天；(k)PTI 支架上表面非流道部分，5 天；(l)PTI 支架上部竖截面，5 天；(m)PTI 支架下部竖截面，5 天；(n)ITI 支架上表面流道部分，5 天；(o)ITI 支架上表面非流道部分，5 天；(p)ITI 支架上部竖截面，5 天；(q)ITI 支架下部竖截面，5 天。

从图 9-17(j)~(q) 中可以看出，当两种细胞/支架复合物继续培养至 5 天后，PTI 支架中细胞在流道区域部分的数目有所增加，但在其他区域并没有明显的数目变化；而在 ITI 支架中，细胞在各区域都有数目上的增加。这样的结果和 H-E 结果一致，都说明 ITI 支架中的高开放性多孔更有利于细胞的均匀接种与后期培养生长。

采用 CCK-8 实验定量评价细胞在两种不同支架培养过程中的整体生长状况。如图 9-18 所示，随着培养天数的增加，两种细胞支架复合物中测定的吸光度值都有所增加，这表明细胞在两种支架中都有明显的增值。但在整个培养过程中，ITI 支架中的细胞数目都明显地高于 PTI 支架。其中，相对于第 1 天，在静态培养 3 天、5 天后，PTI 支架中细胞的增值比率分别为 0.70 和 1.97，而 ITI 支架中细胞增值率分别为 1.03 和 2.86。

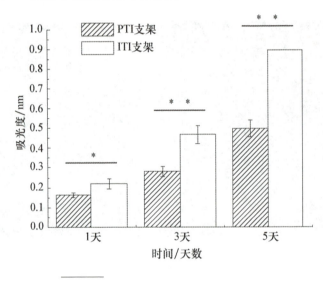

图 9-18　细胞在两种支架中的增值评价

### 4. 肝组织支架卷裹成形实验

制造的二维新型 ITI 支架在接种细胞后被卷裹，以验证其形成培养具有流道微结构和均匀细胞分布的三维肝组织的可能性。首先将支架放置在培养皿中用培养液预湿后，用无菌吸纸将多余的饱和培养液吸去；然后将 HepG2 细胞悬液均匀地接种在支架上，并转移到培养箱中孵育 6h，从而使细胞完全贴壁；最后将细胞/支架复合物卷裹，并用生物胶黏结，从而形成三维组织。

为观察支微流道结构在三维肝组织支架内部的形成情况，将卷裹的三维支架横切并用 SEM 观察；为观察细胞在三维肝组织支架中的分布情况，将卷裹的三维支架横切并进行后续 H-E 组织切片和细胞染色观察。其中，SEM、H-E、细胞死活染色的操作步骤和前面部分的操作步骤相同。

图 9-19(a)所示为 HepG2 细胞/ITI 多孔支架卷裹形成的三维复合物，生物胶的固定可以保证三维结构的维持。图 9-19(b)所示为支架三维卷裹支架内部的微流道结构和多孔结构。可以看出，在卷裹过程中，直接内部的微流道结构和定向多孔结构保持较好，并没有被破坏。图 9-19(c)和(d)分别为细胞/ITI 多孔支架复合物的横截面荧光图和 H-E 切片图，可以观察到细胞在形成的流道结构周围均匀地分布着。

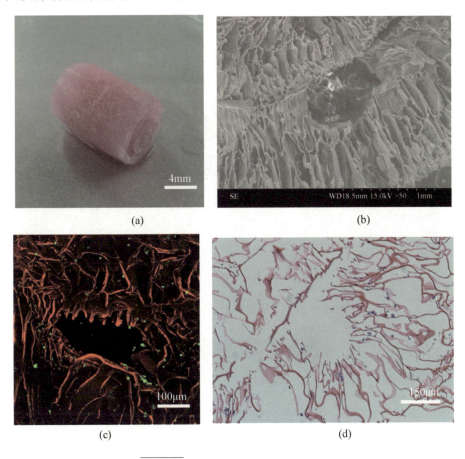

**图 9-19 细胞/支架的三维卷裹成形**

(a)卷裹成形后的三维复合物；(b)卷裹形成的流道结构；
(c)细胞在卷裹活性及分布；(d)细胞在流道周围的分布。

## 9.3.2 肝细胞/支架卷裹型复合物动态培养

### 1. 动态平台搭建

动态灌流系统平台主要包括生物反应器、蠕动泵、硅胶氧合管、储液池、蠕动管,如图9-20所示。其中,肝细胞/支架复合物置于生物反应器中,反应器共有6个肝细胞培养室,可同时培养大量肝细胞,并且可培养不同结构的三维支架;蠕动泵实现了循环系统中培养液流速的人为可控,避免流速过大而损伤肝细胞;硅胶氧合管实现了循环系统中培养液氧气与培养箱氧气的动态平衡,为肝细胞提供充足的氧气,而不会产生气泡的问题;储液池为大量培养液储存处;蠕动管将其他部件联系起来。所有系统组成部件在使用前均用伽马射线照射消毒,在放入肝细胞/支架复合物之前临时搭建系统,搭建过程要防止污染。

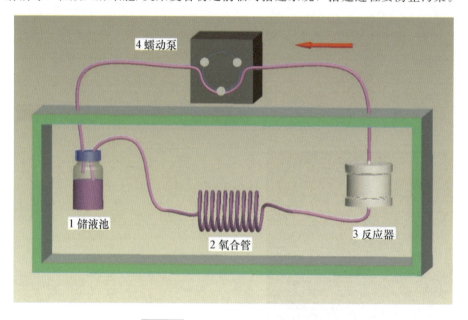

图9-20 动态灌流系统平台示意图

### 2. 三维肝细胞/支架复合物构建

首先将支架浸泡于75%酒精15min灭菌后,用PBS冲洗3次除去酒精,并用培养液冲洗一次,然后在接种细胞悬液前,用干燥的无菌滤纸将支架上过多的培养液吸去;其次用移液枪对每个支架接种$6\times10^6$原代肝细胞,转移到37℃培养箱中孵育使得细胞充分贴壁,每15min补充加入培养液以保持支架湿润;

再次待 6h 细胞完全贴壁后,加入 3mL 细胞培养液以冲掉未贴附的细胞;最后将肝细胞/支架复合物卷裹(图 9-21),并用生物胶黏结从而形成三维组织。

图 9-21　肝细胞/支架复合物的卷裹

将肝细胞/支架复合物置于生物反应器(图 9-22)后,连接到体外动态灌流系统平台中,加入预热的培养液后进行动态培养。图 9-23 所示为搭建完成的动态灌流培养平台。其中,蠕动泵置于培养箱外,为循环系统提供动力,其他

图 9-22　肝细胞/支架卷裹后的三维复合物置于生物反应器中

部分置于培养箱内,由蠕动管连接成循环系统。灌流培养的基本过程是:培养液从培养液储液池中流出,经过硅胶氧合管时与培养箱中气体进行动态平衡交换,然后进入生物反应器中分配到 6 个肝细胞培养室,为支架上的肝细胞提供营养物质和充足的氧气,并将聚集的代谢废物带走,然后经过蠕动泵又流回储液池中。调节蠕动泵可获得所需要的培养液流速,还可定时更换循环系统中的培养液,并取样进行后续生化指标检测,每两天更换一次培养液。

图 9 - 23　搭建完成的动态灌流系统平台

3. 细胞形态学观察

通过扫描电镜观察可以研究原代肝细胞在支架中的分布情况及其团聚行为,在动态培养第 8 天取样、固定、脱水、喷金及拍照。图 9 - 24(a)、(c)、(e)所示为动态培养 4 天后细胞在支架中的生长情况。可以看出,在微流道中的多孔结构和非微流道的多孔结构中都生长有大量原代肝细胞,并且细胞与细胞之间联系紧密,这种团聚体的形成有利于维持原代肝细胞的特异性功能及生长活性。图 9 - 24(b)、(d)、(f)所示为动态培养 8 天后细胞在支架中的生长情况。此时,仍然可以在多孔微结构中观察到有大量肝细胞的存在,但可以看出,与动态培养初期相比,细胞大多数都在支架内部多孔结构中,支架外表面则只有少量存在。

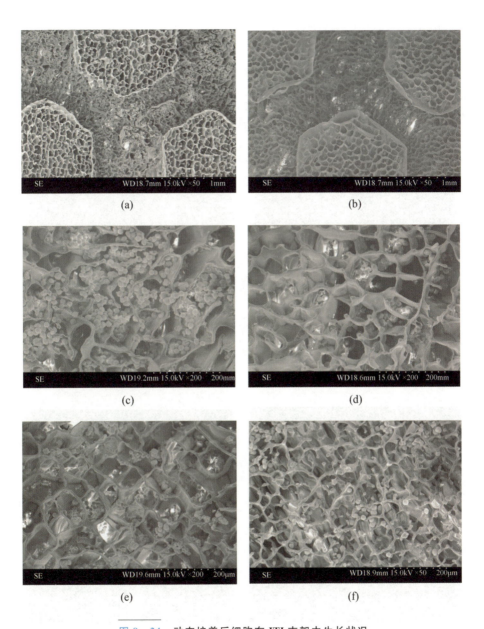

图 9-24 动态培养后细胞在 ITI 支架中生长状况

(a)动态培养 4 天后;(b)动态培养 8 天;(c)培养 4 天后流道区域;
(d)培养 8 天后流道区域;(e)培养 4 天后非流道区域;
(f)培养 8 天后非流道区域。

### 4. 细胞活性评价

在动态培养第1天、4天、8天后采样，并进行细胞死活染色，以观察细胞在多孔支架中的分布及活性状况。由图9-25可知，在动态培养的整个过程中，支架的流道区域和非流道多孔区域都存在有大量活性原代肝细胞。

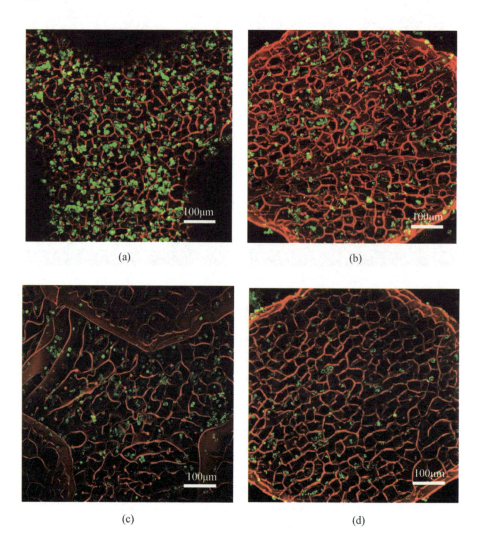

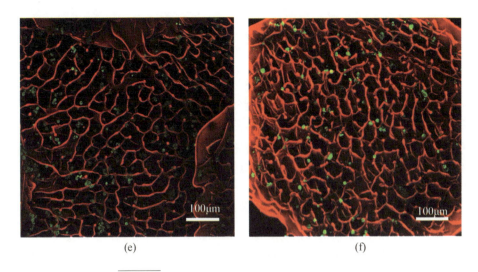

图 9-25 细胞/支架复合物动态培养后死活染色

(a)培养 1 天后流道区域；(b)培养 1 天后非流道区域；(c)培养 4 天后流道区域；(d)培养 4 天后非流道区域；(e)培养 8 天后流道区域；(f)培养 8 天后非流道区域。

## 5. 肝组织特异性功能免疫组化表征

白蛋白分泌是肝特异性功能表征的重要指标之一，对肝细胞/支架复合物进行白蛋白免疫组化染色，可以从形态学上评价肝细胞功能性状态。图 9-26 所示为动态培养 8 天后的肝细胞/支架复合物的横切面，肝细胞分泌的白蛋白成分会被特异性染为棕黄色，因此可以看出图 9-26 中肝细胞整体为棕黄色，细胞核为黑色，肝细胞大量并均匀地分布在多孔支架各个区域。

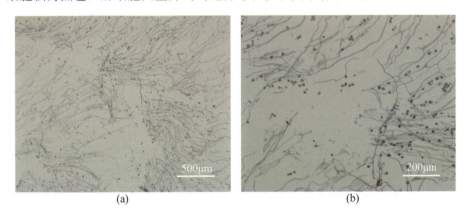

图 9-26 动态培养 8 天后肝细胞/支架复合物的横切面

(a)三维复合物横切面；(b)三维复合物横切面局部。

### 9.3.3 肝组织支架微结构对组织长入的影响

#### 1. 肝组织支架皮下植入

将支架种植到大鼠(sprague dawley, SP)皮下以研究支架微孔结构对动物体内组织向支架内部长入情况,为后期血管化研究做预实验。由于支架植入体积的限制,需要提前将支架切割成为具有相同尺寸的肝组织支架小块(长度为 10mm,宽度为 7.7mm,高度为 2mm),然后用培养液对制造的肝组织支架小块进行预湿。

选取 200g 左右体重的大鼠,腹腔注射戊巴比妥钠(10mg/kg)进行麻醉后,用 75%酒精浸泡大鼠以消毒;将大鼠固定在手术台上后,再用碘伏对大鼠背部进行消毒;使用手术器械打开大鼠背部以暴露皮下部分,将肝组织支架小块植入到皮下后缝合。对大鼠进行标记以利于后期取样。手术后腹腔注射青霉素以防止感染。分别于皮下植入 7 天、14 天、21 天后取样,进行后期 H-E 组织切片染色及观察。

#### 2. 肝组织支架微结构对皮下组织长入影响评价

图 9-27 所示为皮下植入 2 周后肝组织支架截面的 H-E 切片图。在 PTI 支架中,外界组织基本都只围绕在植入支架的外周,其中流道处有纤维组织长入,其中夹杂有血管结构;而在 ITI 支架中,无论是流道区域还是非流道的多孔区域,都有外界组织长入,并且组织长入是沿着多孔的方向形成。这表明无论是 PTI 支架还是 ITI 支架,流道结构的存在都为外界组织长入提供了充足的空间,有利于血管化的形成。相对于 PTI 支架的非多孔表面结构,ITI 支架的高开放性多孔更有利于组织的长入,并且通过控制微结构的方向可以控制外界组织的长入方向。

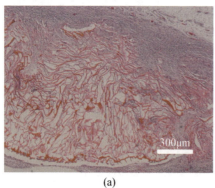
(a)

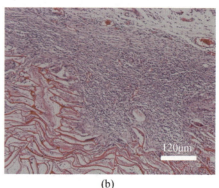
(b)

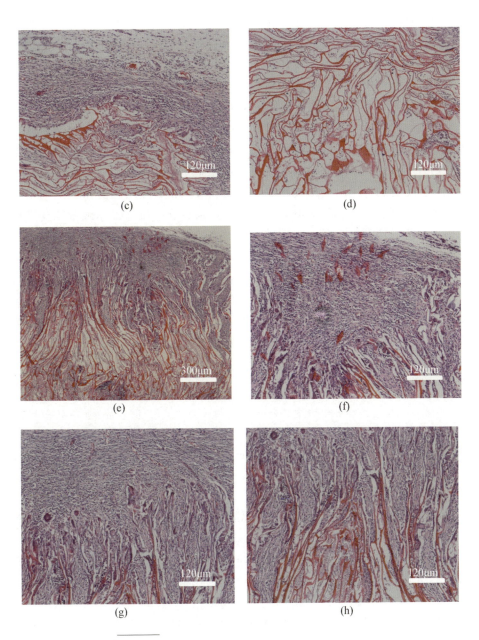

**图 9-27 皮下植入 2 周后多孔支架组织长入情况**

(a)PTI 支架；(b)PTI 支架流道区域；(c)PTI 支架上表面；
(d)PTI 支架内部；(e)ITI 支架；(f)ITI 支架流道区域；
(g)ITI 支架上表面；(h)ITI 支架内部。

具有冰致微结构的卷裹型支架具有流道结构和多孔微结构,初步结果发现支架的微结构确实也对外界组织长入具有很大的影响和方向指导性。但由于实验时间的限制,研究中采用的是正常大鼠作为植入载体,这就难免引起纤维包裹反应的发生,在后续实验中可以采用免疫缺陷性的大鼠进行体内植入研究,能够更好地表征血管等关键生理特征情况。

总之,结合增材制造技术、微复型技术和冷冻干燥技术,经过制造树脂模具、硅橡胶模具和冰制模具,最终制造出的肝组织工程支架具有微流道结构和与外界空间完全连通的多孔结构。结果显示,冰致微结构肝支架的高开放性多孔更有利于细胞初始接种率,细胞在支架内部的均匀分布及后期培养中细胞的活性表达与迁移增值等行为功能。通过在二维平面冰致微结构肝组织支架均匀的接种原代肝细胞后进行卷裹实验,得到具有完整流道结构和连通多孔结构的三维复合物。动态培养结果表明,这种微结构为肝细胞生长提供了合适的三维生存微环境,有利于细胞的分布、生长及白蛋白等功能表达,有望进一步培养生物活性肝组织。皮下植入实验表明,开放性的多孔支架表面结构更有利于外界组织向支架内部的长入。这些都说明了流道结构和冰致开孔微孔结构在工程组织构建的生物学价值。

## 参考文献

[1] 毛茅. 冰致微结构肝组织支架制造及生物性能研究[D]. 西安:西安交通大学,2012.

[2] HE J K, LIU Y X, HAO X, et al. Bottom-up generation of 3D silk fibroin-gelatin microfluidic scaffolds with improved structural and biological properties[J]. Materials Letters, 2012, 48:102-105.

[3] HE J K, LIU Y X, MAO M, et al. Bottom-up generation of thick tissue constructs with predefined microfluidic channels and uniform cell distribution[C]. Chengdu:the 9th World Biomaterials Congress, 2012.

[4] 毛茅,刘亚雄,李涤尘,等. 卷裹型丝素蛋白/明胶肝组织工程支架制造[C]. 第七届全国再生医学与生物医学工程大会,2010.

[5] SONG Y S, LIN R L, MONTESANO G, et al. Engineered 3D tissue models for cell-laden microfluidic channels[J]. Anal Bioanal Chem, 2009, 395:185-93.

[6] ROSE F. In vitro assessment of cell penetration into porous hydroxyapatite scaffolds with a central aligned channel[J]. Biomaterials, 2004, 25(24):5507-5514.

[7] SILVA M M, CYSTER L A, BARRY J J, et al. The effect of anisotropic architecture on cell and tissue infiltration into tissue engineering scaffolds. Biomaterials,

2006,27(35):5909-5917.

[8] CHIU Y C,CHENG M H,ENGEL H,et al. The role of pore size on vascularization and tissue remodeling in PEG hydrogels,Biomaterials,2011,32(26):6045-6051.

[9] ZHENG Y,HENDERSON P W,CHOI N W,et al. Microstructured templates for directed growth and vascularization of soft tissue in vivo[J]. Biomaterials,2011,32(23):5391-5401.

[10] NICHOL J W, KHADEMHOSSEINI A . Modular tissue engineering:engineering biological tissues from the bottom up[J]. Soft Matter,2009,5(7):1312-1319.

[11] DU Y N,MAJID G,HAO Q,et al. Sequential assembly of cell-laden hydrogel constructs to engineer vascular-like microchannels[J]. Biotechnology and Bioengineering,2011,108(7):1693-1703.

[12] FERNANDEZ J G,KHADEMHOSSEINI A. micro-masonry contruction 3D structures of microscale self-assembly[J]. Adv Mater,2010 ,22(23):2538-2541.

[13] PAPENBURG B J,LIU J,HIGUERA G A,et al. Development and analysis of multi-layer scaffolds for tissue engineering[J]. Biomaterials,2009,30(31):6228-6239.